"十二五"职业教育国家规划教材
经全国职业教育教材审定委员会审定
国家社会科学基金"十一五"
规划（教育学科）国家级课题成果

HTML与XML程序设计案例教程

主　编　王　鑫　包海山
副主编　秦海龙　刘玉苓
参　编　陈银凤　赵乐乐　冯丽娜
主　审　赵俊岚

机械工业出版社

本书内容分为八个模块：模块一 应用实例“基于XML的意见征集系统”总体概述、模块二 HTML编辑器的选择与运行环境的搭建、模块三 HTML、模块四 CSS、模块五 JavaScript与HTML DOM、模块六 XML、模块七 JSP读写XML数据、模块八 案例整合。通过对各模块的学习，学生对网站开发和系统设计有一个基本的概念，并能够独立设计开发一个简单的Web应用。

本书适合作为高职院校、成人本科计算机相关专业的网站设计及Web应用设计类课程的教学，也可以作为全国计算机等级考试二级Web程序设计或者网站设计爱好者的参考书。

为方便教学，本书配备电子课件等教学资源。凡选用本书作为教材的教师均可登录机械工业出版社教育服务网www.cmpedu.com免费下载。如有问题请致信cmpgaozhi@sina.com，或致电010-88379375联系营销人员。

图书在版编目（CIP）数据

HTML与XML程序设计案例教程/王鑫，包海山主编. —北京：机械工业出版社，2016.3（2024.6重印）
“十二五”职业教育国家规划教材 国家社会科学基金“十一五”规划（教育学科）国家级课题成果
ISBN 978-7-111-53074-9

Ⅰ.①H… Ⅱ.①王… ②包… Ⅲ.①超文本标记语言-程序设计-高等学校-教材 ②可扩充语言-程序设计-高等学校-教材 Ⅳ.①TP312

中国版本图书馆CIP数据核字（2016）第037675号

机械工业出版社（北京市百万庄大街22号 邮政编码100037）
策划编辑：王玉鑫 责任编辑：王玉鑫
责任校对：陈 越 封面设计：马精明
责任印制：邓 博
北京盛通数码印刷有限公司印刷
2024年6月第1版·第2次印刷
184mm×260mm·17印张·420千字
标准书号：ISBN 978-7-111-53074-9
定价：49.80元

电话服务	网络服务
客服电话：010-88361066	机 工 官 网：www.cmpbook.com
010-88379833	机 工 官 博：weibo.com/cmp1952
010-68326294	金 书 网：www.golden-book.com
封底无防伪标均为盗版	机工教育服务网：www.cmpedu.com

高职高专计算机类课程改革规划教材
编委会名单

前　言

HTML 与 XML 的相关课程是高职院校计算机软件类专业的核心课程之一，也是掌握网站开发、软件开发职业岗位能力的前导课程。本书内容紧扣国家对高职院校培养高级应用型、复合型人才的技能水平和知识结构要求，以“基于 XML 的意见征集系统”项目案例的完整开发思路为主线，采用“模块分解、任务驱动、子任务实现、代码设计”4 层结构，以及模块中每个任务相应的知识点详解，引导师生共同学习通过 HTML、XML 和 JSP 等语言进行需求分析、分层设计、开发环境配置、功能实现以及整合测试等项目开发的基本技能和相关知识。在满足高职高专计算机类专业课程教学需求的同时，采用“学材小结”和“拓展练习”等方式对每个模块的理论知识和开发技能进行强化练习，使学生达到深化理解和熟练设计的目的。

本书内容分为八个模块，通过各模块的学习，要求学生掌握案例的需求分析、设计方法及 HTML 语言、CSS 样式、JavaScript、HTML DOM、XML 语言、JSP 等相关知识和应用技能；通过案例各功能的编程实训，掌握 HTML、XML 和 JSP 编程的基本方法，以及 JSP 读写 XML 数据的实现方法；熟悉 JSP 项目的发布、部署、运行测试整合方法。

本书由王鑫、包海山担任主编。具体编写分工为：秦海龙（内蒙古农业大学）编写模块一（任务三）、模块二；王鑫（内蒙古财经大学）编写模块三；冯丽娜（内蒙古建筑职业技术学院）编写模块四；刘玉苓（内蒙古农业大学）编写模块一（任务一、二）、模块五；陈银凤（内蒙古财经大学）编写模块六；赵乐乐（内蒙古建筑职业技术学院）编写模块七；包海山（内蒙古财经大学）编写模块八和附录。赵俊岚（内蒙古财经大学）担任本书主审，审阅全稿并对内容提出了修改意见和合理化建议。

本书在编写过程中，参考和引用了许多著作和网站内容，除确因无法查证出处的以外，我们在参考文献中都进行了列示。在此，我们一并表示衷心的感谢。

跨平台应用需求日新月异，HTML 技术和 XML 技术的应用层出不穷，再加上本书旨在探索全新的教学模式和教材内容组织方法，因此加大了策划和编写的难度。由于编者水平有限，在内容整合、项目衔接等方面难免存在缺陷或不足之处，敬请广大读者批评指正，以便我们再版时进行修订和补充，使本书日臻完善。

编　者

目 录

模块一 应用实例“基于 XML 的意见征集系统”总体概述

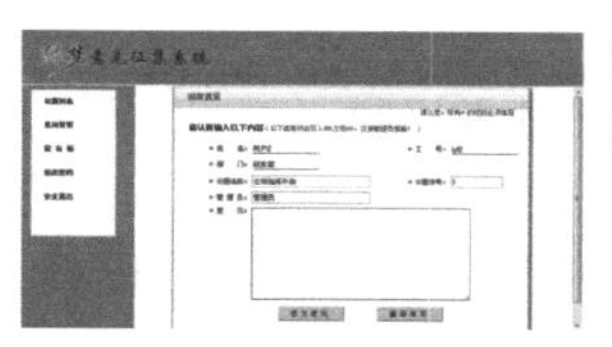

绿梦意见征集系统

普通用户登录：回复议题、留言板、修改密码

管理员登录：发表议题、答复意见、意见统计、留言管理、用户管理、修改密码

用户注册

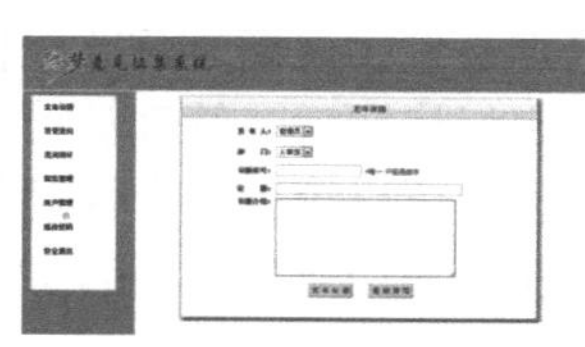

本模块导读

“基于 XML 的意见征集系统”是一个利用 HTML、XML、JavaScript 和 JSP 等技术来实现的意见征集系统。本系统采用 B/S 模式，界面友好，用户无须安装客户端和任何软件，只要通过普通浏览器就可以使用。

本模块将对“基于 XML 的意见征集系统”的需求分析、软件总体设计和系统界面等进行介绍，同时简单介绍实现该系统所需的相关 Web 技术。

本模块要点

- 需求分析
- 软件总体设计
- 了解 Web 技术

任务一　需求分析

意见征集系统是意见征集和信息交流的一个重要平台，本系统的用户是公司的管理者和普通员工，因此要求系统易用性强。在本系统中，管理者可以就某一议题的意见进行收集、整理、汇总，普通用户可以就某一议题发表自己的意见。同时，为了更好地形成有效的意见收集，系统还提供留言交互平台，方便用户与管理者进行沟通与交流。本系统从用户角度出发，将功能分为管理员模块、普通用户模块和注册模块 3 部分。

管理员模块主要包括以下功能：

1）拟定议题。管理员发布议题之前要根据实际情况拟定议题。

2）发表议题。拟定好议题后，管理员可以登录系统认真填写表单来发表议题。

3）统计议题。管理员可以统计每个议题的意见回复情况。

4）留言板管理。在普通用户发布留言后，管理员可以对用户发布的留言进行回复，也可以删除用户的留言信息。

5）用户管理。管理员可以对用户进行管理，包括添加新用户、修改用户信息以及删除用户。

6）修改密码。管理员为了保证重要信息不泄露可以自行修改账号密码。

普通用户模块主要包括以下功能：

1）回复议题。普通用户登录系统后可以对管理员发布的议题提出意见。

2）查看管理员对意见的回复信息。在管理员对用户提出的意见做出回复后，普通用户登录系统后可以查看此回复信息，以了解公司的决定。

3）留言板留言。当用户有事情需要向管理者反映时，可以通过留言板直接给管理者留言。

4）修改密码。用户为了自己的信息安全可以自行修改登录密码。

注册模块的功能就是注册新用户，用户使用本系统之前首先要获取一个登录系统的账号，账号可以向管理员申请，也可以自己注册。

任务二　软件总体设计

子任务 1　功能模块设计

系统功能模块如图 1－1 所示。

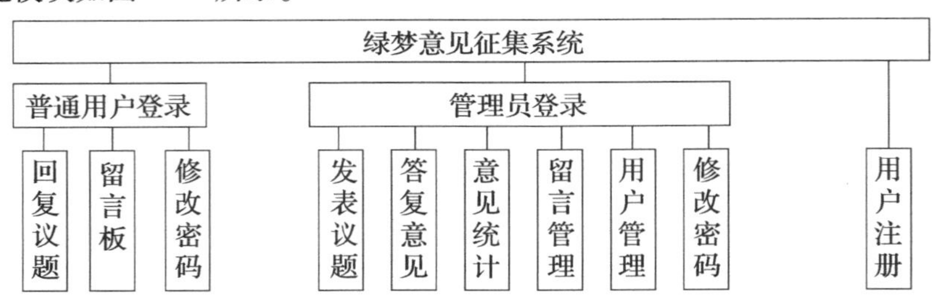

图 1-1　系统功能模块

子任务 2　页面流程与界面设计

1. 发布流程

议题发布流程如图 1-2 所示。

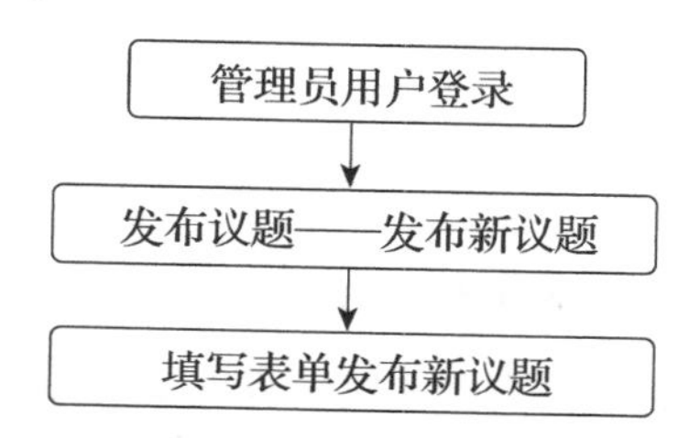

图 1-2　议题发布流程

当管理员发布议题时，需要打开系统主界面以管理员身份登录系统。然后单击左侧的“发布议题”进入议题列表界面，如图 1-3 所示。

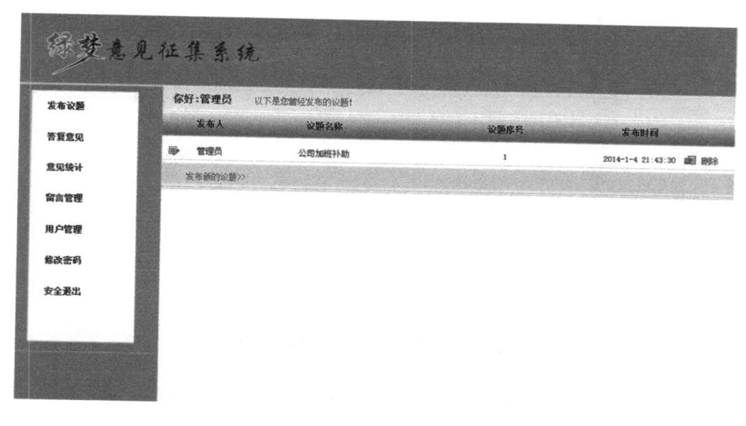

图 1-3　管理员议题列表界面

然后单击“发布新议题”进入“发布议题”界面（见图 1-4），在填写表单时需要注意：议题序号只能是数字，而且必须是唯一的。表单填写完成后单击“发布议题”按钮完成议题的发布。

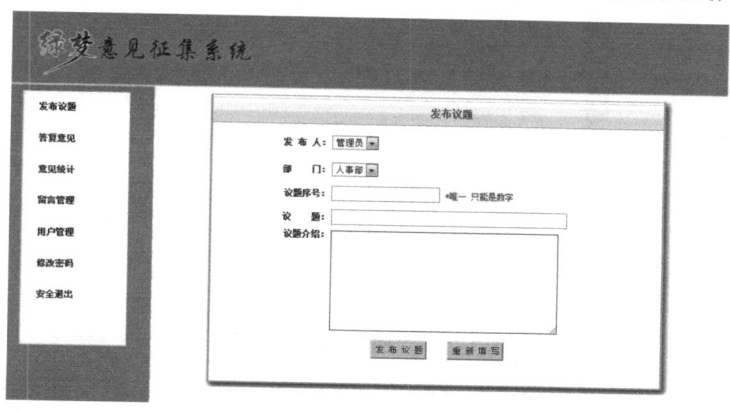

图 1-4　“发布议题”界面

2. 提交意见流程

提交意见流程如图 1-5 所示。

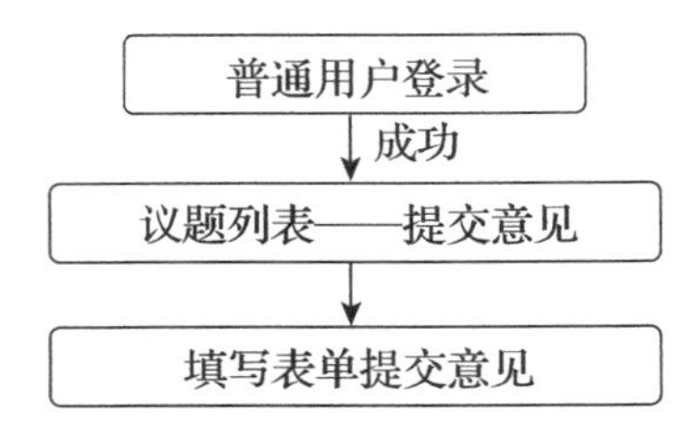

图 1-5　提交意见流程

当用户要对议题提交意见时，可以打开系统主界面以普通用户的身份登录系统，然后单击左侧的“议题列表”，打开用户议题列表界面，如图 1-6 所示。

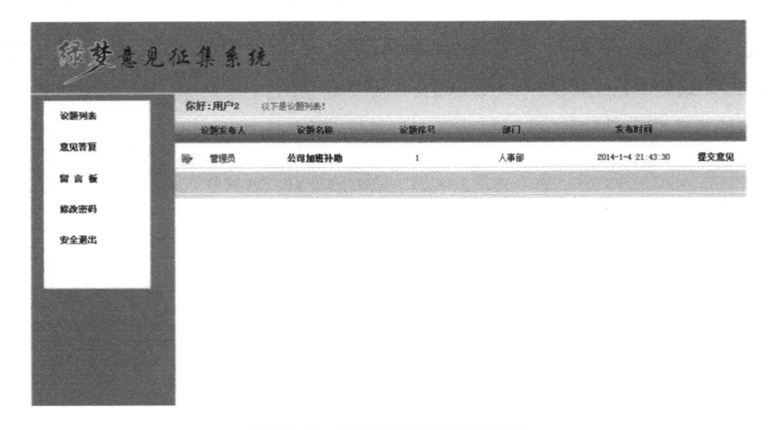

图 1-6　用户议题列表界面

当用户需要对某个议题提交意见时，可以单击相应议题后面的“提交意见”，打开“回复意见”界面，如图 1-7 所示。

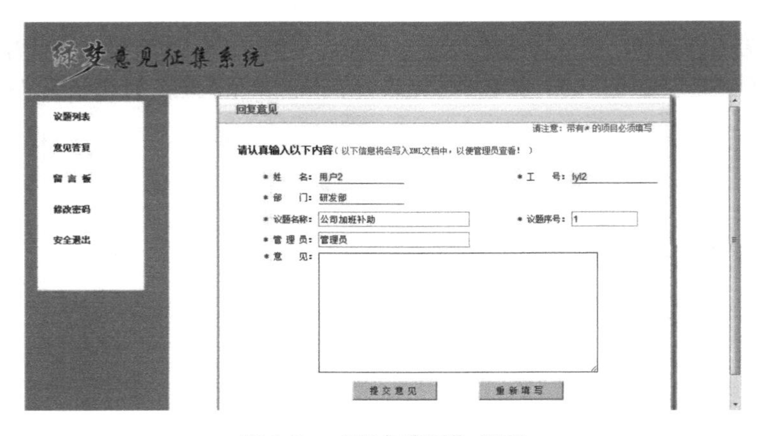

图 1-7　“回复意见”界面

认真填写意见后，用户可以单击左侧的“意见答复”打开用户意见列表界面（见图 1-8）来查看自己提交的意见。在此界面中用户可以看到自己提交的意见的回复状态。

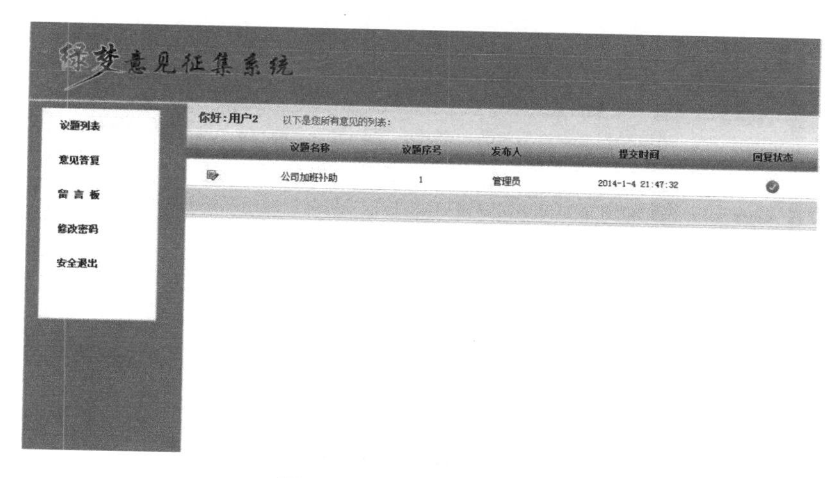

图 1-8　用户意见列表界面

当管理员对其该意见做出回复后，用户可以单击“议题名称”来查看管理员的回复信息，如图 1-9 所示。

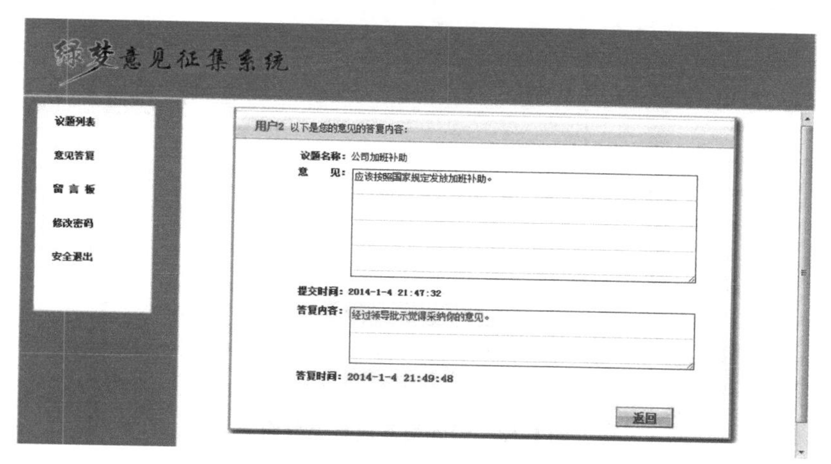

图 1-9　用户查看意见答复界面

3. 回复流程

管理员回复意见流程如图 1-10 所示。

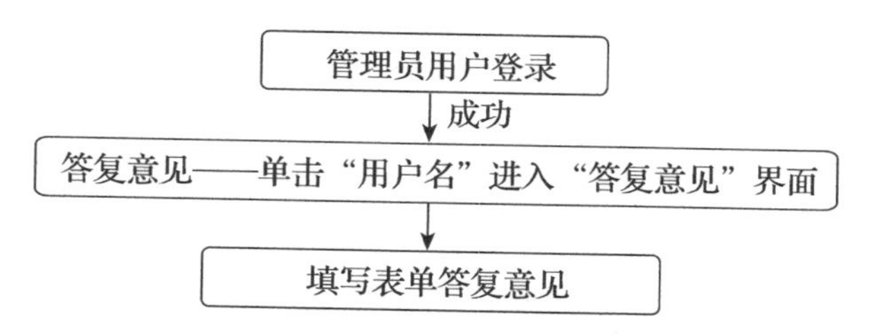

图 1-10　管理员回复意见流程

在用户对议题提交意见后，管理员可以根据实际情况对意见做出回复。管理员以管理员身份登录系统，单击左侧的“答复意见”打开管理员意见列表界面，如图 1-11 所示。

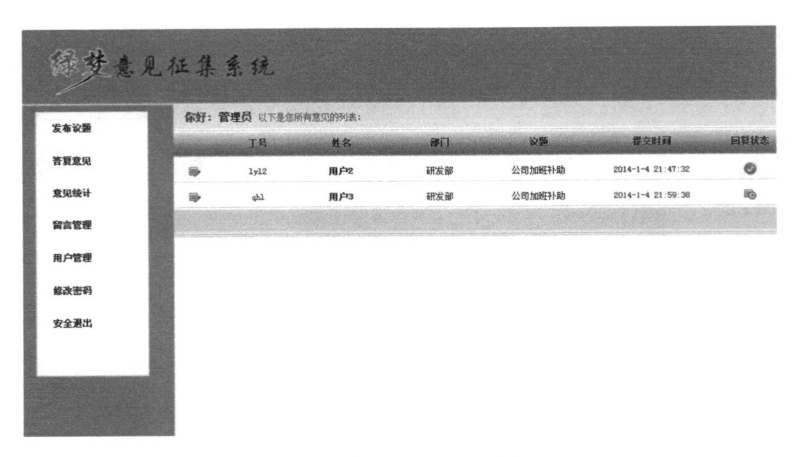

图 1-11　管理员意见列表界面

当单击某条意见的提交人姓名时可以对其意见进行回复，也可以查看回复的内容，如图1-12所示。

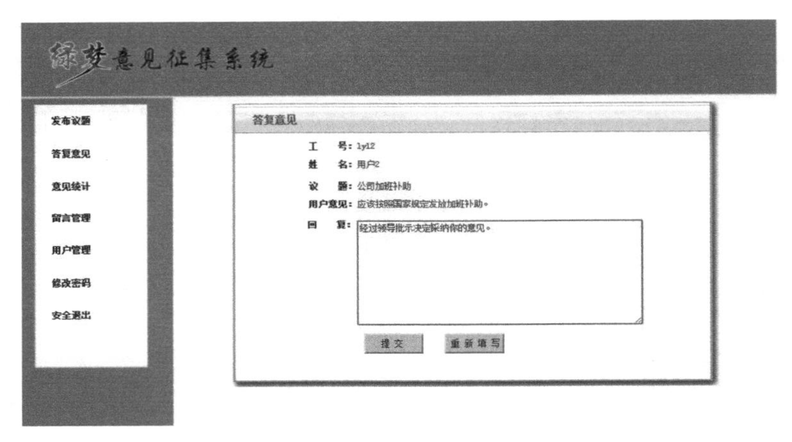

图 1-12　管理员答复意见界面

4. 用户注册流程

当用户需要使用本系统时可以向管理员申请一个账号，也可以自己注册一个账号。用户注册流程如图 1-13 所示。

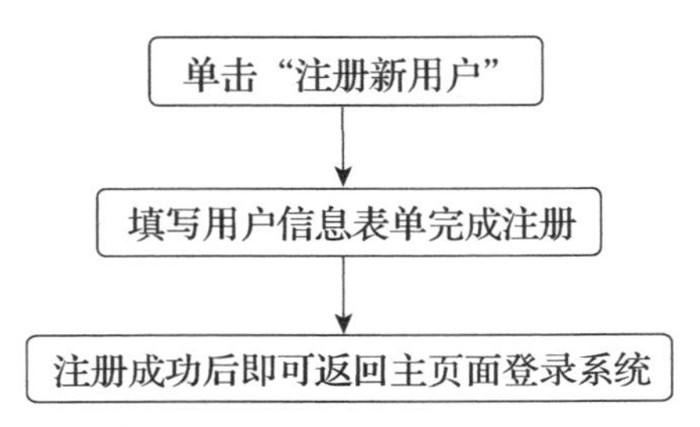

图 1-13　用户注册流程

1）管理员添加账号流程：管理员登录系统后单击左侧的“用户管理”打开用户管理界面，如图 1-14 所示。

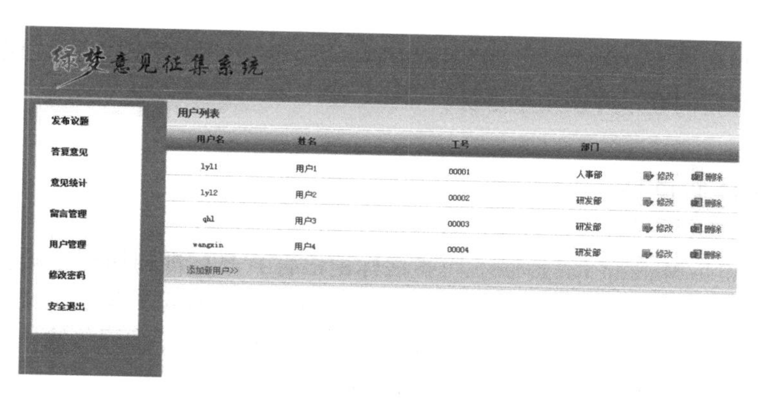

图 1-14　用户管理界面

然后单击“添加新用户”进入添加新用户界面（见图1-15）。其中，用户名只能是字母或数字，工号只能是数字。用户信息填写完成后单击“添加”按钮即可完成用户的添加。用户添加完成后就可以通过管理员分配的用户名和密码登录并使用本系统了。

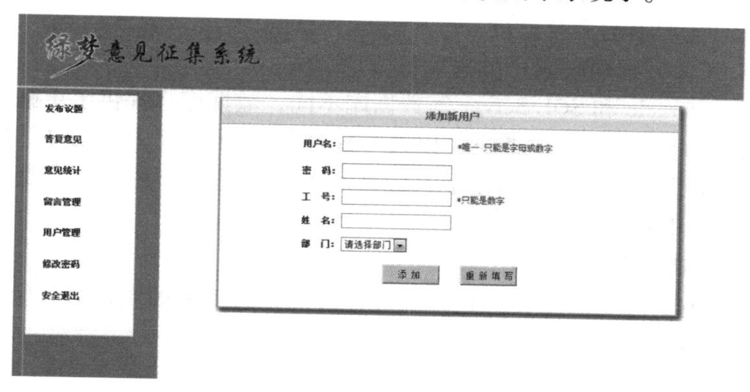

图 1-15　添加新用户界面

2）用户注册流程：用户打开系统主界面后单击“注册新用户”打开注册界面，如图1-16所示。

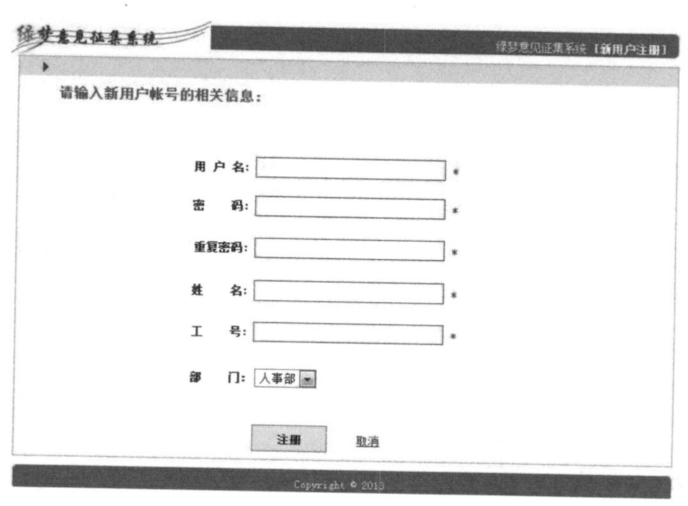

图 1-16　注册界面

用户填写用户信息后，单击“注册”按钮即可完成注册。注册完成后返回主界面即可以用新注册的用户名和密码登录并使用本系统。

子任务 3　数据源设计

XML（Extensible Markup Language，可扩展标记语言）是标准通用标记语言的子集，是一种用于标记电子文件使其具有结构性的标记语言。它可以用来标记数据、定义数据类型，是一种允许用户对自己的标记语言进行定义的源语言。它非常适合用万维网传输，且提供了统一的方法来描述和交换独立于应用程序或供应商的结构化数据。

XML 被设计用于传输和存储数据，其特点如下：

1）XML 是一种很像 HTML 的标记语言。

2）XML 的设计宗旨是传输数据，而不是显示数据。

3）XML 标签没有被预定义，用户需要自行定义标签。

4）XML 被设计为具有自我描述性。

5）XML 是 W3C（万维网联盟）的推荐标准。

XML 与 Access、Oracle 和 SQL Server 等数据库不同，数据库只提供了更强有力的数据存储和分析能力，如数据索引、排序、查找、相关一致性等，而 XML 仅仅是存储数据。事实上，XML 与其他数据表现形式最大的不同在于它极其简单，这是一个看上去有点琐细的优点，但正是这点使 XML 与众不同。

本系统使用的 XML 数据源如下：

1）yjzjxt\XML_DATA\Manage_UserData. xml 存放的是管理员的用户名和密码，其中密码为了安全采用 MD5（消息摘要法第 5 版）加密。部分源码如下：

```
<UserList>
    <User>
        <ID>lyl</ID>
        <PassWord>96e79218965eb72c92a549dd5a330112</PassWord>
        <Type>2</Type>
    </User>
```

代码详解

此处代码记录了某个管理员的基础信息。其中，登录系统的用户名为“lyl”，密码加密后的字符串是“96e79218965eb72c92a549dd5a330112”，用户的类型为管理员。

2）yjzjxt\XML_DATA\Manage_Info. xml 存放的是管理员的用户信息，包括 ID 号、姓名和部门。部分源码如下：

```
<管理员信息>
    <管理员>
        <ID>lyl</ID>
        <姓名>管理员</姓名>
        <部门>人事部</部门>
    </管理员>
```

代码详解

此处记录了某个管理员的详细用户信息。其中，用户名为“lyl”，姓名为“管理员”，部门是“人事部”。

3）yjzjxt\XML_DATA\Work.xml存放的是管理员发布的议题信息，包括管理员编号、管理员部门、议题序号、议题名称、议题内容以及发布时间。部分源码如下：

```
<议题列表>
  <议题 ID="1">
    <管理员 编号="lyl">管理员</管理员>
    <部门>人事部</部门>
    <议题序号>1</议题序号>
    <议题名称>公司加班补助</议题名称>
    <议题内容><![CDATA[公司加班补助]]></议题内容>
    <发布时间>2014-1-4 21:43:30</发布时间>
  </议题>
```

代码详解

此处记录的是某个管理员发布的一条议题信息。其中，发布议题的管理员的用户名为“lyl”，姓名是“管理员”，部门是“人事部”，议题序号是“1”，议题名称是“公司加班补助”，议题内容为“公司加班补助”，发布时间是“2014-1-4 21:43:30”。

4）yjzjxt\XML_DATA\User_UserData.xml存放的是普通用户的用户名和密码，其中密码为了安全采用MD5加密。部分源码如下：

```
<UserList>
  <User>
    <ID>lyl1</ID>
    <PassWord>96e79218965eb72c92a549dd5a330112</PassWord>
    <Type>1</Type>
  </User>
```

代码详解

此处记录的是一个普通用户的基础信息。其中，登录系统的用户名是“lyl1”，密码加密后的字符串是“96e79218965eb72c92a549dd5a330112”。

5）yjzjxt\XML_DATA\User_Info.xml存放的是普通用户的用户信息，包括ID号、姓名、工号和部门。部分源码如下：

```
<用户信息>
  <用户>
    <ID>lyl1</ID>
    <姓名>用户1</姓名>
    <工号>00001</工号>
    <部门>人事部</部门>
  </用户>
```

代码详解

此处记录的是普通用户的用户信息。其中，用户登录系统的用户名是“lyl1”，姓名是“用户 1”，工号是“00001”，部门是“人事部”。

6）yjzjxt\XML_DATA\User_Data.xml 存放的是普通用户提交的意见列表，包括议题名称、发布议题的管理员姓名、议题序号、用户工号、用户姓名、用户所属部门、用户提交的意见、意见提交时间、管理员回复的内容及回复时间。部分源码如下：

```
<用户意见列表>
    <用户 ID="1">
        <议题名称>公司加班补助</议题名称>
        <管理员>管理员</管理员>
        <议题序号>1</议题序号>
        <ID>lyl2</ID>
        <姓名>用户 2</姓名>
        <部门>研发部</部门>
        <意见><![CDATA[应该按照国家规定发放加班补助。]]></意见>
        <提交时间>2014-1-4 21:47:32</提交时间>
        <管理员回复>经过领导批示觉得采纳你的意见。</管理员回复>
        <回复时间>2014-1-4 21:49:48</回复时间>
    </用户>
```

代码详解

此处记录的是普通用户提交的一条意见。其中，该意见是针对名为“公司加班补助”的议题提出的，发布该议题的管理员的名字是“管理员”，议题序号是“1”。提出意见的用户 ID 号是“lyl2”，姓名是“用户 2”，部门是“研发部”，意见内容是“应该按照国家规定发放加班补助”，提交意见的时间是“2014-1-4 21:47:32”，管理员针对该条记录做出的回复是“经过领导批示觉得采纳你的意见。”，管理员回复的时间是“2014-1-4 21:49:48”。

7）gbook\data\gbook.xml 存放的是留言信息，包括留言 id 号、发布留言的用户名、用户的邮箱、用户的留言内容、留言发布的时间、管理员的回复、管理员的回复时间。部分源码如下：

```
<messages>
    <message>
        <id>1388843285771</id>
        <name>用户 1</name>
        <sex>male</sex>
        <email>1@sohu.com</email>
        <content>建议公司提供午休场所。</content>
        <gbdate>2014-01-04 21:48:05</gbdate>
        <recontent>公司领导正在考虑这个问题,不久将解决这个问题。</recontent>
        <redate>2014-01-04 21:50:39</redate>
    </message>
```

代码详解

此处记录的是一条留言的相关信息。其中，发表留言的用户名是“用户1”，性别为“male”（性别字段male指男士、female指女士），电子邮件地址是“1@sohu.com”，留言信息是“建议公司提供午休场所。”，发表留言的时间是“2014-01-04 21:48:05”，管理员给出的回复内容是“公司领导正在考虑这个问题，不久将解决这个问题。”，管理员回复的时间是“2014-01-04 21:50:39”。

任务三　了解Web技术

本任务将通过Dreamweaver CS6网页编辑器创建一个HTML文档，以此学习HTML文档的基本结构和基本语法。

子任务1　了解HTML

1. HTML简介

HTML（Hyper Text Mark-up Language，超文本标记语言）是标准通用标记语言下的一个应用，其中“超文本”就是指页面内可以包含图片、链接，甚至可以有音乐和程序等非文字元素。HTML的结构包括头部（head）和主体部分（body），其中头部提供关于网页的信息，主体部分提供网页的具体内容。

2. HTML的基本结构

一个网页对应一个HTML文件，该文件以.htm或.html为扩展名。可以使用任何能够生成TXT类型源文件的文本编辑器来生成HTML文件，只用修改文件扩展名即可。

标准的HTML文件都具有一个基本的整体结构，即HTML文件的开始与结束标签和头部与主体两大部分。有关HTML文件结构的具体介绍见模块三。

3. HTML标签

HTML标签标记了HTML文档和HTML元素。HTML标签由开始标签和结束标签组成。开始标签为尖括号包围的元素名，结束标签为尖括号包围的斜杠和元素名。例如：

```
<h2> My First Heading </h2>
```

HTML基本标签如下：

标题——通过<h1>~<h6>等标签进行定义。

段落——通过<p>标签定义。

超链接——通过<a>标签定义（在href属性中指定超链接的地址）。

图像——通过<img>标签定义（在src属性中指定图像的位置，通过width和height属性指定图像的宽度和高度）。

4. HTML 元素

HTML 文档是由 HTML 元素定义的。HTML 元素是指从开始标签到结束标签内的所有代码。例如，“<p>我是一个段落</ p>”表示一个 HTML 元素。可以看出，一个 HTML 元素主要包括 HTML 标签和纯文本。标签定义了网页显示的格式，文本表示网页的内容。所以，网页就是 HTML 文档，而 HTML 文档则是由 HTML 元素定义的。

元素语法以开始标签开始，以结束标签终止。元素的内容是开始标签和结束标签之间的内容。大多数的 HTML 元素都是具有属性的。此外，大多数的 HTML 元素都是可以嵌套的（包含其他的 HTML 元素），HTML 文档就是由嵌套的 HTML 元素组成的。

没有显示内容的元素就是空元素。空元素在开始标签中定义。例如，
就是一个空元素（
表示换行）。

另外，HTML 中的元素是对大小写不敏感的，但是最好使用小写标签，因为万维网联盟（W3C）推荐使用小写的标签，而在未来的 HTML 版本中则会强制使用小写标签。

【案例】 编写一个简单的 HTML 文档，代码如下：

```
<html>                                          【1】
<head>                                          【2】
<title>First HTML Document</title>              【3】
</head>
<body>                                          【4】
<p>我是一个段落</p>
</body>
</html>
```

代码详解

【1】 <html>…</html>标签对，每一个 HTML 文件都必须以<html>标签开头，以</html>标签结束。

【2】 <head>…</head>标签对，定义 HTML 文档的头部，所有的头部元素都必须放在该标签对内。

【3】 <title>…</title>标签对，定义 HTML 文档的标题。

【4】 <body>…</body>标签对，定义 HTML 文档的主体，其内容是显示在浏览器上的。

5. HTML 属性

HTML 属性为 HTML 元素提供附件信息，如超链接标签“<a href=http:// www. baidu. com">百度搜索</a>”中使用了 href 来指定超链接的地址。

1）属性总是以名称/值的形式出现，如“name="value"”。

2）属性总是在开始标签中定义，如标题标签“<h1 align=":cenern">I am a heading </a>”表示标题居中显示；又如“<body bgcolor="green">”表示设置文档的背景颜色为绿色。

3）属性值对大小写是不敏感的。

4）属性值通常应该包含在引号中（单引号和双引号都可以，习惯上使用双引号），但是在某些情况下，如属性值本身带有双引号，则必须使用单引号，如“name = '彩虹" love522" '”。

常用属性如下：

class	规定元素的类名（classname）
id	规定元素的唯一 id
style	规定元素的行内样式（inline style）
title	规定元素的额外信息（可在工具提示中显示）

子任务 2　了解 CSS

1. CSS 简介

CSS（Cascading Style Sheets，层叠样式表）是一种用来表现 HTML 或 XML 等文件样式的计算机语言。

CSS 目前最新的版本为 CSS 3，是能够真正做到网页表现与内容分离的一种样式设计语言。相对于传统 HTML 的表现而言，CSS 能够对网页中的对象的位置排版进行像素级的精确控制，支持几乎所有的字体字号样式，拥有对网页对象和模型样式编辑的能力，并能够进行初步交互设计，是目前基于文本展示最优秀的表现设计语言之一。CSS 能够根据不同使用者的理解能力，简化或优化写法，有较强的易读性。

2. HTML 和 CSS

CSS 可以理解为 HTML 的一个属性，看一个例子：下面是一个普通的 <div> 标签“<div> Text <div>”，运行后只能看到普通的“Text”这个单词；但是如果加上 CSS，如 style 属性，则语句变为“<div style = "border:1px solid red"> Text </div>”，其中“border:1px solid red”就是 1px（像素）粗的红色线条，即可发现边框变红了，border 就是边框样式。

再看一个例子：语句“<div style = "border:1px solid red;text-align:center;"> Text </div>”，这里加了一个“text-align:center”让内容居中，即“Text”在中间了。

直接在标签里加 style 叫作行内样式，此处还有内联和外联样式，但需要用到选择器，如刚才例子中的 div，可以在头部的 head 标签里加如下一段代码：

```
<head>
<style>
div{
    border:1px solid red;
    text-align:center;
}
</style>
</head>
```

效果是一样的，花括号前面的 div 就叫作选择器，会对所有的 <div> 标签产生效果。

子任务 3　了解 JavaScript

1. JavaScript 简介

JavaScript 是一种由 Netscape 的 LiveScript 发展而来的、原型化继承的、面向对象的、动态类型的、区分大小写的客户端脚本语言，主要目的是为了解决服务器端语言，如 Perl 所遗留的速度问题，为客户提供更流畅的浏览效果。当时服务端需要对数据进行验证，由于网络速度相当缓慢，只有 28.8kbit/s，验证步骤浪费的时间太多，于是 Netscape 的浏览器 Navigator 加入了 JavaScript，提供了数据验证的基本功能。

JavaScript 是一种能让网页更加生动活泼的程式语言，也是目前网页中设计中最容易学且最方便的语言。使用者可以利用 JavaScript 轻易地做出亲切的欢迎信息、漂亮的数字钟、有广告效果的跑马灯及简易的投票系统，还可以显示浏览器停留的时间。这些特殊效果可以提高网页的互动性。

2. 如何在 HTML 中加入 JavaScript

可以直接将 JavaScript 脚本加入文档，示例如下：

```
<script language="JavaScript">
    JavaScript 语言代码;
</script>
```

说明：通过 <script>… </script> 标签对指明 JavaScript 脚本源代码将放入其间；通过属性 “Language="JavaScript"” 说明标签对中使用的是 JavaScript 语言。

3. 了解 JavaScript 对象

JavaScript 中已经预先定义了一些对象，以方便用户使用。大多数预定义对象是 Navigator 对象的一部分，图 1-17 所示是其对象层次结构图。

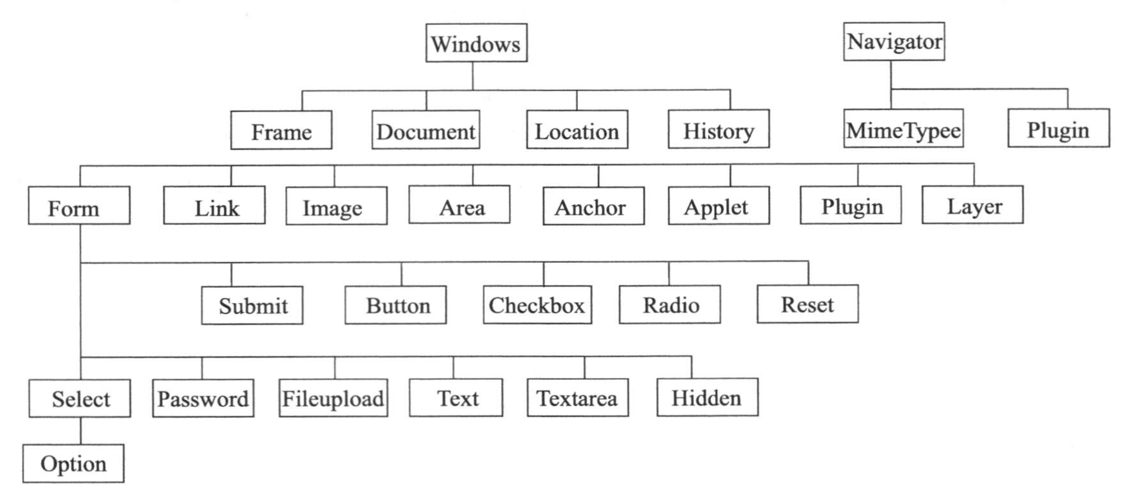

图 1-17　JavaScript 对象层次结构图

JavaScript 中的事件有单击事件、改变事件和获得焦点事件等，表 1-1 列出了一些常用的事件。

表 1-1　JavaScript 中的常用事件

方法名	说　明
单击事件（onClick）	当用户单击鼠标按钮时，产生 onClick 事件
改变事件（onChange）	当 text 或 textarea 中输入值改变时引发该事件，当 select 中选项状态改变后也会引发该事件
获得焦点事件（onFocus）	用户单击 text 或 textarea 以及 select 对象时，产生该事件
选中事件（onSelect）	当 text 或 textarea 对象中的文字被加亮后，引发该事件
失去焦点（onBlur）	当 text 对象、textarea 对象、select 对象失去焦点时引发该事件
载入文件（onLoad）	当文档载入时，产生该事件
卸载文件（onUnload）	页面退出时引发此事件

【案例】编写一个简单的 JavaScript 测试页面 hello. html。

```
<html>
<body>
<script type="text/javascript">                                    【1】
    document.write("<h1>Hello World! </h1>")
</script>
</body>
</html>
```

代码详解

【1】 <script>…</script>标签对，JavaScript 的脚本源代码将放入其间。

子任务 4　了解 XML

1. XML 简介

XML（Extensible Markup Language，可扩展标记语言）中的 Markup（标记）是关键部分。用户可以创建内容，然后对其使用限定标记，从而使每个单词、短语或块成为可识别、可分类的信息。创建的文件或文档实例由元素（标记）和内容构成。当打印输出或以电子形式处理文档时，元素能够帮助用户更好地理解文档。元素的描述性越强，文档各部分越容易识别。自从出现标记至今，带有标记的内容就有一个优势，即在计算机系统缺失时，仍然可以通过标记理解打印出来的数据。

标记语言从早期的私有公司和政府制定形式逐渐演变成 SGML（Standard Generalized Markup Language，标准通用标记语言）、HTML，并且最终演变成 XML。SGML 比较复杂，HTML 在识别信息方面不够强大，而 XML 则是一种易于使用和扩展的标记语言。

用户可以使用 XML 创建自己的元素，从而能够更精确地表示自己的信息；可以在文档内部识别每个部分，而不是将文档看作仅由标题和段落组成。为了提高效率，用户可能需要定义数量一定的元素，并统一使用它们（也可以在文档类型定义（Document Type Definition，DTD）或模式（Schema）中定义元素，稍后将对此进行简要描述），一旦习惯使用 XML 之后，就可以在构建文件时尝试处理元素名称。

2. HTML 与 XML

XML 与 HTML 的设计区别是：XML 被设计为传输和存储数据，其焦点是数据的内容；而 HTML 被设计用来显示数据，其焦点是数据的外观。简而言之，XML 旨在传输信息，而 HTML 旨在显示信息。

XML 和 HTML 的语法区别：HTML 的标记不是所有的都需要成对出现，而 XML 则要求所有的标记必须成对出现；HTML 标记不区分大小写，XML 则大小敏感，即区分大小写。

子任务 5　了解 JSP

1. 动态网页简介

动态网页是与静态网页相对应的，之所以叫作动态网页是因为其能与后台数据库进行交互和数据传递，从而实现数据的实时更新，这是静态网页不能实现的。常见的动态网页类型为 ASP、PHP 和 JSP 等。

动态网页技术是基本的 HTML 语法规范与 Java、VB、VC 等高级程序设计语言和数据库编程等多种技术的融合，以期实现对网站内容和风格的高效、动态和交互式的管理。因此，从这个意义上讲，凡是结合了 HTML 以外的高级程序设计语言和数据库技术进行的网页编程技术生成的网页都是动态网页。

2. JSP 简介

JSP（Java Server Pages）是由 Sun Microsystems 公司倡导、许多公司参与一起建立的一种动态网页技术标准。JSP 技术类似 ASP 技术，它是在传统的网页 HTML 文件（*.htm 和 *.html）中插入 Java 程序段（Scriptlet）和 JSP 标记（tag），从而形成 JSP 文件，扩展名为 .jsp。用 JSP 开发的 Web 应用是跨平台的，既能在 Linux 系统下运行，也能在其他操作系统上运行。

【案例】 编写一个简单的 JSP 测试页面 hello. jsp。

步骤 1 用记事本新建 JSP 文件 hello. jsp，放在 Tomcat 服务器（见模块二）的根目录下，通常是 webapps\root。需要注意的是，保存文件时要选择 utf-8 格式编码，否则中文部分会显示为乱码。

步骤 2 输入如下代码：

```
<html>
<head>
<title>JSP 测试页面---HelloWorld! </title>
</head>
<body>
<%                                                        【1】
    out.println("<h1>Hello World! <br></h1>");
%>
</body>
</html>
```

代码详解

【1】JSP代码包含在<%…%>标签对中。

步骤3 在浏览器中输入“http:// localhost:8080/ hello. jsp”，即可看到运行结果，如图1-18所示。

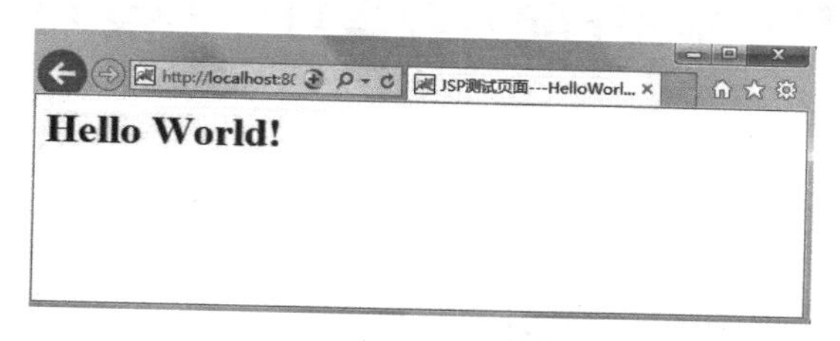

图1-18　运行结果

学材小结

理论知识

对比CSS和HTML的相同与不同之处。

模块二
HTML 编辑器的选择与运行环境的搭建

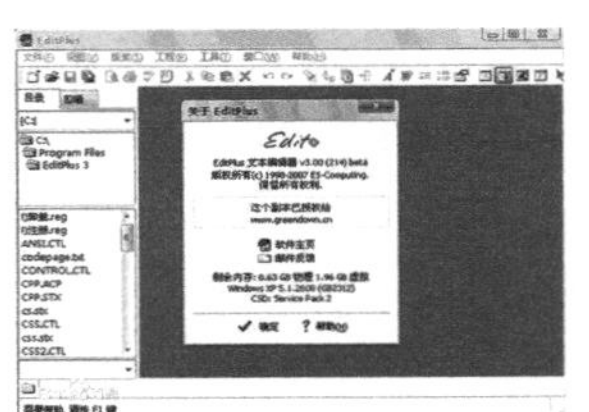
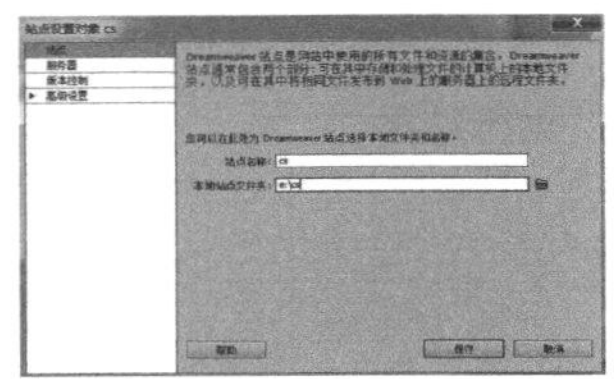
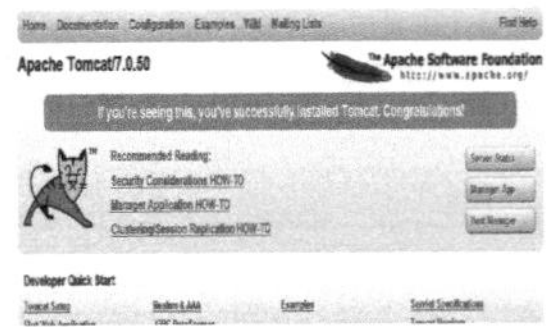

本模块导读

Web 服务器是指驻留于因特网上某种类型计算机的程序。当 Web 浏览器（客户端）连到服务器上并请求文件时，服务器将处理该请求并将文件反馈到该浏览器上，附带的信息会告诉浏览器如何查看该文件（即文件类型）。服务器使用 HTTP（超文本传输协议）与客户机浏览器进行信息交流，这就是人们常把它们称为 HTTP 服务器的原因。

Web 服务器不仅能够存储信息，还能在用户通过 Web 浏览器提供的信息的基础上运行脚本和程序。

本模块介绍了几种常用的 HTML 编辑器以及如何利用 Dreamweaver 创建站点，配置搭建网站的基本环境，包括 JDK 1.7 和 Tomcat 7 的配置方法。通过本模块的学习，学生应掌握搭建网站基本环境的配置方法。

本模块要点

- 如何创建站点
- 如何配置 JDK
- 如何配置 Tomcat

任务一　HTML 编辑器

子任务 1　文本编辑器 EditPlus

EditPlus 是一款小巧但功能强大的可处理文本、HTML 和程序语言的 32 位编辑器，甚至可以通过设置用户工具将其作为 C、Java、PHP 等语言的一个简单的 IDE（集成开发环境）。EditPlus 功能强大，界面简洁美观，且启动速度快；中文支持比较好；支持语法高亮；支持代码折叠；支持代码自动完成（但其功能比较弱），不支持代码提示功能；配置功能强大，且比较容易，扩展也比较强。EditPlus 主界面如图 2-1 所示。它提供了与 Internet 的无缝连接，可以在工作区域中打开 Internet 浏览窗口。

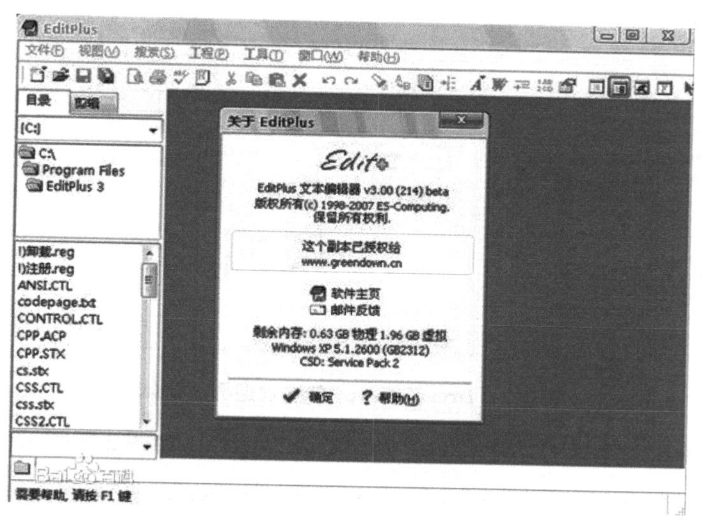

图 2-1　EditPlus 主界面

子任务 2　专业网页编辑软件 Dreamweaver

Dreamweaver 简称 DW，是美国 Macromedia 公司开发的集网页制作和管理网站于一身的所见即所得的网页编辑器。它是第一套针对专业网页设计师而特别开发的视觉化网页开发工具，利用它可以轻而易举地制作出跨越平台限制和跨越浏览器限制的充满动感的网页。

Dreamweaver 使用所见即所得的接口，亦有 HTML 编辑的功能。它有 Mac 版本和 Windows 系统版本。随着 Micromedia 被 Adobe 收购后，Adobe 也开始计划开发 Linux 版本的 Dreamweaver。Dreamweaver 自 MX 版本开始，使用了 Opera 的排版引擎“Presto”作为网页预览。被 Adobe 公司收购前的最后一个版本是 Dreamweaver 8.0。进入 Adobe 时代后，Dreamweaver 改名为 Dreamweaver CS 系列，最新版本为 Dreamweaver CS6，也是本书主要使用的网页编辑软件。

子任务 3　站点的创建及管理

【案例】 在 Dreamweaver 上创建站点。

步骤 1 打开 Dreamweaver，可以看到界面上有 3 种新建站点的方法。

方法 1：在欢迎界面导航菜单中选择“新建”下的“Dreamweaver 站点”项，如图 2-2 所示。

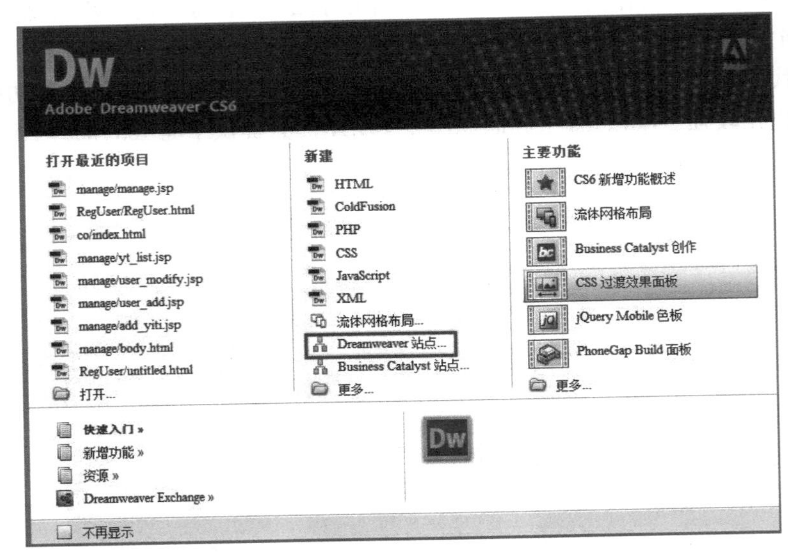

图 2-2　Dreamweaver CS6 欢迎界面窗体

方法 2：在菜单栏中选择“站点”→“新建站点”命令，如图 2-3 所示。

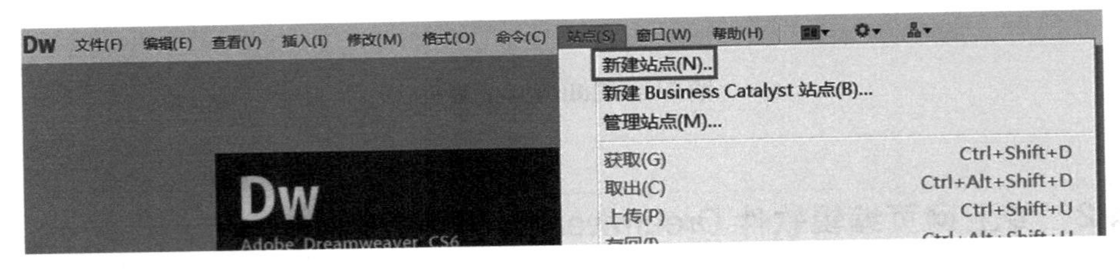

图 2-3　新建站点

方法 3：在菜单栏中选择“站点”→“管理站点”命令，如图 2-4 所示。

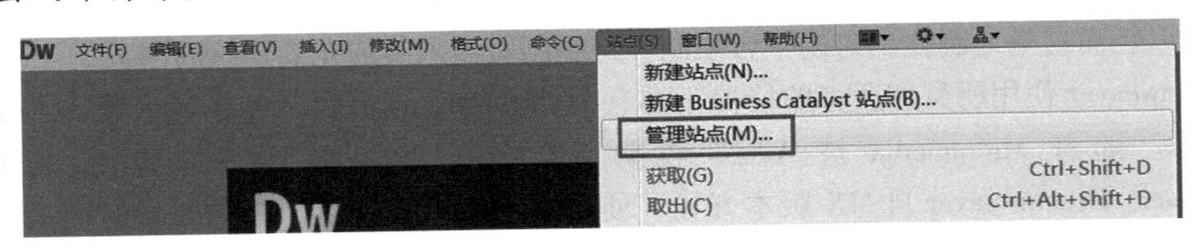

图 2-4　管理站点

这 3 种方法的流程是一样的，因此这里只介绍其中一种，即使用管理站点的方式新建站点。

步骤 2 选择“管理站点”命令后可以看到“管理站点”对话框，如图 2-5 所示，单击“新建站点”按钮，即可打开新建站点的对话框，如图 2-6 所示。

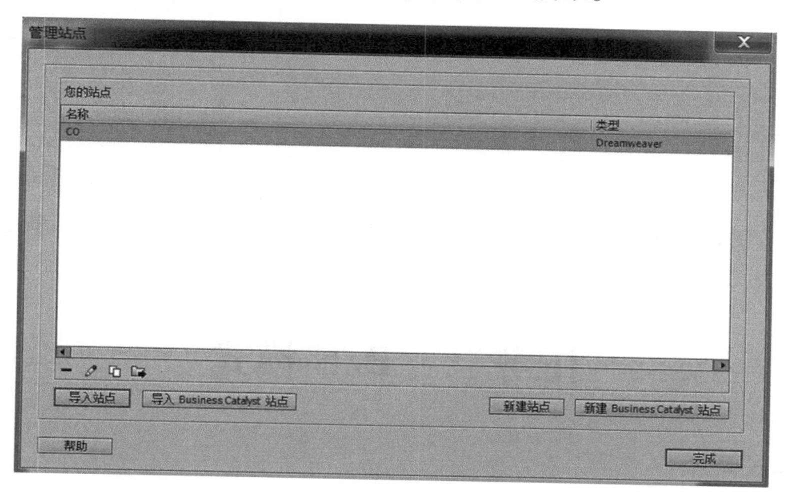

图 2-5　“管理站点”对话框

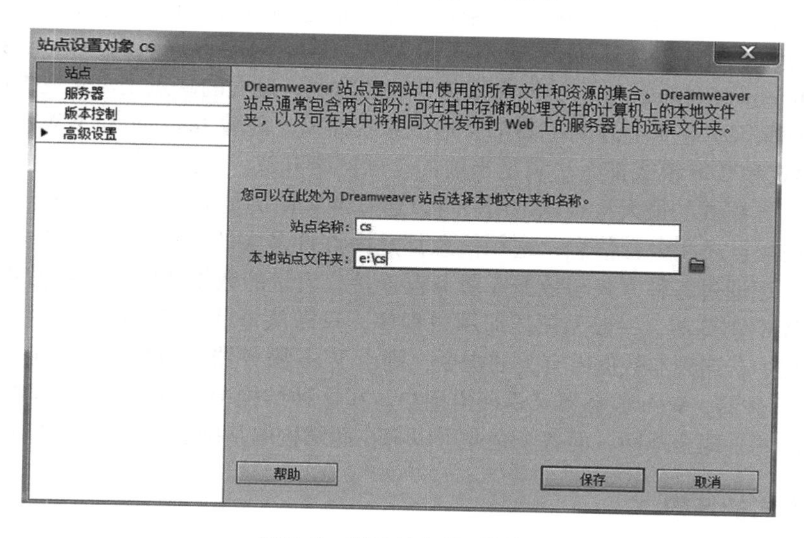

图 2-6　新建站点的对话框

设置站点名称，可以是中文或英文，设置“本地站点文件夹”，即站点在硬盘存放的位置。此外，如果需要还可以选择左侧菜单，分别设置服务器、版本控制、高级设置等。如果用来制作 HTML 网页，则无须做这些设置。

步骤 3 配置完毕后新建的站点名会出现在站点管理列表内，如图 2-7 所示。

步骤 4 单击“完成”按钮，在 Dreamweaver 主界面的右下角可以看到新建的站点，以后的网站文件都会存储在本地站点文件夹下，如图 2-8 所示。

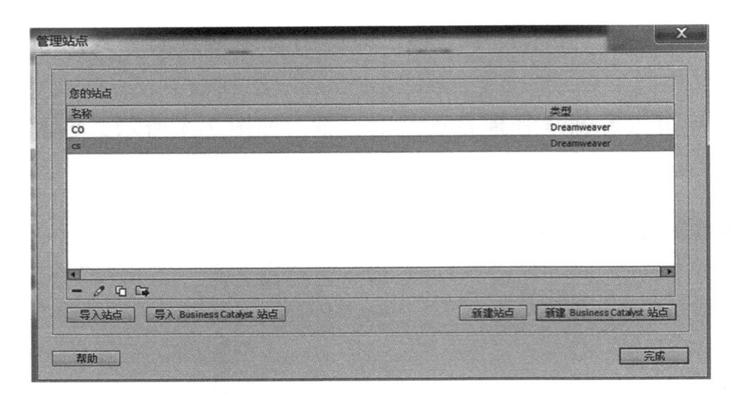

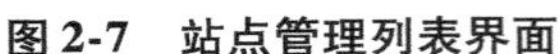
图 2-7 站点管理列表界面

图 2-8 新建的站点

任务二 B/S 模式

1. B/S 模式简介

B/S（Browser/Server，浏览器/服务器）模式又称为 B/S 结构，是随着 Internet 技术的兴起，对 C/S 模式应用的扩展。在这种结构下，用户工作界面是通过 IE 浏览器来实现的。B/S 模式最大的优点是运行维护比较简便，能实现不同的人员、从不同的地点、以不同的接入方式（如 LAN、WAN、Internet/Intranet 等）访问和操作共同的数据；最大的缺点是对企业外网环境依赖性太强，由于各种原因引起企业外网中断都会造成系统瘫痪。随着 Internet 和 WWW 的流行，以往的主机/终端模式和 C/S 模式都无法满足当前的全球网络开放、互连、信息随处可见和信息共享的新要求，而 B/S 模式的最大特点就是用户可以通过 WWW 浏览器访问 Internet 上的文本、数据、图像、动画、视频点播和声音信息，这些信息都是由许许多多的 Web 服务器产生的，而每一个 Web 服务器又可以通过各种方式与数据库服务器连接，大量的数据实际存放在数据库服务器中。客户端除了 WWW 浏览器，一般无须任何用户程序，只需从 Web 服务器上下载程序到本地来执行，在下载过程中若遇到与数据库有关的指令，则由 Web 服务器交给数据库服务器来解释执行，并返回给 Web 服务器，Web 服务器又返回给用户。在这种结构中，将许许多多的网连接到一块，形成一个巨大的网，即全球网，而各个企业可以都在此结构的基础上建立自己的 Internet。

2. B/S 模式的结构

B/S 模式的结构如图 2-9 所示。

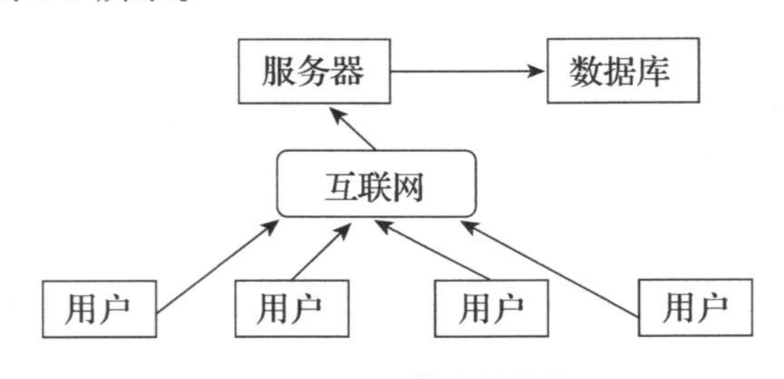

图 2-9 B/S 模式的结构

3. B/S 模式的优点和缺点

B/S 模式的优点如下：

1）具有分布性特点，可以随时随地进行查询和浏览等业务处理。

2）业务扩展简单方便，通过增加网页即可增加服务器功能。

3）维护简单方便，只需要改变网页即可实现所有用户的同步更新。

4）开发简单，共享性强。

B/S 模式的缺点如下：

1）个性化特点明显降低，无法实现具有个性化的功能要求。

2）操作是以鼠标为最基本的操作方式，无法满足快速操作的要求。

3）页面动态刷新，响应速度明显降低。

4）无法实现分页显示，给数据库访问造成较大的压力。

5）功能弱化，难以实现传统模式下的特殊功能要求。

4. B/S 模式软件的优势与劣势

B/S 模式的软件维护和升级方式简单。目前，软件系统的改进和升级越来越频繁，C/S 系统的各部分模块中有一部分改变就要关联到其他模块的变动，致使系统升级成本比较大。而 B/S 与 C/S 的处理模式相比，大大简化了客户端。

对于 B/S 模式而言，开发、维护等几乎所有工作也都集中在服务器端，当企业对网络应用进行升级时，只需更新服务器端的软件就可以，这减轻了异地用户进行系统维护与升级的成本。如果客户端的软件系统升级比较频繁，那么 B/S 模式的产品优势就较明显了——所有的升级操作只需要针对服务器进行，这对那些点多面广的应用是很有价值的。例如，一些招聘网站就需要采用 B/S 模式，客户端分散且应用简单，只需要进行简单的浏览和少量信息的录入。

在系统的性能方面，B/S 模式占有优势的是其异地浏览和信息采集的灵活性。任何时间、任何地点、任何系统，只要可以使用浏览器上网，就可以使用 B/S 系统的终端。不过，采用 B/S 模式，客户端只能完成浏览、查询、数据输入等简单功能，绝大部分工作由服务器承担，这使得服务器的负担很重。采用 C/S 模式时，客户端和服务器端都能处理任务，这虽然对客户机的要求较高，但因此可以减轻服务器的压力。而且，由于客户端使用浏览器，使得网上发布的信息必须是以 HTML 格式为主，其他格式文件多半以附件的形式存放。而 HTML 格式文件（即 Web 页面）不便于编辑修改，因此给文件管理带来了许多不便。例如，很多人每天上新浪网，只要安装了浏览器就可以了，并不需要了解新浪的服务器用的是什么操作系统，而事实上大部分网站确实没有使用 Windows 操作系统，但用户的计算机本身安装的大部分是 Windows 操作系统。

C/S 模式是建立在中间件产品基础之上的，要求应用开发者自己处理事务管理、消息队列、数据的复制和同步、通信安全等系统级的问题。这对应用开发者提出了较高的要求，而且迫使应用开发者投入很多精力来解决应用程序以外的问题，从而使得应用程序的维护、移植和互操作变得复杂。如果客户端是在不同的操作系统上，则 C/S 模式的软件需要开发不同版本的客户端软件。但是，与 B/S 模式相比，C/S 技术发展历史更为悠久。从技术成熟度及软件设计和开发人员的掌握水平来看，C/S 技术应是更成熟、更可靠的。

任务三　运行环境的搭建

子任务 1　安装与配置 JDK 1.7

【**案例**】在 Windows 平台上安装并配置 Java 环境。

步骤 1 下载 jdk-7u45-windows-i586. exe 安装文件，双击出现图 2-10 所示的安装界面。

步骤 2 单击“下一步”按钮，选择安装的可选功能，选择默认即可，如图 2-11 所示。

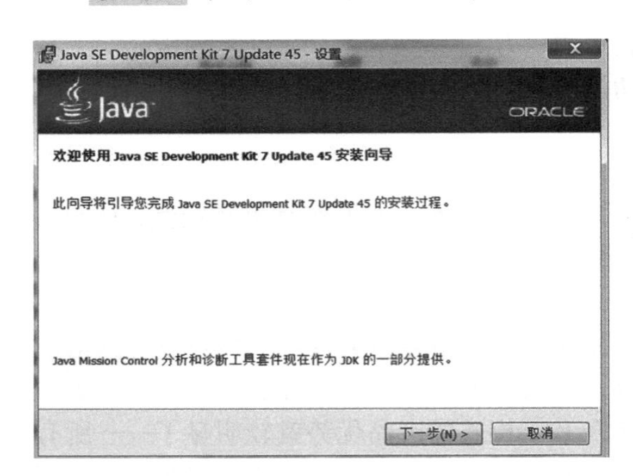

图 2-10　JDK 1. 7 安装向导界面 1

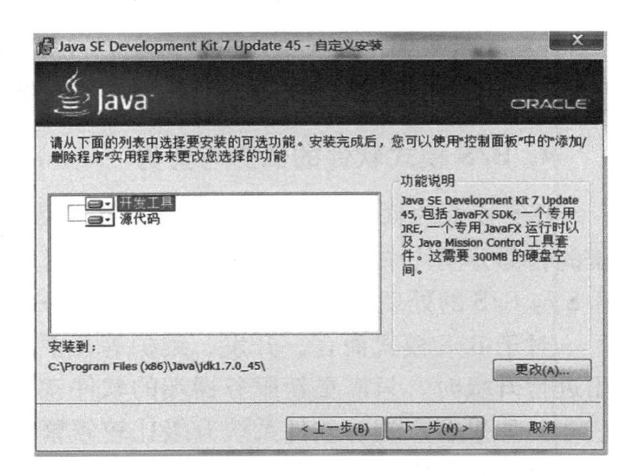

图 2-11　JDK 1. 7 安装向导界面 2

步骤 3 单击“更改”按钮，选择安装目录，如图 2-12 所示，单击“确定”按钮保存，再单击“下一步”按钮，进入安装界面，如图 2-13 所示。

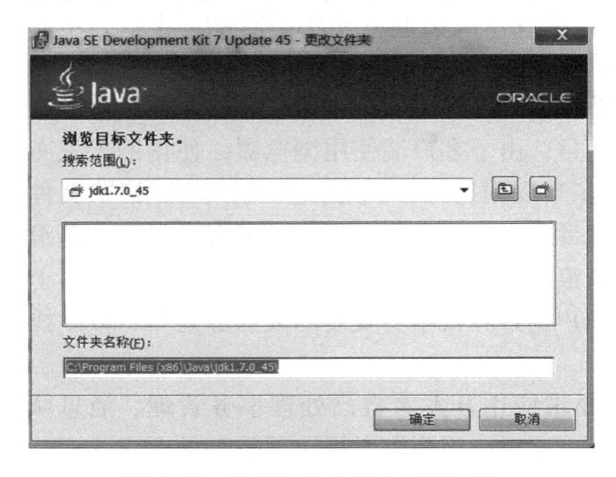

图 2-12　JDK1. 7 安装向导界面 3

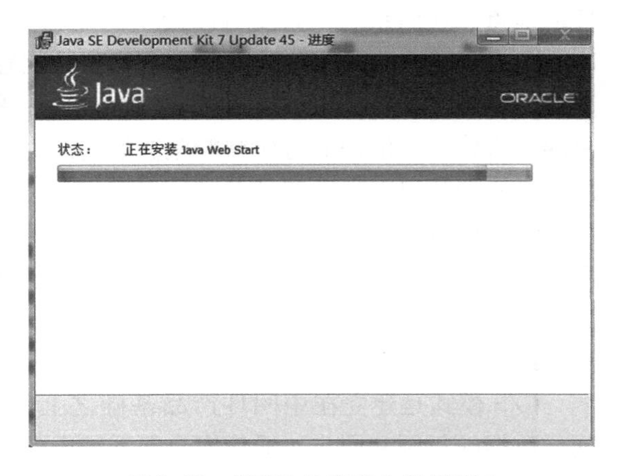

图 2-13　JDK1. 7 安装向导界面 4

步骤 4 安装完毕后出现图 2-14 所示的界面。

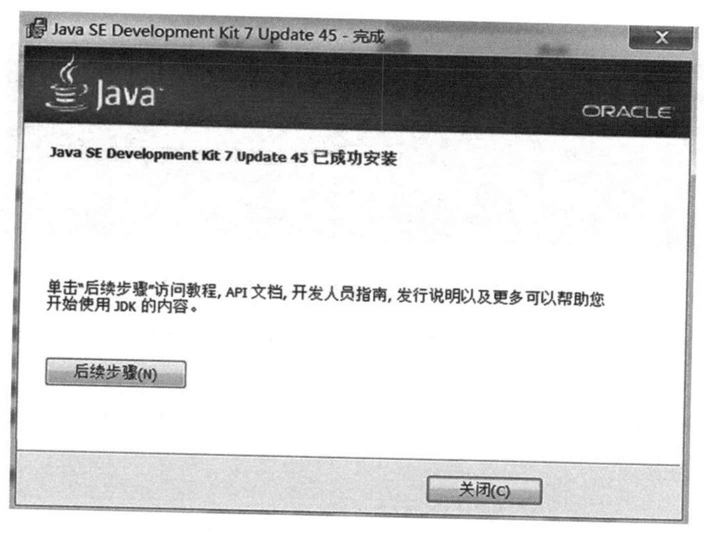

图 2-14 JDK1.7 安装向导界面 5

步骤 5 配置 Java 的环境变量:

1）右键单击“我的电脑”，在弹出的快捷菜单中选择“属性”命令，在打开的对话框中选择“高级”选项卡，单击“环境变量”。

2）在系统变量中，设置 3 项系统变量，即 JAVA_HOME、PATH、CLASSPATH。

3）这里选择默认安装，所以 JDK 安装在 C:\Program Files\Java\JDK1.7.0 目录下。

下面为 3 个变量设值:

JAVA_HOME 值为“C:\Program Files (x86)\Java\JDK1.7.0_45”;

CLASSPATH 值为“ .;%JAVA_HOME%\lib;%JAVA_HOME%\lib\tools.jar”;

PATH 值为“ ;%JAVA_HOME%\bin;%JAVA_HOME%\jre\bin”。

注意事项

1）配置 JAVA_HOME 变量的作用：JAVA_HOME 路径下包括 bin、lib、jre 等目录，在之后配置 Tomcat、Eclipse 等 Java 开发软件时可能需要依赖此变量。

2）配置系统变量 PATH 时，要注意前面的“;”。

3）配置系统变量 PATH 的作用：使系统在任何路径下均可以运行 Java 命令。

4）配置系统变量 CLASSPATH 时，要注意前面的“.;”。

5）配置系统变量 CLASSPATH 的作用：指明 Java 加载类（class 或 lib）的路径，只有类在 CLASSPATH 中，Java 命令才能识别，其中，“%JAVA_HOME%”就是引用前面设置的系统变量 JAVA_HOME。

步骤 6 测试 Java 环境。

选择“开始”→“运行”命令，输入“cmd”进入命令行模式，输入命令“javac”无出错信息，再输入命令“java-version”出现如图 2-15 所示的 Java 版本信息即表示配置环境成功。

```
C:\Users\qhl>java -version
java version "1.7.0_40"
Java(TM) SE Runtime Environment (build 1.7.0_40-b43)
Java HotSpot(TM) Client VM (build 24.0-b56, mixed mode, sharing)

C:\Users\qhl>
```

图 2-15　JDK1.7 运行环境测试窗口 1

为了进一步测试 Java 环境的搭建是否成功，下面编写一个简单的 Java 测试小程序 test. java 来进行测试。

1）新建一个 test. java 文件，放在 C:\目录下，并加入如下代码：

```
public class test
{
    public static void main(String[]agrs){
        System.out.println("hello word!");
    }
}
```

2）在“cmd”命令窗口中输入命令“javac test. java”，在 C:\目录下生成编译后的文件 test. class。

3）在命令窗口中输入命令“java test”，结果如图 2-16 所示，说明 Java 环境已成功搭建。

图 2-16　JDK1.7 运行环境测试窗口 2

子任务 2　安装与配置 Tomcat 7.0

【案例】 在 Windows 下安装并配置 Tomcat 7.0。

步骤 1 安装 Tomcat。

1）访问网址 http://tomcat.apache.org/，下载 Tomcat。

2）可以下载 ZIP 格式或 EXE 格式的安装文件，其中 ZIP 格式的只要解压缩再配置一下环境变量就可以使用。如果下载的是 EXE 格式的安装文件，则双击运行，默认安装即可。

3）这里下载的是 7. x 的版本，直接解压缩下载文件 apache-tomcat-7.0.40-windows-x86.zip 到 C 盘中。安装路径建议修改为 C:\tomcat。

步骤 2 配置 Tomcat（同设置 Java 环境变量一样）。

1）新建变量 CATALINA_BASE，变量值为“C:\tomcat”。

2）新建变量 CATALINA_HOME，变量值为“C:\tomcat”。

3）修改 PATH 变量，添加变量值“%CATALINA_HOME%\lib;%CATALINA_HOME%\bin”。

步骤 3 测试并关闭 Tomcat。

1）启动 Tomcat 服务，有以下两种方法。

方法 1：在“cmd”命令窗口中输入“startup”，出现图 2-17 和图 2-18 所示的窗口，表明服务启动成功。

```
C:\Users\qhl>startup
Using CATALINA_BASE:   "C:\tomcat"
Using CATALINA_HOME:   "c:\tomcat"
Using CATALINA_TMPDIR: "C:\tomcat\temp"
Using JRE_HOME:        "C:\Program Files\Java\jdk1.7.0_40"
Using CLASSPATH:       "c:\tomcat\bin\bootstrap.jar;C:\tomcat\bin\tomcat-juli.ja
r"
```

图 2-17　Tomcat 7.0 运行环境窗口 1

图 2-18　Tomcat 7.0 运行环境窗口 2

方法 2：打开 Tomcat 安装目录下的 bin 文件夹，双击里面的 startup. bat 文件，也会出现图 2-17 和图 2-18 所示的界面，表示 Tomcat 启动成功。注意，该命令窗口不能关闭。

2）测试 Tomcat。

打开浏览器，在地址栏中输入“http:// localhost:8080”并按 <Enter> 键，如果看到 Tomcat 自带的 JSP 页面，如图 2-19 所示，则说明 JDK 和 Tomcat 已搭建成功。

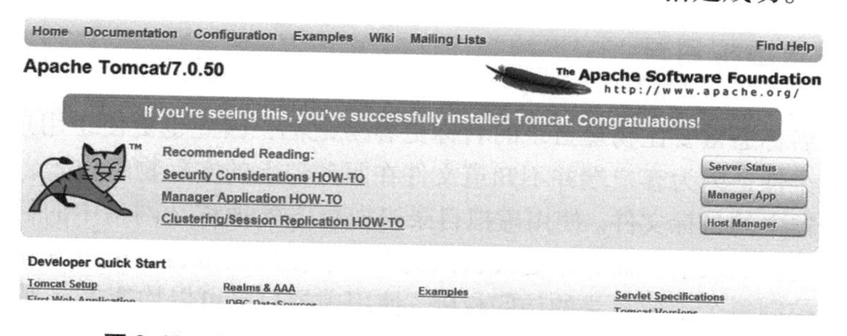

图 2-19　Tomcat 7.0 运行环境在浏览器中的测试窗口

用模块一中的 JSP 程序 hello. jsp 来测试是否能运行 JSP 页面，代码如下：

```
<html>
<head>
<title>JSPTEST---HelloWorld! </title>
</head>
<body>
<%
    out.println("<h1>Hello World! </h1>");
%>
</body>
</html>
```

文件 hello. jsp 放在 Tomcat 下的 webapps/ ROOT 目录下，打开浏览器，在地址栏中输入“http:// localhost:8080/ hello. jsp”并按 <Enter> 键，则看到如图 2-20 所示的页面，表明 Tomcat 测试成功。

图 2-20 Tomcat 7. 0 在浏览器中的运行测试窗口

3）关闭 Tomcat。

在“cmd”命令窗口中进入 Tomcat 目录下的 bin 子目录，输入命令“shutdown”，出现图 2-21 所示的对话框，表明服务关闭成功；或双击 bin 目录下的 shutdown. bat 文件也可以关闭 Tomcat。

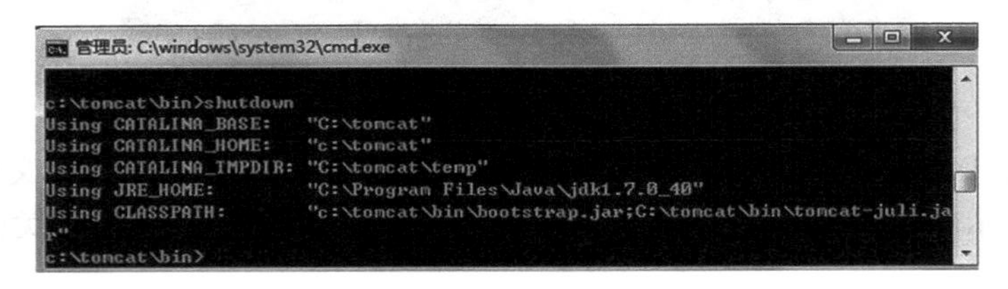

图 2-21 Tomcat 7. 0 关闭测试窗口

子任务 3 设置虚拟目录

虚拟目录的名称通常要比物理目录的名称更容易记忆，因此也更便于用户访问。使用虚拟目录可以提高安全性，因为客户端并不知道文件在服务器上的实际物理位置，所以无法使用该信息来修改服务器中的目标文件。使用虚拟目录可以更方便地移动网站中的目录，只需更改虚拟目录物理位置之间的映射，而无须更改目录的 URL。使用虚拟目录可以发布多个目录下的内容，且可以单独控制每个虚拟目录的访问权限。使用虚拟目录可以均衡 Web 服务器的负载，因为网站中的资源来自于多个不同的服务器，从而避免单一服务器负载过重、响应缓慢。

下面介绍如何在 Tomcat 7. 0 中设置虚拟目录。

假设将 D:\jsp 目录配置为虚拟目录，用记事本打开 Tomcat 主目录中的 conf 目录下的

server. xml 文件，找到如下代码：

```
<host name = "localhost"  appBase = "webapps"
    unpackWARs = "true" autoDeploy = "true" >
…
<! -- Access log processes all example.
    Documentation at: /docs/config/valve.html
    Note: The pattern used is equivalent to using pattern = "common" -- >
<valve className = "org.apache.catalina.valves.AccessLogValve" directory = "
logs"
    prefix = "localhost_access_log." suffix = ".txt"
    pattern = "% h % l % u % t &quot;% r&quot; % s % b" />
</host >
```

在 </ host > 之前加入如下代码：

```
<context path = "/jsp"  docBase = "D:\jsp" reloadable = "true" >
</context >
```

其中，“path = "/ jsp"” 用来配置虚拟目录的名称，“docBase = " D:\jsp"” 则是虚拟目录指向的真实目录。保存 server. xml 文件，然后重启 Tomcat，虚拟目录的设置就生效了。可以把程序文件放在 D:\jsp 目录下。例如，把前面测试的小程序 hello. jsp 放在该目录下，在浏览器中输入 “http:// localhost:8080/ jsp/ hello. jsp” 就会看到与前面测试相同的效果。

知识点详解

Web 服务器是可以向发出请求的浏览器提供文档的程序。

1）服务器是一种被动程序，只有当 Internet 上运行在其他计算机中的浏览器发出请求时，服务器才会响应，工作原理图解如图 2-22 所示。

2）最常用的 Web 服务器是 Apache 和 Microsoft 的 Internet 信息服务器（Internet Information Services，IIS）。

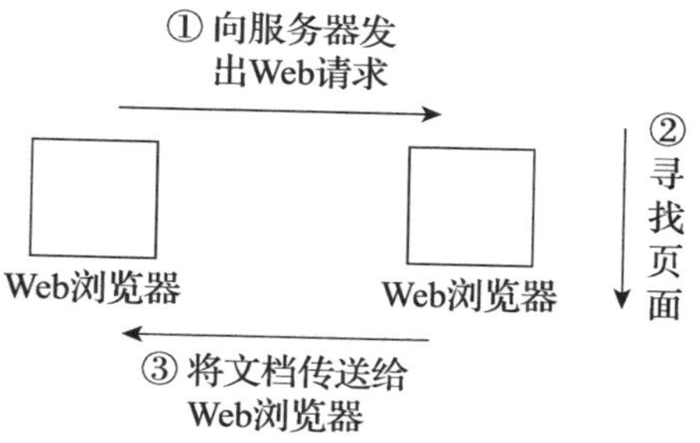

图 2-22　浏览器工作原理图解

3）Internet 上的服务器也称为 Web 服务器，是一台在 Internet 上具有独立 IP 地址的计算机，可以向 Internet 上的客户机提供 WWW、E-mail 和 FTP 等各种 Internet 服务。

4）Web 服务器是指驻留于因特网上某种类型计算机的程序。当 Web 浏览器（客户端）连到服务器上并请求文件时，服务器将处理该请求并将文件反馈到该浏览器上，附带的信息会告诉浏览器如何查看该文件（即文件类型）。服务器使用 HTTP（超文本传输协议）与客户机浏览器进行信息交流。

Web 服务器不仅能存储信息，而且还能在用户通过 Web 浏览器提供的信息的基础上运行脚本和程序。

协 议

1）应用层使用 HTTP。

2）HTML 文档格式。

3）浏览器统一资源定位器（URL）。

信息卡

1. **WWW 简介**

WWW 是 World Wide Web（环球信息网）的缩写，也可以简称为 Web，中文名字为“万维网”。它起源于 1989 年 3 月，由欧洲量子物理实验室（European Laboratory for Particle Physics，CERN）所发展出来的主从结构分布式超媒体系统。通过万维网，人们只要通过使用简单的方法，就可以很迅速、方便地取得丰富的信息资料。由于用户在通过 Web 浏览器访问信息资源的过程中，无须再关心一些技术性的细节，且界面非常友好，因此 Web 在 Internet 上一推出就受到了热烈的欢迎，走红全球，并迅速得到了爆炸性的发展。

2. **WWW 的发展和特点**

长期以来，人们只是通过传统的媒体（如电视、报纸、杂志和广播等）获得信息。但随着计算机网络的发展，人们想要获取信息，已不再满足于传统媒体那种单方面传输和获取的方式，而希望有一种主观的选择性。网络上提供各种类别的数据库系统，如文献期刊、产业信息、气象信息、论文检索等。由于计算机网络的发展，信息的获取变得非常及时、迅速和便捷。

到了 1993 年，WWW 的技术有了突破性的进展，它解决了远程信息服务中的文字显示、数据连接以及图像传递的问题，使得 WWW 成为 Internet 上最流行的信息传播方式之一。Web 服务器成为 Internet 上最大的计算机群，Web 文档之多、链接的网络之广，令人难以想象。可以说，Web 为 Internet 的普及迈出了开创性的一步，是近年来 Internet 上取得的最激动人心的成就之一。

WWW 采用的是浏览器/服务器（B/S）结构，其作用是整理和储存各种 WWW 资源，并响应客户端软件的请求，把客户所需的资源传送到 Windows、UNIX 或 Linux 等平台上。

使用最多的 Web 服务器软件有两个：微软的信息服务器（IIS）和 Apache。

通俗地讲，Web 服务器传送页面使浏览器可以浏览，然而应用程序服务器提供的是客户端应用程序可以调用的方法。确切地说，Web 服务器专门处理 HTTP 请求，但是应用程序服务器是通过很多协议来为应用程序提供商业逻辑的。

Web 服务器可以解析 HTTP。当 Web 服务器接收到一个 HTTP 请求时，会返回一个 HTTP 响应，如送回一个 HTML 页面。为了处理一个请求，Web 服务器可以响应一个静态页面或图片，进行页面跳转，或把动态响应的产生委托给一些其他的程序，如 CGI 脚本、JSP 脚本、Servlets、ASP 脚本、服务器端 JavaScript 或一些其他的服务器端技术。无论它们的目的如何，这些服务器端的程序通常产生一个 HTML 的响应来让浏览器可以浏览。要知道，Web 服务器的代理模型非常简单。当一个请求被送到 Web 服务器时，它只单纯地把请求传递给可以很好地处理请求的程序。Web 服务器仅仅提供一个可以执行服务器端程序和返回（程序所产生的）响应的环境，而不会超出职能范围。服务器端程序通常具有事务处理、数据库连接和消息传递等功能。

虽然 Web 服务器不支持事务处理或数据库连接池，但它可以配置各种策略以实现容错性和可扩展性，如负载平衡和缓冲。集群特征经常被误认为仅仅是应用程序服务器专有的特征。

学材小结

理论知识

1）对比分析 C/S 模式与 B/S 模式的优缺点。

2）在 Tomcat 中设置虚拟目录的方法。

模块三 HTML

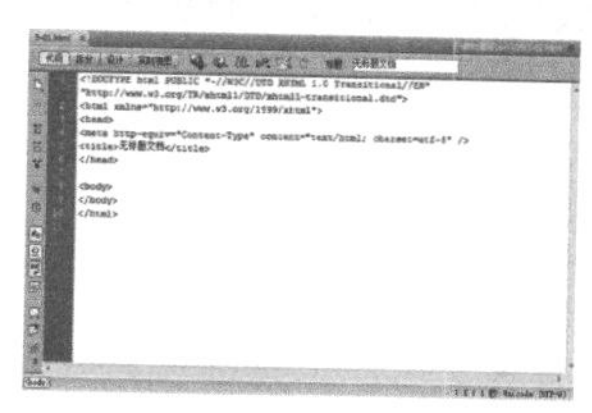

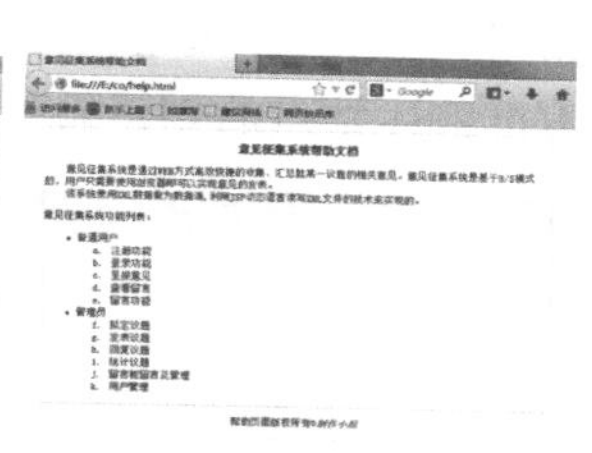
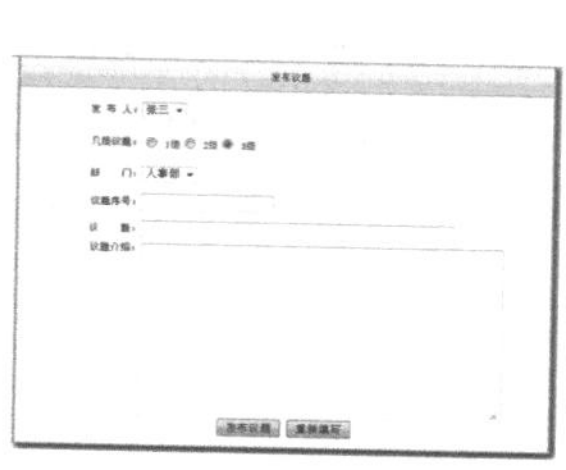

本模块导读

HTML（Hypertext Marked Language，超文本标记语言）是一种用来制作超文本文档的简单标记语言。HTTP（超文本传输协议）规定了浏览器在运行 HTML 文档时所遵循的规则和进行的操作。协议的制定使浏览器在运行超文本时有了统一的规则和标准。用 HTML 编写的超文本文档称为 HTML 文档，它能独立运行于各种操作系统平台。自 1990 年以来，HTML 就一直被用作 WWW 的信息表示语言。使用 HTML 描述的文件，需要通过 Web 浏览器来显示效果。

HTML 使用标签对的方法编写文档，既简单又方便，它通常使用 <标签名>…</标签名> 来表示标签的开始和结束（如 <html>…</html>），因此在 HTML 文档中这样的标签对大部分是成对使用的，只有一部分是单标签，不需要结束标签。

本模块主要介绍 HTML 的文档结构及语法、HTML 的常用标签、HTML 布局模式、HTML 5 及 HTML 注释等知识。

通过本模块的学习和实训，学生应掌握使用 HTML 标签设计实现 Web 网页的步骤和方法。

本模块要点

- HTML 语法和文档结构
- HTML 头部元素
- HTML 布局
- HTML 文字排版标签
- HTML 图像和媒体
- HTML 列表与超链接
- HTML 表单元素
- HTML 5 的新功能

任务一　HTML 语法和文档结构

本任务将通过 Dreamweaver CS6 网页编辑器创建一个 HTML 文档，学习 HTML 文档的基本结构和基本语法。

【案例】 创建一个站点“CO”，新建第一个网页文档。

步骤 1 创建站点，打开 Dreamweaver CS6，选择“站点”→“新建站点”命令，在创建站点对话框中进行设置，如图 3-1 所示，单击“保存”按钮创建站点（本模块的所有案例均使用此站点，后面的案例将不再赘述站点的创建）。

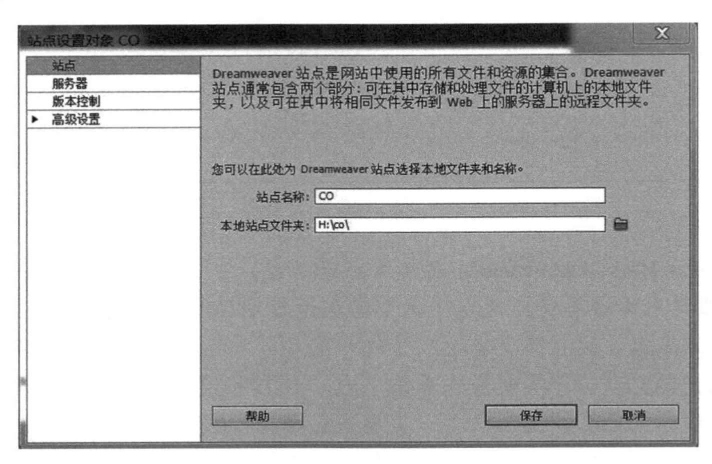

图 3-1　创建站点对话框

步骤 2 在开始页面中选择“新建”→“HTML”选项，如图 3-2 所示；或者选择菜单栏中的“文件”→“新建”命令，选择“页面类型”为“HTML”，单击“创建”按钮，如图 3-3所示。创建成功后新建的 HTML 文档会显示在 Dreamweaver 的编辑窗口，如图 3-4 所示。

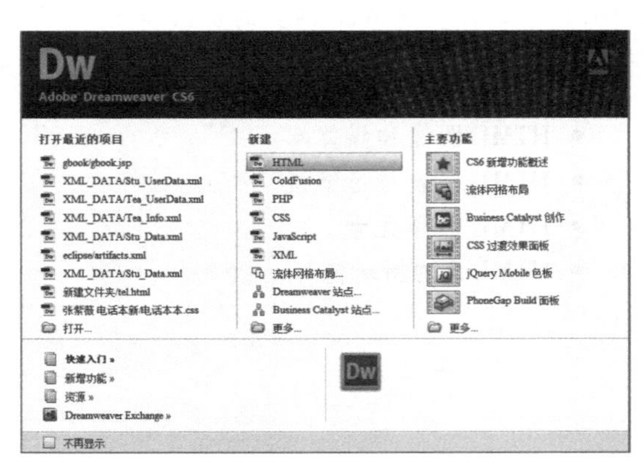

图 3-2　新建 HTML 文档

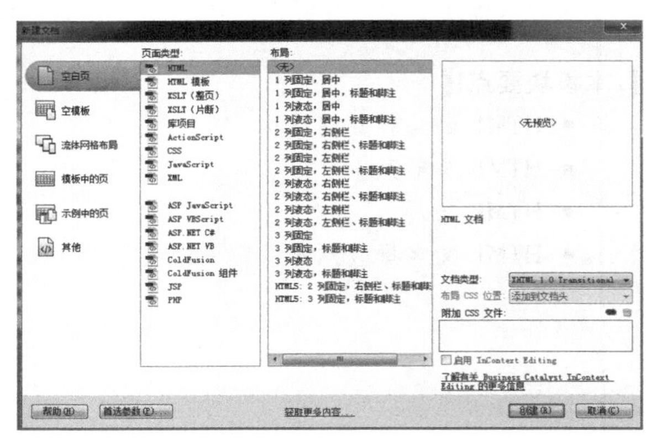

图 3-3　“新建文档”对话框

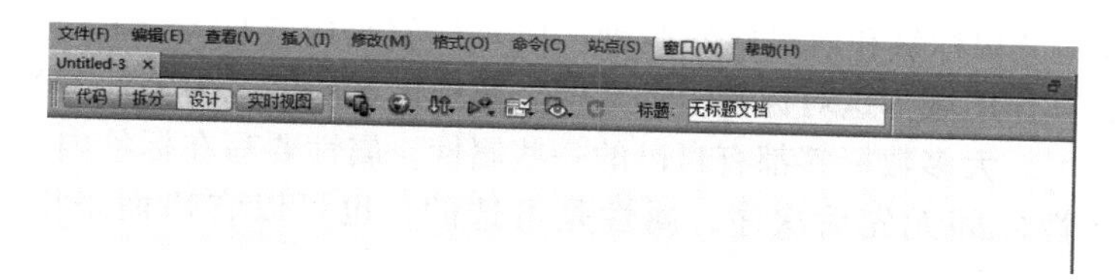

图 3-4 Dreamweaver 编辑窗口

步骤 3 选择“文件”→“保存”命令，保存文件。在编辑窗口中选择视图方式为“代码”，如图 3-5 所示，调整到代码视图，如图 3-6 所示。

图 3-5 视图调整按钮

```
<!DOCTYPE html PUBLIC "-//W3C//DTD XHTML 1.0 Transitional//EN"
"http://www.w3.org/TR/xhtml1/DTD/xhtml1-transitional.dtd">
<html xmlns="http://www.w3.org/1999/xhtml">
<head>
<meta http-equiv="Content-Type" content="text/html; charset=utf-8" />
<title>无标题文档</title>
</head>

<body>
</body>
</html>
```

图 3-6 代码视图

步骤 4 输入完整代码，具体如下：

```
<!DOCTYPE html PUBLIC "-//W3C//DTD XHTML 1.0 Transitional//EN" "http://www.w3.org/TR/xhtml1/DTD/xhtml1-transitional.dtd">
<html xmlns="http://www.w3.org/1999/xhtml">
<head>
<meta http-equiv="Content-Type" content="text/html; charset=utf-8" />
<title>HTML 文档结构</title>
</head>
<body>
第一个 HTML 文档
</body>
</html>
```

知识点详解

前面已经简单介绍过 HTML 文档的标签。标签用于分割标签和文本的元素，以形成文本的布局、文字的格式及五彩缤纷的画面。标签通过指定某块信息为段落或标题等来标识文档某个部件。HTML 的标签分单标签和成对标签两种。成对标签是由首标签 <标签名> 和尾标签 </标签名> 组成的，其作用域为这对标签中的文档。单独标签的格式为 <标签名>，在相应的位置插入元素就可以了。大多数标签都有自己的一些属性。属性要写在标签内，用于进一步改变显示的效果，各属性之间无先后次序，属性是可选的，也可以省略而采用默认值，其格式如下：

```
<标签名字属性1 属性2 属性3 …>内容</标签名字>
```

作为一般性的原则，大多数属性值不用加双引号。但是空格、%、#等特殊字符的属性值必须加双引号。为了培养良好的编程习惯，提倡全部对属性值加双引号，例如：

```
<font color="#ff00ff" face="宋体" size="30">字体设置</font>
```

注意事项

输入标签时，一定不要在“<”与标签名之间输入多余的空格，也不能在中文输入法状态下输入这些标签及属性，否则浏览器将不能正确地识别括号中的标志命令，从而无法正确地显示需要显示的信息。

HTML 文档的结构如下：

```
<html>
    <head>
    …
    </head>
    <body>
    …
    </body>
</html>
```

<html>…</html>标签对在文档的最外层，表示该文档是以 HTML 语言编写的。事实上，现在常用的 Web 浏览器都可以自动识别 HTML 文档，并不要求有<html>标签，也不对该标签进行任何操作，但是为了使 HTML 文档能够适应不断变化的 Web 浏览器，还是应该养成不省略这对标签的良好习惯。

<head>…</head>是 HTML 文档的头部标签，在浏览器窗口中，头部信息是不被显示在正文中的。在此标签中可以插入其他标记，用以说明文件的标题和整个文件的一些公共属性。若不需头部信息可省略此标记，但良好的编程习惯是不省略。

<body>…</body>标签对一般不省略，标签之间的文本是 HTML 文档的主体，是在浏览器中要显示出来的页面内容。

上面的这几对标签在文档中都是唯一的，<head>标签和<body>标签是嵌套在<html>标签中的。

任务二　HTML 的头部元素

HTML 头部元素包含关于文档的概要信息，也称为元信息（meta-information）。元数据

（meta-data）是关于数据的信息，而元信息是关于信息的信息。

HTML 头部信息里包含关于所在网页的信息。这部分内容主要是被浏览器所用，不会显示在网页的正文内容里。

【案例】 新建 index. html 网页文档，设置网页 title 和关键字。

步骤 1 打开上一个站点“CO”，新建网页文件 index. html。

步骤 2 在编辑窗口中打开 index. html，切换到代码视图。在网页的头部标签对 <head>…</head>之间输入如下代码：

```
<!DOCTYPE html PUBLIC "-//W3C//DTD XHTML 1.0 Transitional//EN" "http://www.w3.org/TR/xhtml1/DTD/xhtml1-transitional.dtd">                        【1】
<html xmlns="http://www.w3.org/1999/xhtml">
<head>
<meta http-equiv="Content-Type" content="text/html; charset=utf-8" />
                                                                              【2】
<meta name="keywords" content="意见征集 议案征集 意见收集" />                  【3】
<base target="_blank">                                                        【4】
<title>登录页面</title>
<link rel="stylesheet" href="style.css" type="text/css"  />                   【5】
</head>
<body>
</body>
</html>
```

代码详解

【1】 <!DOCTYPE>标签声明位于文档中最前面的位置，处于<html>标签之前。此标签可告知浏览器文档使用哪种 HTML 或 XHTML 规范。

【2】 使用<meta>标签定义 HTML 文档的字符集。

【3】 使用<meta>标签定义 HTML 文档的关键字，某些搜索引擎在遇到这些关键字时，会用这些关键字对文档进行分类。

【4】 使用<base>标签使得页面中的所有标签都在新窗口中打开。

【5】 使用<link>标签实现外部 CSS 样式的链接。

步骤 3 保存 index. html 文件，按快捷键<F12>在浏览器中预览，效果如图 3-7 所示。

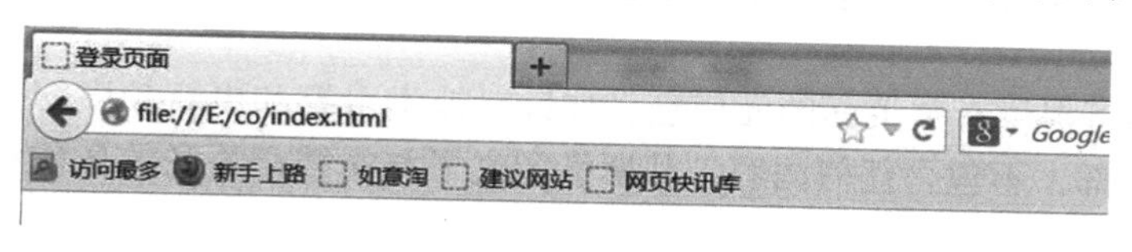

图 3-7 index. html 预览效果

知识点详解

根据 HTML 标准，仅有几个标签在 HTML 文档的头部是合法的，包括<base>、<link>、<meta>、<title>、<style>和<script>，具体描述见表 3-1。

表 3-1　HTML 文档头部标签列表

标　签	描　　述
<!DOCTYPE>	定义文档类型，此标签须位于<html>标签之前
<title>	定义文档标题
<base>	定义页面中所有链接的基准 URL
<link>	定义资源引用
<script>	调用 JS 脚本
<style>	定义内部 CSS 样式
<meta>	定义元信息

在上面的代码中，<!DOCTYPE>标签声明了文档的根元素是 HTML，它在公共标识符被定义为“-//W3C//DTD XHTML 1.0 Strict//EN”的 DTD 中进行了定义。浏览器将明白如何寻找匹配此公共标识符的 DTD。如果找不到，则浏览器将使用公共标识符后面的 URL 作为寻找 DTD 的位置。

<title>标签可定义文档的标题。浏览器会以特殊的方式来使用标题，并且通常把它放置在浏览器窗口的标题栏或状态栏上。同样，当把文档加入用户的链接列表或收藏夹或书签列表时，标题将成为该文档链接的默认名称。注意，<title>标签是<head>标签中唯一要求包含的内容。

<base>标签为页面上所有的链接规定默认地址或默认目标，其主要用途有以下两种。

1）<base href="原始地址">：规定本文档的原始地址，这样，浏览者下载文档后，可以知道是从哪里下载的。

2）<base target="目的框架名">：在一个框架页中，如果要把某个框架的连接在另外一个框架中显示，例如，把 menu 框架中的连接显示到 content 框架，就可以在 menu 框架中的页面加上“<base target="content">”，这样就没有必要在 menu 页面的所有连接的<a>标签中添加 target 属性了，除非这个连接不是在 content 框架中显示。在未使用框架技术的页面，可以通过设置“<base target="_blank">”来实现所有链接默认在新窗口中打开。

<script>标签用于定义客户端脚本，如 JavaScript。该标签既可以包含脚本语句，也可以通过 src 属性指向外部脚本文件。另外，type 属性也是必需的，用于规定脚本的 MIME 类型。

<style>标签用于为 HTML 文档定义样式信息。在该标签中，用户可以规定在浏览器中如何呈现 HTML 文档。同样地，type 属性是必需的，用于定义 style 的内容，唯一可能的值是“text”或“css”。

<meta>标签可提供有关页面的元信息，如针对搜索引擎和更新频度的描述和关键词。该标签位于文档的头部，不包含任何内容，其属性定义了与文档相关联的名称和值对应。下面介绍几种常用的应用。

```
<meta name="keywords" content="yourkeyword">
<meta name="description" content="your homepage's description">
```

上面代码是网页的关键字和描述。在页面里加上这些定义后，一些搜索引擎就能让浏览者根据这些关键字查找到网页，并浏览网页内容。

```
<meta http-equiv="refresh" content="60;url="new.htm">
```

上面代码表示浏览器将在60s后，自动转到new. htm。可以利用这个功能制作一个封面，在若干时间后，自动带浏览者来到指定页面。如果URL项没有设置，则浏览器将刷新本页，可实现定时刷新页面功能。

```
<meta http-equiv="content-type" content="text/html; charset=GB2312">
```

上面代码是描述网页使用的语言。浏览器根据此项，就可以选择正确的语言编码，而不需要浏览者自己在浏览器里设定。GB2312是指简体中文的编码。

```
<meta http-equiv="Pragma" content="no-cache">
```

上面代码表示强制性调用网页的最新版本。浏览器为了节约时间，在本地硬盘上保存一个网页文件的临时版本。在需要重新调用时，直接显示硬盘上的临时网页文件，而不是从网上重新调用，如果想让浏览者每次都看到最新的版本，则需要加上这样的设置。

信息卡

在浏览器中看到的HTML网页，是浏览器解释HTML源代码后产生的结果。要查看这个HTML的源代码，有两种方法：一是单击鼠标右键，在弹出的快捷菜单中选择“查看源文件”（View Source）命令；二是选择浏览器菜单栏中的“查看”（View）→“源文件”（Source）命令。

得到网页的源代码后，读者可以由此借鉴一下别人写得好的地方。不过在对HTML知识掌握尚少的情况下，阅读较复杂的HTML源代码，可能会减少学习的兴趣。建议还是等掌握了一些基础知识后再阅读网页的源代码。

注意事项

因为本模块主要讲解HTML的知识，所以为了更好地理解本模块内容，所有案例设计的网页都以.html为扩展名，如果页面需要添加动态语言，则需要修改网页的扩展名，如.jsp。

任务三 HTML布局

通过对HTML文档结构的了解与头部元素的认识，现在应该能实现创建一个简单的HTML文件了。本模块将介绍HTML的页面布局标签，主要是<table>标签和<div>标签。通过本模块的学习，可以实现对页面的局部规划。

子任务1 表格布局

【案例】 设计“意见征集系统”欢迎登录页面的布局。

步骤1 打开“CO”站点，新建一个名为index. html的页面。

步骤2 打开编辑窗口，切换到代码视图，在<body>…</body>标签对中输入如下代码：

```
<table width="75% " height="456" border="1" align="center">                 【1】
    <tr>                                                                      【2】
        <td height="120" >我是上面的单元格</td>                               【3】
    </tr>
    <tr>
        <td>我是下面的单元格</td>
    </tr>
</table>
```

代码详解

【1】<table>为表格标签，其中的 width 属性用于设置表格的宽度，height 属性用于设置表格的高度，border 属性用于设置表格的边框，align 属性用于设置表格的对齐方式。

【2】<tr>为表格的行标签。

【3】<td>为表格的单元格标签。

步骤 3 保存 index. html，按<F12>键在浏览器中预览效果，如图 3-8 所示。

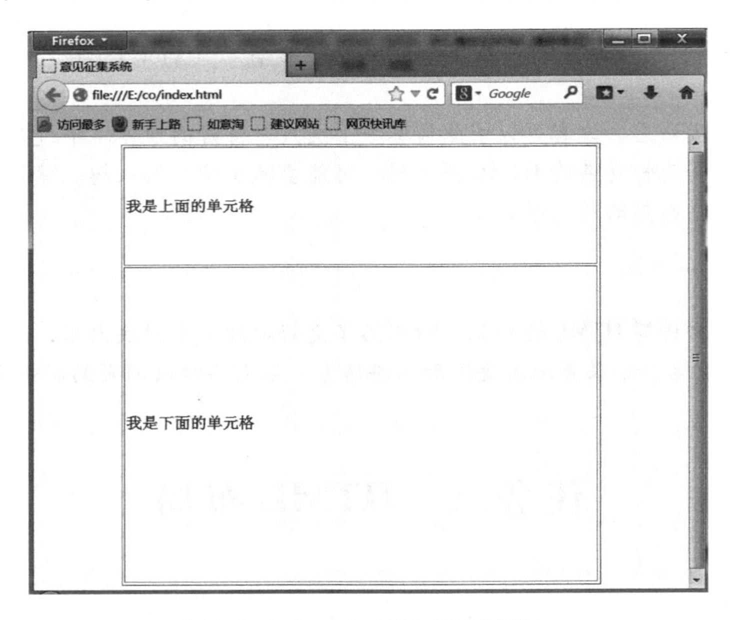

图 3-8　index. html 页面的预览效果

步骤 4 删掉“我是下面的单元格”的文字，在下面的单元格内嵌套一个 4 行 4 列的表格，同时把外层的表格边框设置成 0。添加并调整代码如下：

```
<table width="75% " height="456" border="0" align="center">                 【1】
    <tr>
        <td height="120">我是上面的单元格</td>
    </tr>
    <tr>
        <td align="center" >
        <table width="500" border="1" cellspacing="0" cellpadding="0">【2】
```

```
        <tr>
            <td colspan="4" height="20"></td>                          【3】
        </tr>
        <tr>
            <td height="20"></td>
            <td height="20"></td>
            <td height="20"></td>
            <td height="20"></td>
        </tr>
        <tr>
            <td colspan="4" height="20" ></td>
        </tr>
        <tr>
            <td height="20" colspan="2"></td>
            <td height="20" colspan="2"></td>
        </tr>
        </table>
        </td>
    </tr>
</table>
```

代码详解

【1】修改表格的边框为0，即不显示边框，表格仅作为布局使用。

【2】在下面的单元格内嵌套一个表格。cellspacing属性用来设置表格间距为0，cellpadding属性用于设置表格的填充为0。

【3】“colspan="4"”表示该属性设置了列合并，其他行每行有4列，该行只需要1列。可以使用colspan属性进行列合并。

步骤5 在嵌套表格的相应单元格内添加文字信息，并做文字居中设置。代码如下：

```
<table width="500" border="1" cellspacing="0" cellpadding="0">
    <tr>
        <td colspan="4" height="20" align="center" >用户登录</td>
    </tr>
    <tr>
        <td width="68" height="20" align="center">姓名:</td>
        <td width="160" height="20"></td>
        <td width="68" height="20" align="center">密码:</td>
        <td width="160" height="20"></td>
    </tr>
    <tr>
        <td colspan="4" height="20" ></td>
    </tr>
    <tr>
        <td height="20" colspan="2"></td>
        <td height="20" colspan="2"></td>
    </tr>
</table>
```

步骤 6 保存 index. html 文件，按 <F12>键预览，效果如图 3-9 所示。

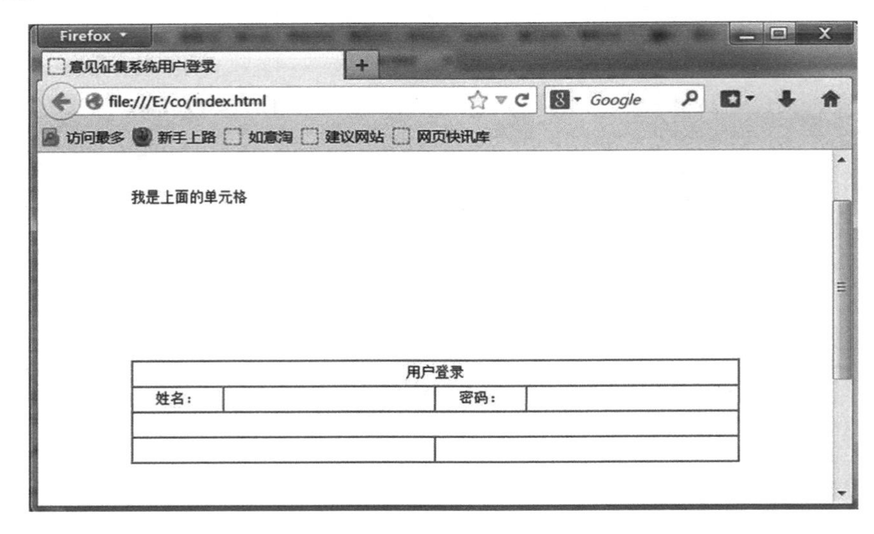

图 3-9　添加嵌套表格后的预览效果

知识点详解

表格在网站应用中非常广泛，它可以方便灵活地实现网页的排版布局，还可以把相互关联的信息元素集中定位，使浏览页面的人一目了然。所以学习制作 HTML 文档，首先需要学习表格标签，会使用表格来布局网页。

表格由 <table>标签来定义。每个表格均有若干行（由 <tr>标签定义），每行被分割为若干单元格（由 <td>标签定义），表格标签见表 3-2。字母 td 指表格数据（table data），即数据单元格的内容。数据单元格可以包含文本、图片、列表、段落、表单、水平线和表格等。

表 3-2　表格标签

表格标签	描　述
<table>	用于定义一个表格的开始和结束
<caption>	定义表格的标题，在表格中也可以不用此标签
<th>	定义表头单元格。表格中的文字将以粗体显示，在表格中也可以不用此标签。<th>标签必须放在 <tr>标签内
<tr>	定义行。一组 <tr>标签内可以建立多组由 <td>或 <th>标签所定义的单元格
<td>	定义单元格。<td>标签必须放在 <tr>标签内
<thead> *	定义表格的页眉
<tbody> *	定义表格的主体
<tfoot> *	定义表格的页脚

注：在一个最基本的表格中，必须包含一组 <table>标签，一组 <tr>标签和一组 <td>标签或 <th>标签。带 * 的标签 <thead>、<tbody>和 <tfoot>很少被用到，这是由于浏览器对它们的支持不太好。希望这种情况在未来版本的 XHTML 中会有所改观。

表格标签 <table> 有很多属性，这些属性可以是想对表格显示的控制，如上面案例中用到的 width、height、border 等属性，表 3-3 列出了 <table> 标签的具体属性。

表 3-3 <table> 标签的属性

属性	描述	说明
width	表格的宽度	
height	表格的高度	
align	表格在页面的水平摆放位置	
background	表格的背景图片	
bgcolor	表格的背景颜色	
border	表格边框的宽度（以像素为单位）	
bordercolor	表格边框的颜色	当 border≥1 时起作用
bordercolorlight	表格边框明亮部分的颜色	当 border≥1 时起作用
bordercolordark	表格边框昏暗部分的颜色	当 border≥1 时起作用
cellspacing	单元格之间的间距	
cellpadding	单元格内容与单元格边界之间的空白距离的大小	
rules	设置表格分隔线的显示状态	all：显示所有分隔线；rows：只显示行与行的分隔线；cols：只显示列与列的分隔线；none：所有分隔线都不显示
frame	表格的边框分别有上边框、下边框、左边框、右边框。这 4 个边框都可以分别设置为显示或隐藏状态	box：显示整个表格边框；void：不显示表格边框；hsides：只显示表格的上下边框；vsides：只显示表格的左右边框；above：只显示表格的上边框；below：只显示表格的下边框；lhs：只显示表格的左边框；rhs：只显示表格的右边框

单元格是表格中用来放置网页元素的，所有网页元素必须放置在 <td> 和 </td> 之间。<td> 也是表格中必不可少的标签，其属性见表 3-4。

表 3-4 <td> 标签的属性

属性	描 述
width/height	单元格的宽和高，可以为绝对值（如 80）和相对值（如 80%）
colspan	列合并
rowspan	行合并
align	单元格内字画等的摆放贴，位置水平，可选值为 left、center、right
valign	单元格内字画等的摆放贴，位置垂直，可选值为 top、middle、bottom
bgcolor	单元格的底色
bordercolor	单元格边框的颜色
bordercolorlight	单元格边框向光部分的颜色

（续）

属性	描　述
bordercolordark	单元格边框背光部分的颜色
background	单元格背景图片
nowrap	<td nowrap>表示禁止单元格内容自动换行 nowrap 属性的行为与<td>标签的 width 属性有关。在设置了<table>标签的 width 属性后：如未设置<td>标签的 width 属性，则 nowrap 属性起作用；如设置了<td>标签的 width 属性，则 nowrap 属性不起作用 如果不设置<table>标签的 width 属性，则 nowrap 属性不起作用

信息卡

在 HTML 页面中，使用表格排版是通过嵌套来完成的，即一个表格内部可以嵌套另一个表格。用表格来排版页面的思路是：由总表格规划整体的结构，由嵌套的表格负责各个子栏目的排版，并插入到表格的相应位置，这样就可以使页面的各个部分有条不紊，互不冲突，看上去清晰整洁。

子任务 2　DIV 布局

上个任务学习了使用表格布局页面，本任务将学习使用 DIV 来布局页面。该模块需要用到样式表 CSS 的内容，用到该部分的内容将不做详细讲解，后面有模块对 CSS 做专门的讲解。

【案例】 设计“意见征集系统”欢迎登录页面的布局。

步骤 1 打开上一个站点“CO”，新建网页文件 gbook. html。

步骤 2 在编辑窗口打开 gbook. html，切换到代码视图。在<body>…</body>标签对之间输入如下代码：

```
<div id="wrapper">                                                    【1】
<!-- 留言板头部 -->                                                    【2】
    <div id="header">                                                 【3】
        <div class="wel">                                             【4】
            <div align="right">欢迎 使用留言板</div>
        </div>
    </div>
<!--留言板列表-->
    <div id="content" >                                               【5】
        <div class="textbox-title">
            <div class="textbox-title-left">第1条留言</div>
            <div class="textbox-label">留言内容</div>
        </div>
            <div class="textbox-content-reply">
                <div class="text-box-replytime"><b>回复:</b></div>
                <div class="textbox-label">回复内容</div>
```

```
            </div>
        </div>
    <!-- 留言板 footer -- >
            <div id = "footer" >版权所有      2111 年 </div>                  【6】
    </div>                                                                    【7】
```

代码详解

【1】定义一个 id 为 wrapper 的 DIV 作为布局的容器。该 DIV 的显示属性用 CSS 样式#wrapper来设置。

【2】 <!-- 和 -- >之间是 HTML 的注释语句，利用注释可以很好地说明代码段的作用，这是编写程序的良好习惯。

【3】在容器里嵌套添加一个 id 为 header 的头部 DIV，在该 DIV 内放置留言板头部需要显示的相关元素。显示的样式是用 CSS 的#header 样式来定义。

【4】在 header 的 DIV 内嵌套添加一个 class 为 wel 的 DIV，该 DIV 用来显示“欢迎 使用留言板”的欢迎文字，其显示样式使用 CSS 的 . wel 样式来定义的。

【5】在容器里继续嵌套添加一个 id 为 content 的内容 DIV，在该 DIV 内放置留言板留言内容的相关元素。显示的样式是用 CSS 的#content 样式来定义的。

【6】最下面在容器里嵌套添加一个 id 为 footer 的页脚 DIV，在该 DIV 内放置留言板页脚部分的相关内容。显示的样式是用 CSS 的#footer 样式来定义的。

【7】 </div>是<div id = "wrapper" >的结束标签。

步骤 3 在<head>… </head>标签对之间添加如下样式代码：

```
    <head>
    <meta http-equiv = "Content-Type" content = "text/html; charset = utf-8" />
    <title>留言板列表页 </title>
    <style type = "text/css" >                                                  【1】
    * { padding:0; margin:0;}                                                   【2】
    #wrapper {width: 760px;margin: 10px auto; border:1px #ddd solid;}            【3】
    #header { width: 760px; height:100px; background-color:#eee;}
    #header h1 { padding:20px;}
    #div { width: 760px; height:20px; font-size:12px;}
    #content{width: 760px;  }
    .textbox-title { height:150px; padding:10px;}                               【4】
    .textbox-title-left { height:25px; background-color:#090;}
    . textbox - label { width: 730px; border: 1px #ccc solid; margin: 10px auto;
height:100px;}
    .text-box-replytime {height:25px; background-color:#FF6;}
    .textbox-content-reply { padding:10px; }
    #footer{ width: 760px; height:30px; background - color: #eee; padding - top:
10px;text-align:center;font-size:12px;   }
    </style>
    </head>
```

代码详解

【1】 <style>标签是用来添加内容样式表的标签，CSS 样式可以直接写在<style>…</style>标签对之间，仅供本文档使用。

【2】具体的 CSS 样式，*代表的是该样式应用网页的所有元素。

【3】前面加#的样式，是应用于定义 id 的元素的样式，如#wrapper 这个样式只应用于<div id = "wrapper">这个元素。

【4】前面加. 的样式，应用于定义了该 class 的所有元素的样式，如 textbox-title 这个样式应用于<div class = "textbox-title">这个元素以及其他定义了<div class = "textbox-title">的元素。

步骤 4 保存 gbook. html 文件，按<F12>键预览效果，如图 3-10 所示。

图 3-10 gbook 网页预览效果

知识点详解

<div>标签可以把文档分割为独立的、不同的部分。它可以用作严格的组织工具，并且不使用任何格式与其关联。如果用 id 或 class 来标记<div>标签，那么该标签的作用会变得更加有效。DIV 是一个块级元素，这意味着其内容会自动地开始一个新行。实际上，换行是 DIV 固有的唯一格式表现。不必为每一个 DIV 元素都加上 class 或 id 属性，但这样做也有一定的好处。可以对同一个 DIV 元素应用 class 或 id 属性，但是更常见的情况是只应用其中一种。这两者的主要差异是，class 用于元素组（类似的元素，或可以理解为某一类元素），而 id 用于标识单独的唯一的元素。请阅读如下代码：

```
<body>
    <h1>NEWS WEBSITE</h1>
        <p>some text. some text. some text…</p>
        …
```

```
    <div class="news">
        <h2>News headline 1</h2>
        <p>some text. some text. some text…</p>
        …
    </div>
    <div class="news">
        <h2>News headline 2</h2>
        <p>some text. some text. some text…</p>
        …
    </div>
    …
</body>
```

这段HTML代码模拟了新闻网站的结构。其中的每个DIV把每条新闻的标题和摘要组合在一起，也就是说，DIV为文档添加了额外的结构。同时，由于这些DIV属于同一类元素，所以可以使用“class=" news"”对这些DIV进行标识，这么做不仅为DIV添加了合适的语义，而且便于进一步使用样式对DIV进行格式化，可谓一举两得。

信息卡

DIV是division的简写，意为分割、区域、分组。比方说，当将一系列的链接组合在一起时，就形成了文档的一个division。如果被正确地使用，则DIV可以成为结构化标记的好帮手，而id则是一种令人惊讶的小工具，它使编程者有能力编写极其紧凑的XHTML，以及巧妙地利用CSS，并通过标准文档对象模型（DOM）向站点添加复杂精巧的行为。W3C在其最新的XHTML 2草案的XHTML结构模型中这样定义DIV：DIV元素，通过与id、class及role属性配合，提供向文档添加额外结构的通用机制。这个元素不会将表现的风格定义于内容。所以，创作者可以通过将这个元素与样式表和属性等配合使用，以使XHTML适应它们自身的需求和“口味”。

信息卡

在HTML文件里可以写代码注释，解释说明编写的代码，这样有助于自己和他人日后能够更好地理解代码。这些注释只显示在HTML源代码中，而源代码最终形成的网页里是看不到这些注释的。注释可以写在<!--和-->之间。浏览器是忽略注释的，不会在HTML正文中看到注释，如“<!-- This is a comment -->”。

子任务3　框架技术

【案例】设计“意见征集系统”后台管理页面的布局。

步骤1　在Dreamweaver中打开“CO”站点，在站点处单击鼠标右健，在弹出的快捷菜单中选择“新建文件夹”命令，新建一个文件夹并命名为“manage”，如图3-11所示。

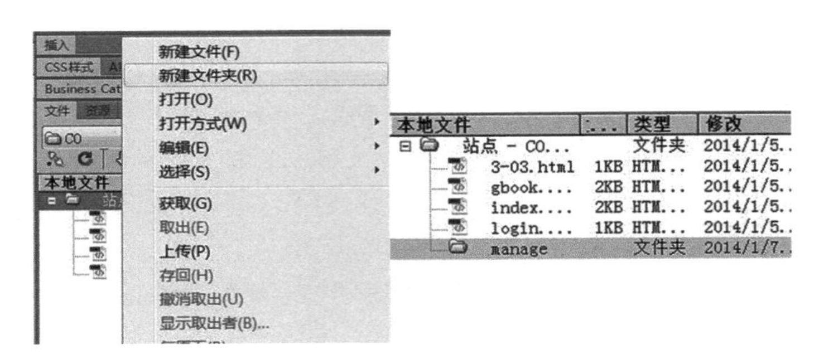

图 3-11 新建站点目录

步骤 2 在“manage”文件夹上单击鼠标右健，在弹出的快捷菜单中选择“新建文件”命令，新建 4 个 HTML 网页文件，分别命名为 index. html、top. html、body. html、left. html，如图 3-12 所示。

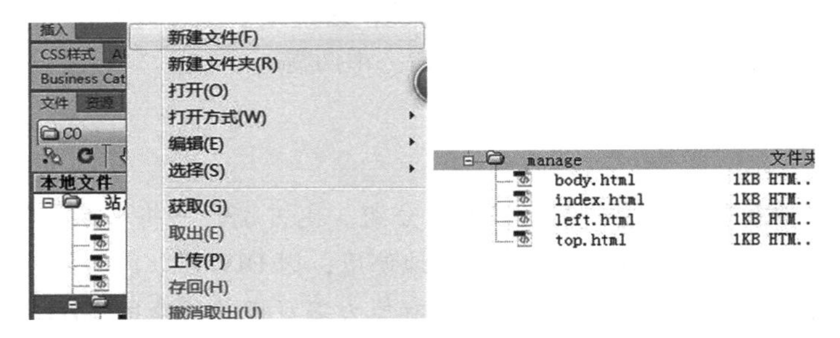

图 3-12 新建文件

步骤 3 在编辑窗口中双击打开 index. html 文件，切换到代码视图，在 <head>…</head> 标签对内输入如下代码，然后删掉 <body>…</body> 标签对。

```
<!DOCTYPE html PUBLIC "-//W3C//DTD XHTML 1.0 Transitional//EN" "http://www.w3.org/TR/xhtml1/DTD/xhtml1-transitional.dtd">
<html xmlns="http://www.w3.org/1999/xhtml">
<head>
<meta http-equiv="Content-Type" content="text/html; charset=utf-8" />
<title>绿梦意见征集系统</title>
</head>
<frameset rows="105,*" framespacing="0" border="2" bordercolor="#CCCCCC">    【1】
  <frame src="top.html" name="topFrame" scrolling="no" noresize >    【2】
<frameset cols="202,*" framespacing="0" border="2" bordercolor="#CCCCCC">    【3】
    <frame src="left.html" name="leftFrame" scrolling="NO" noresize>    【4】
    <frame src="body.html" name="mainFrame">    【5】
  </frameset>
</frameset>
<noframes>该网页浏览器不支持框架</noframes>    【6】
</html>
```

代码详解

【1】垂直方向将窗口分割成上下两块，上面窗口的高度是 120px（像素），显示 2px 的灰色边框。

【2】设置上面的窗口要显示的网页 top. html，把上面这个窗口命名为 topFrame。

【3】水平方向分割下面的窗口，分隔成左右两个窗口，其中左窗口的宽度是 202px。

【4】和【5】设置分隔出来的左右两个窗口分别显示 left. html 和 body. html 文件。两个窗口分别命名为 leftFrame 和 mainFrame。

【6】<noframes>标签用来设置当浏览者使用的浏览器太旧时，不支持框架这个功能，将在浏览器上看到<noframes>…</noframes>标签对之间写的内容。

步骤 4 分别打开 top. html、left. html 和 body. html 文件，在它们的<body>…</body>标签对内分别加上它们的文件名，如图 3-13 所示。

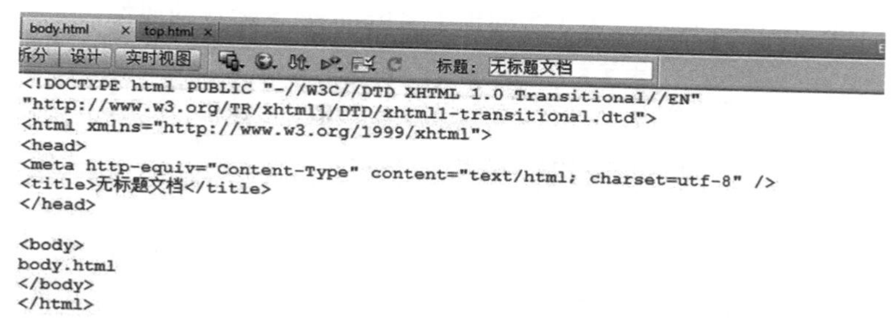

图 3-13 框架内的 body. html

步骤 5 选择“文件”→“保存全部”命令，预览 index. html 文件，效果如图 3-14 所示。

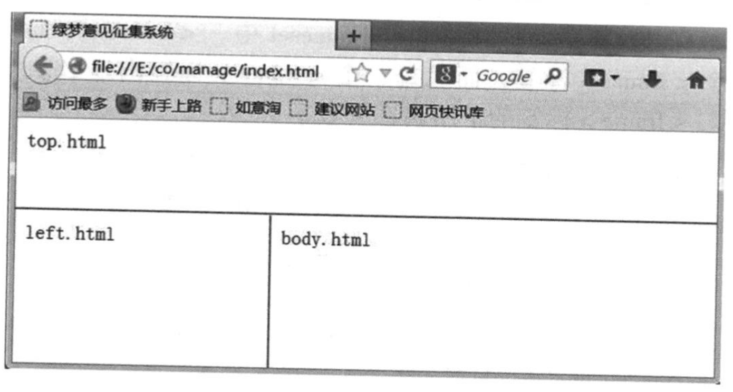

图 3-14 框架页预览效果

知识点详解

框架就是把一个浏览器窗口划分为若干个小窗口，每个窗口可以显示不同的 URL 网页。使用框架可以非常方便地在浏览器中同时浏览不同的页面效果，也可以非常方便地完成导航工作。而所有的框架标记需要放在一个 HTML 文档中。HTML 页面的文档体标签<body>被框架集标签<frameset>所取代，然后通过<frameset>的子窗口标签<frame>定义每一个子窗口和子窗口的页面属性。子框架的 src 属性的每个 URL 值指定了一个 HTML 文件（这个文件必须事先建好）地址，地址路径可使用绝对路径或相对路径，这个文件将载入相应的窗口中，其语法格式如下：

```
<html>
<head>
</head>
<frameset>
  <frame src="url 地址 1">
  <frame src="url 地址 2">
  …
<frameset>
</html>
```

<frameset>标签可定义一个框架集。它被用来组织多个窗口（框架），每个框架存有独立的文档。在其最简单的应用中，<frameset>标签中仅仅规定在框架集中存在多少列或多少行，使用者必须使用 cols 或 rows 属性。表 3-5 列出了<frameset>标签的属性。

表 3-5　<frameset>标签的属性

属　　性	描　　述
border	设置边框粗细，默认是 5 像素
bordercolor	设置边框颜色
frameborder	指定是否显示边框："0"代表不显示边框；"1"代表显示边框
cols	用"像素数"和"%"分割左右窗口，"*"表示剩余部分
rows	用"像素数"和"%"分割上下窗口，"*"表示剩余部分
framespacing	设置框架与框架间的保留空白的距离
noresize	设定框架不能调节，只要设定了前面的，后面的将继承

<frame>是个单标签，要放在框架集元素 Frameset 中。<frameset>标签中设置了几个子窗口就必须对应几个<frame>标签，而且每一个<frame>标签内还必须设定一个网页文件(src="　*.html")。<frame>标签的常用属性见表 3-6。

表 3-6　<frame>标签的常用属性

属　　性	描　　述
src	指示加载的 URL 文件的地址
bordercolor	设置边框颜色
frameborder	指示是否要边框，1 显示边框，0 不显示（不提倡用 yes 或 no）
border	设置边框粗细
name	指示框架名称，是连结标记的 target 所要的参数
noresize	指示不能调整窗口的大小，省略此项时为可调整
scorlling	指示是否要滚动条，auto 根据需要自动出现
marginwidth	设置内容与窗口左右边缘的距离，默认为 1
marginheight	设置内容与窗口上下边缘的边距，默认为 1
width	框窗的宽及高，默认为 width="100"、height="100"
align	可选值为 left、right、top、middle、bottom

如果在窗口中要做链接，则必须对每一个子窗口命名，以便被用于窗口间的链接。窗口命名要有一定的规则，名称必须是单个英文单词，允许使用下画线，但不允许使用“-”、“.”和空格等，名称必须以字母开头，不能使用数字，也不能使用网页脚本中保留的关键字。在窗口的链接中还要用到一个新的属性“target”，用这个属性就可以将被链接的内容放置到想要放置的窗口内。例如，想要链接的目标在 mainFrame 框架窗口中显示，则需要在超链接标签 <a> 中添加“target =" mainFrame"”属性，如下面代码所示：

```
<a href = "sl1.html" target = " mainFrame " >添加议题</a>
<a href = "sl2.html" target = " mainFrame " >回复意见</a>
<a href = "sl3.html" target = " mainFrame " >意见汇总</a>
```

信息卡

上面的案例中还有一对 <noframes>…</ noframes> 标签，即使在做框架集网页时没有这对标签，文件在很多浏览器解析时也会自动生成 <noframes> 标签，这对标签的作用是当浏览者使用的浏览器版本太老，不支持框架这个功能时，看到的将是一片空白。为了避免这种情况，可使用 <noframes> 标签，当使用的浏览器看不到框架时，就会看到 <noframes>…</ noframes> 标签对之间的内容，而不是一片空白。该标签对间的内容可设为“建议使用高版本浏览器”等提示语言，或设置一个没有框架的网页来进行切换。

任务四　HTML 文字排版标签

通过对 HTML 文档结构的了解与头部元素的认识，现在能实现创建一个简单的 HTML 文档了。本任务主要从文字排版方面来进一步介绍 HTML 的相关标签。通过本任务的学习，读者就可以使用 HTML 的文字排版的标签来实现文字网页了。

子任务 1　HTML 标题

【案例】 为网页 gbook. html 增加标题。

步骤 1 打开“CO”站点。

步骤 2 在编辑窗口中打开 gbook. html 文件，切换到代码视图，在留言板头部输入 <h1> 标签，具体代码如下：

```
<!-- 留言板头部 -->
    <div id = "header" >
    <h1 >留言板</h1 >                                                【1】
    <div id = "div" >欢迎 使用留言板</div >
</div >
```

代码详解

【1】添加 <h1>…</h1>标签对。

步骤 3 保存文件，按<F12>键预览效果，如图 3-15 所示。

图 3-15 添加<h1>标签后的预览效果

知识点详解

<hn>标签用于设置网页中的标题文字，被设置的文字将以黑体或粗体的方式显示在网页中，标签格式如下：

```
<hn align=参数>标题内容</hn>
```

说明：<hn>标签是成对出现的，共分为 6 级，在<h1>…</h1>之间的文字就是第一级标题，是最大最粗的标题；<h6>…</h6>之间的文字是最后一级，是最小最细的标题文字。align 属性用于设置标题的对齐方式，其参数为 left（左）、center（中）、right（右）。<hn>标签本身具有换行的作用，标题总是从新的一行开始。

注意事项

请确保将<hn>标签只用于标题，不要仅仅是为了产生粗体或大号的文本而使用该标签。搜索引擎使用标题可为网页的结构和内容编制索引，因为用户可以通过标题来快速浏览网页，所以用标题来呈现文档结构是很重要的。应该将<h1>用作主标题（最重要的），其后是<h2>（次重要的），再其次是<h3>，以此类推。

子任务 2 HTML 文字排版

【案例】制作“意见征集系统”的帮助页面。

上一子任务块学习了利用<hn>标签添加页面需要的标题文字，下面学习更多的控制文字排版的相关标签，利用这些标签制作简单的系统帮助页面。

步骤 1 打开“CO”站点，在站点上单击鼠标右健并新建文件，修改文件名为 help. html。

步骤 2 双击 help. html 文件，打开编辑窗口，切换到代码视图，输入如下代码：

```
<!DOCTYPE html PUBLIC "-//W3C//DTD XHTML 1.0 Transitional//EN"
"http://www.w3.org/TR/xhtml1/DTD/xhtml1-transitional.dtd">
<html xmlns="http://www.w3.org/1999/xhtml">
<head>
<meta http-equiv="Content-Type" content="text/html; charset=utf-8"/>
<title>意见征集系统帮助文档</title>
<style type="text/css">
.con{width:600px; margin:10px auto; border:1px solid #eee; font-size:12px;}
</style>
</head>
<body>
<div class="con">                                                    【1】
<h3 align="center">意见征集系统帮助文档</h3>                         【2】
<p>    意见征集系统是通过 Web 方式高效快捷地收集、汇总就某一议题的相关意见。意见征集系统是基于 B/S 模式的,用户只需要使用浏览器即可以实现意见的发表。<br/>
                                                                     【3】
    该系统使用 XML 数据做为数据源,利用 JSP 动态语言读写 XML 文件的技术来实现。</p>
<p>意见征集系统的主要功能有:</p>                                     【4】
</div>
</body>
</html>
```

代码详解

【1】布局 DIV，<style>里由 . con 定义其显示样式。

【2】添加标题标签<h3>作为帮助网页的标题，“align =" center"”设置了该标题的文字居中对齐。

【3】“ ”代表一个字符的空格，缩进两个汉字需要 4 个“ ”，当遇
标签时换行。

【4】 <p>标签是段落标签，用来放置具体的帮助文本。

步骤 3 继续在 help. html 文件的主体内添加如下代码：

```
<body>
<div class="con">
<h3 align="center">意见征集系统帮助文档</h3>
<p>    意见征集系统是通过 Web 方式高效快捷地收集、汇总就某一议题的相关意见。意见征集系统是基于 B/S 模式的,用户只需要使用浏览器即可以实现意见的发表。<br/>
    该系统使用 XML 数据做为数据源,利用 JSP 动态语言读写 XML 文件的技术来实现。</p>
<hr color="#eeeeee"/>                                                【1】
<p align="center" >帮助页面版权所有 &copy;<i>制作小组</i></p>          【2】
</div>
</body>
```

代码详解

【1】添加水平线标签 <hr> 来分隔显示内容，“color =" #eeeeee"”为设置水平线的颜色。

【2】“©”是版权号；<i> 标签可以让文字斜体显示。

步骤 4 保存 help. html 文件，按 <F12> 键预览效果，如图 3-16 所示。

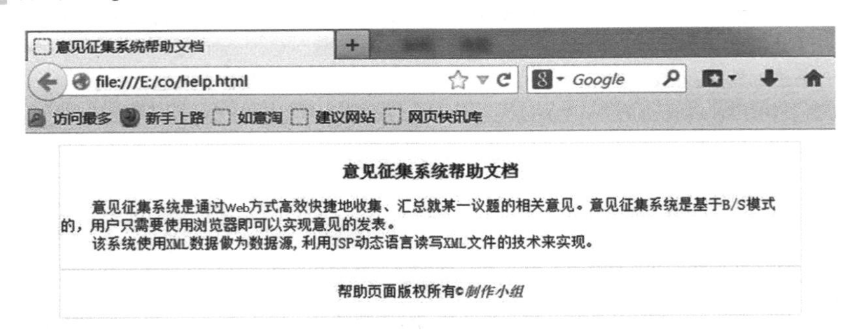

图 3-16　help. html 预览效果

知识点详解

1. 段落标签 <p>

由 <p> 标签所标识的文字，代表同一个段落的文字。不同段落间的间距等于连续加了两个换行符，也就是要隔一行空白行，以区别文字的不同段落。它可以单独使用，也可以成对使用。单独使用时，下一个 <p> 标签的开始就意味着上一个 <p> 标签的结束。良好的习惯是标签成对使用。标签使用格式如下：

```
<p align=参数>…</p>
```

其中，align 是 <p> 标签的属性，有 3 个参数 left、center、right，这 3 个参数设置段落文字的左、中、右位置的对齐方式。

2. 换行标签

换行标签是个单标签，也叫空标签，不包含任何内容。在 HTML 文件中的任何位置只要使用了
 标签，则当文件显示在浏览器中时，该标签之后的内容将显示在下一行。

3. 水平分隔线标签 <hr>

水平分隔线标签 <hr> 是单独使用的标签，用于段落与段落之间的分隔，使文档结构清晰明了、文字的编排更整齐。通过设置 <hr> 标签的属性值，可以控制水平分隔线的样式。表 3-7列出了 <hr> 标签的全部属性。

表 3-7　<hr> 标签的属性

属性	参数功能	单位	默认值
size	设置水平分隔线的粗细	px（像素）	2
width	设置水平分隔线的宽度	px（像素）、%	100%

（续）

属性	参数功能	单位	默认值
align	left、center、right	设置水平分隔线的对齐方式	center
color	设置水平分隔线的颜色	black	
noshade	取消水平分隔线的3d阴影		

4. HTML 文本格式化

HTML 可定义很多供格式化输出的元素，如粗体和斜体字。表3-8 ~ 表3-10 分别列出了HTML 的文本格式化标签、“计算机输出”标签、引用和术语标签。

表3-8 文本格式化标签

标签	描 述
<b>	定义粗体文本
<big>	定义大号字
<em>	定义重点文字
<i>	定义斜体字
<small>	定义小号字
<strong>	定义加重语气
<sub>	定义下标字
<sup>	定义上标字
<ins>	定义插入字
<del>	定义删除字
<s>	不赞成使用，使用<del>代替
<strike>	不赞成使用，使用<del>代替
<u>	不赞成使用，使用样式（style）代替

表3-9 “计算机输出”标签

标签	描 述
<code>	定义计算机代码
<kbd>	定义键盘码
<samp>	定义计算机代码样本
<tt>	定义打字机代码
<var>	定义变量
<pre>	定义预格式文本

表3-10 引用和术语标签

标签	描 述
<abbr>	定义缩写
<acronym>	定义首字母缩写
<address>	定义地址

（续）

标签	描　述
< bdo >	定义文字方向
< blockquote >	定义长的引用
< q >	定义短的引用
< cite >	定义引用、引证
< dfn >	定义一个定义项目

5. 特殊字符

在 HTML 文档中，有些字符没办法直接显示出来，如“?”。使用特殊字符可以将键盘上没有的字符表达出来，而有些 HTML 文档的特殊字符在键盘上虽然可以得到，但浏览器在解析 HTML 文档时会报错，如“ < ”等。为防止代码混淆，必须用一些代码来表示它们。表 3-11 列出了常用的特殊字符。

表 3-11　HTML 中几种常见特殊字符及其代码表

特殊或专用字符	字符代码	特殊或专用字符	字符代码
<	<	?	©
>	>	×	×
&	&	?	®
"	"	空格	

任务五　HTML 图像和媒体

前面学习了文字排版的相关标签，而网页的主要组成元素是文本和图片，因此本任务通过案例来讲解图片和多媒体的相关标签，学习制作图文混排的网页效果。

子任务 1　插入图片

【案例】 编辑站点根目录下 index. html 文件，调整网页背景，插入图片。

步骤 1 打开“CO”站点，在站点上单击鼠标右键，在弹出的快捷菜单中选择“新建文件夹”命令，修改文件夹名称为“img”。站点文件目录如图 3-17 所示。

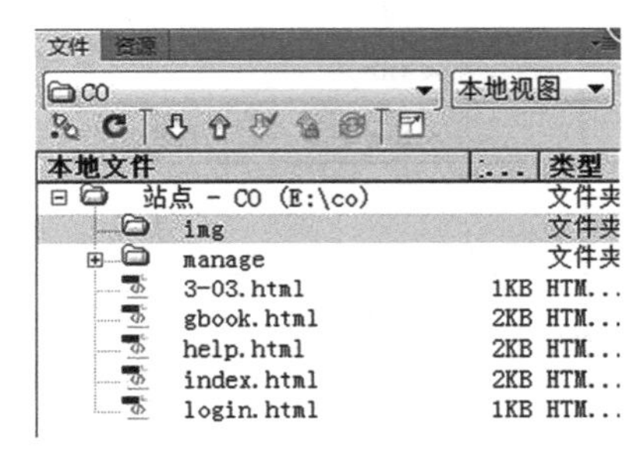

图 3-17　新建 img 目录

步骤 2 复制图片素材 top. jpg 到站点文件夹下的 img 文件夹下。

步骤 3 双击站点根目录下的 index. html 文件，打开编辑窗口。

步骤 4 切换到代码视图，调整代码如下：

```
<!DOCTYPE html PUBLIC "-//W3C//DTD XHTML 1.0 Transitional//EN" "http://www.w3.org/TR/xhtml1/DTD/xhtml1-transitional.dtd">
<html xmlns="http://www.w3.org/1999/xhtml">
<head>
<meta http-equiv="Content-Type" content="text/html; charset=utf-8" />
<title>意见征集系统用户登录</title>
<style>
body {background-color:#66FF99}
td {font-size: 14px; font-weight:bold;}                        【1】
.box { margin-top:100px;}
</style>
</head>
<body>
<table width="75%" height="346" border="0" align="center" class="box">
    <tr>
     <td height="120" align="center" valign="bottom"><img src="img/top.jpg"></td>
                                                                【2】
    </tr>
    <tr>
        <td height="220" align="center" >
        <table width="500" border="0" cellspacing="0" cellpadding="0">
            <tr>
                <td width="68" height="20" align="center">姓名:</td>
                <td width="160" height="20"></td>
                <td width="68" height="20" align="center">密码:</td>
                <td width="160" height="20"></td>
            </tr>
            <tr>
                <td colspan="4" height="20" ></td>
            </tr>
            <tr>
                <td height="20" colspan="2"></td>
                <td height="20" colspan="2"></td>
            </tr>
            <tr>
                <td colspan="4" height="20" align="center" ><a href="RegUser/RegUser.html">新用户注册</a></td>
                                                                【3】
            </tr>
        </table>
        </td>
    </tr>
</table>
</body>
</html>
```

代码详解

【1】通过 <body> 标签样式的定义，设定网页的背景颜色为#66FF99。

【2】在单元格内插入图片标签 <img>，设置属性“src = " img/ top. jpg" ”，设定图片的存放路径，要求提前把图片保存在站点文件夹下。本案例中步骤 3 就是把图片保存到站点文件夹内了。

【3】增加“新用户注册”超链接。

步骤 5 保存文件，按 <F12> 键预览效果，如图 3-18 所示。

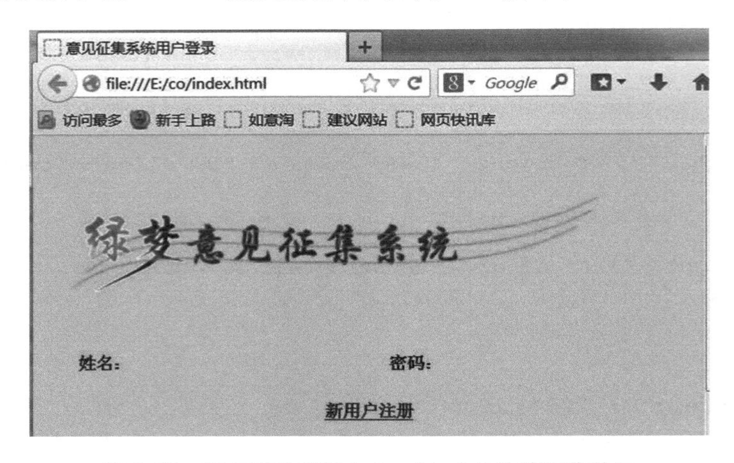

图 3-18　添加图片后的 index. html 文件的预览效果

知识点详解

图像可以使 HTML 页面美观生动且富有生机。浏览器可以显示的图像格式有 JPEG（JPG）、GIF 和 PNG。JPEG 图像支持数百万种颜色，即使在传输过程中丢失数据，也不会在质量上有明显的不同；占位空间比 GIF 格式最快，且支持动画效果及背景色透明等。使用图像美画页面可视情况而决定使用哪种格式。PNG 是一种新兴的网络图像格式，采用无损压缩，也支持透明背景效果。

在 HTML 中，图像由 <img> 标签定义。<img> 是单标签，它只包含属性，并且没有闭合标签。要在页面上显示图像，需要使用源属性（src），其值是图像的 URL 地址。

定义图像的语法格式如下：

```
<img src = "url" />
```

其中，url 指存储图像的位置。如果名为“boat. gif”的图像位于 www. aa. cn 的 img 目录中，那么其位置为 http：// www. aa. cn/ img/ boat. gif。

<img> 标签除了 src 属性，还有很多属性，表 3-12 列出了 <img> 标签的属性。

表 3-12　<img> 标签的属性

属　性	描　　述
src	图像的 URL 路径
alt	提示文字

（续）

属　性	描　　述
width	宽度（该属性通常只设置图片的显示大小，容易导致图片比例失调，建议使用图像处理工具调整。）
height	高度（该属性通常只设置图片的显示大小，容易导致图片比例失调，建议使用图像处理工具调整。）
dynsrc	AVI 文件的 URL 的路径
loop	设定 AVI 文件循环播放的次数
loopdelay	设定 AVI 文件循环播放的延迟
start	设定 AVI 文件的播放方式
lowsrc	设定低分辨率图片，若所加入的是一张很大的图片，则可先显示图片
usemap	映像地图
align	图像和文字之间的排列属性
border	边框
hspace	水平间距
vlign	垂直间距

alt 属性用来为图像定义一串预备的可替换的文本，替换文本属性的值是用户定义的，其语法格式如下：

```
<img src = "boat.gif" alt = "Big Boat" >
```

在浏览器无法载入图像时，替换文本属性告诉浏览者失去的信息。此时，浏览器将显示这个替代性的文本而不是图像。为页面上的图像都加上替换文本属性是个好习惯，这样有助于更好地显示信息，并且对于那些使用纯文本浏览器的人来说是非常有用的。

信息卡

图像的对齐技巧：

1）单独占一行时，放在<p>…</p>标签对中，用<p>标签的对齐属性进行设置。

2）与文本在同一行时，用其自身的 align 属性（取值为 top、middle、bottom）设置图像与文本的垂直对齐。其中，bottom 为默认值。

3）图文混排时，可实现图像的左、右环绕文本，使用 align 属性（left 表示图像在左、文本在右，right 表示图像在右、文本在左）。

子任务 2　插入多媒体

1. <embed>标签插入音频和视频文件

在网页中可以用<embed>标签将多媒体文件插入，如可以插入音乐和视频等。用浏览器可以播放的音乐格式有 MIDI、WAV、MP3、AIFF、AU 等。<embed>标签的使用格式如下：

```
<embed src = "音乐文件地址" >
```

<embed>标签可以设置显示播放控制面板，通过设置 width 和 height 属性来设置插件显示

的大小，如要想插入一段视频的代码如下：

```
<embed src="avi/aa.avi" width="400"height="500" loop="false" />
```

2. <bgsound>标签嵌入背景音乐

<bgsound>标签不显示播放控制面板，所以通常用来设置网页的背景音乐，但只适用于 IE 浏览器，其参数设定不多，属性 loop = -1 表示无限循环，如嵌入背景音乐，代码如下：

```
<bgsound src="your.mid" autostart=true loop=-1>
```

3. <object>标签

<object>标签可以在网页中嵌入各种多媒体，如 Flash、Java Applets、MP3、QuickTime Movies 等。<object>标签是成对出现的，以<object>开始、</object>结束。<object>标签可以完全代替标准不赞成使用的<applet>、<embed>、<bgsound>标签。例如，插入一个 Flash 文件的代码如下：

```
<object classid="clsid27CDB6E-AE6D-11cf-96B8-444553540000" codebase=
http://download.macromedia.com/pub/shockwave/cabs/flash/swflash.cab#version
=6,0,29,0 width="373" height="166" align="center">
    <param name="movie" value="images/move.swf">
    <param name="quality" value="high">
    <param name="wmode" value="transparent"><!--这里代码可使 Flash 背景透明 -
->
    <embed src="images/move.swf" width="373" height="166" align="center"
quality="high" pluginspage=http://www.macromedia.com/go/getflashplayer type
="application/x-shockwave-flash"></embed>
    </object>
```

为了确保大多数浏览器能正常显示 Flash 文件，需要把<embed>标签嵌套放在<object>标签内，就如上面代码例子一样。支持 Activex 控件的浏览器将会忽略<object>标签内的<embed>标签。Netscape 和使用插件的 IE 浏览器将只读取<embed>标签而不会识别<object>标签。也就是说，如果省略了<embed>标签，那么像火狐浏览器就不能识别 Flash 了。

任务六　HTML 列表与超链接

学习了 HTML 布局和文字图像排版的相关标签后，可以制作实现美观的图文网页。本任务将介绍 HTML 列表和超链接，通过本任务的学习，进一步掌握 HTML 标签，制作功能更为强大的网页。

子任务 1　建立列表

【案例】 继续完善 help. html 网页，添加系统功能的说明。

步骤1 打开“CO”站点，双击 help. html 文件，打开编辑窗口。

步骤2 切换到代码视图，增加调整 <body>… </body>标签对之间的代码，具体如下：

```
<div class = "con" >
<h3 align = "center" >意见征集系统帮助文档</h3 >
<p >    意见征集系统是通过 Web 方式高效快捷地收集、汇总就某一议题的相关意见。意见征集系统是基于 B/S 模式的,用户只需要使用浏览器即可以实现意见的发表。<br />
    该系统使用 XML 数据做为数据源,利用 JSP 动态语言读写 XML 文件的技术来实现。</p >
<p >意见征集系统功能列表:</p >
<ul type = "square" >                                                          【1】
    <li >普通用户                                                              【2】
        <ol type = "a" >                                                       【3】
            <li >注册功能</li >
            <li >登录功能</li >
            <li >呈报意见</li >
            <li >查看留言</li >
            <li >留言功能</li >
        </ol >
    </li >
    <li >管理员
        <ol type = "a" start = "6" >                                           【4】
            <li >拟定议题</li >
            <li >发表议题</li >
            <li >回复议题</li >
            <li >统计议题</li >
            <li >留言板留言及管理</li >
            <li >用户管理</li >
        </ol >
    </li >
</ul >
<hr color = "#eeeeee"/>
<p align = "center" >帮助页面版权所有 &copy;<i >制作小组</i ></p >
</div >
</body >
```

代码详解

【1】使用<ul>标签添加一个无序列表，并通过属性“type =" square =" ”设置列表符号为方块。

【2】<li>为无序列表的列表项标签，该无序列表有两个列表项。

【3】使用有序列表标签<ol>在无序列表的第一个列表项内嵌套一个有序列表，设定该有序列表的项目符号是“a，b，…”。

【4】使用有序列表标签<ol>在无序列表的第二个列表项内嵌套一个有序列表，设定该有序列表的项目符号是“a，b，…”，同时设定列表排序从第6个字母开始。

步骤 3 保存 help. html 文件，按 <F12> 键预览效果，如图 3-19 所示。

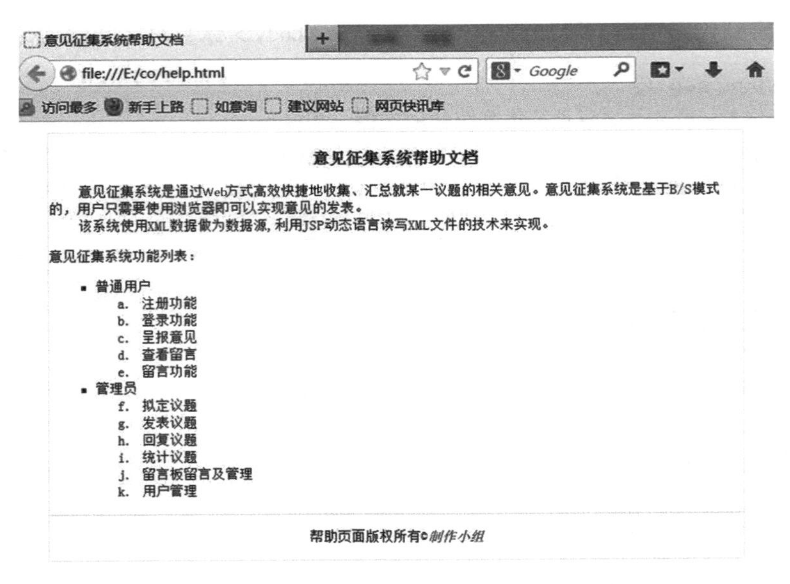

图 3-19　添加列表后的 help. html 页面预览效果

知识点详解

在 HTML 页面中，合理地使用列表标签可以起到提纲和格式排序文件的作用。列表分为两类，一类是无序列表，另一类是有序列表。无序列表就是项目各条列间并无顺序关系，纯粹只是利用条列来呈现资料而已，此种无序列表，在各条列前面均有一符号以示区隔；而有序条列就是指各条列之间是有顺序的，如从 1、2、3……一直延伸下去。

1. 无序列表标签 <ul>

无序列表使用的标签对是 <ul>… </ ul>。无序列表指没有进行编号的列表，每一个列表项需要放置在 <li>… </ li>标签对之间。<ul>和 <li>都可以设置 type 属性，该属性有 3 个选项，即 disc（实心圆）、circle（空心圆）、square（小方块）。如果不设置 type 属性，则默认情况下是 disc（实心圆）。

<ul>格式 1：

```
<ul type = "..." >
    <li >第一项 </li >
    <li >第二项 </li >
    <li >第三项 </li >
</ul >
```

<ul>格式 2：

```
<ul >
<li type = disc >第一项 </li >
<li type = circle >第二项 </li >
<li type = square >第三项 </li >
</ul >
```

2. 有序列表标签<ol>

有序列表和无序列表的使用格式基本相同，它使用标签对<ol>…</ol>，每一个列表项需要放置在标签对<li>…</li>之间。有序列表的结果是带有前后顺序之分的编号，如果插入和删除一个列表项，则编号会自动调整。

顺序编号的设置是由<ol>标签的两个属性type和start来完成的。start表示编号开始的数字，如start=2则编号从2开始，如果从1开始可以省略，或是在<li>标签中设定“value==" n="" ”以改变列表行项目的特定编号，如“<li value=="7=">”。type表示用于编号的数字和字母等的类型，如“type=a”，则编号用英文字母。为了使用这些属性，把它们放在<ol>或<li>初始标签中。表3-13列出了<ol>标签的type属性。

表3-13 有序列表的type属性

类型	描 述
type=1	表示列表项目用数字标号（1，2，3，…）
type=A	表示列表项目用大写字母标号（A，B，C，…）
type=a	表示列表项目用小写字母标号（a，b，c，…）
type=I	表示列表项目用大写罗马数字标号（Ⅰ，Ⅱ，Ⅲ，…）
type=i	表示列表项目用小写罗马数字标号（i，ii，iii，…）

子任务2 建立超链接

HTML文件中最重要的应用之一就是超链接，超链接是一个网站的灵魂。本任务通作制作管理页面的导航来学习如何为HTML文档建立超链接。

【案例】 编辑manage/left.html，为后台管理制作左侧导航页面。

步骤1 打开“CO”站点，双击manage文件夹下的left.html文件。

步骤2 打开编辑窗口，输入如下代码：

```
<!DOCTYPE html PUBLIC "-//W3C//DTD XHTML 1.0 Transitional//EN" "http://www.w3.org/TR/xhtml1/DTD/xhtml1-transitional.dtd">
<html xmlns="http://www.w3.org/1999/xhtml">
<head>
<meta http-equiv="Content-Type" content="text/html; charset=utf-8" />
<title>无标题文档</title>
<style type="text/css">
.leftbox {font-size:14px; margin-left:50px;}                    【1】
</style>
</head>
<body>
<table width="101" border="0" cellpadding="0" cellspacing="0" class="leftbox">                                                         【2】
    <tr>
```

```
        <td height="45" ><a href="yt_list.jsp" target="mainFrame">发布议
题</a></td>                                                          【3】
      </tr>
      <tr>
        <td height="45"><a href="manage.jsp" target="mainFrame">答复意
见</a></td>
      </tr>
      <tr>
        <td height="45"><a href="count.jsp" target="mainFrame">意见统计
</a></td>
      </tr>
      <tr>
        <td height="45"><a href="gbook.jsp" target="mainFrame">留言管理
</a></td>
      </tr>
      <tr>
        <td height="45" ><a href="user_list.jsp" target="mainFrame">用
户管理</a></td>
      </tr>
      <tr>
         <td height="45"><a href="../editpass/editpass.jsp" target="
mainFrame">修改密码</a></td>
      </tr>
      <tr>
        <td height="45"><a href="../logout.jsp" target="_top">安全退出
</a></td>                                                            【4】
      </tr>
    </table>
    </body>
    </html>
```

代码详解

【1】定义.con样式，为主体的<div class="con">定义显示样式。

【2】利用<table>标签做布局，把每个导航项放置在一个单元格内。

【3】第一个单元格内放置第一个导航项，利用超链接标签<a>为其添加了超链接。属性"href=" yt_ list.jsp""的设置，说明该导航链接的目标是同一目录下的yt_ list.jsp文件，属性"target=" mainFrame""的设置，说明需要在框架窗口mainFrame来显示目标页面。

【4】最后一个导航项的设置，属性"href=".. /logout.jsp""，说明链接目标是上一目录（也叫父目录）下的logout.jsp文件。

步骤3 保存left.html文件，打开manage文件夹下的index.html文件，按<F12>键预览效果，如图3-20所示。

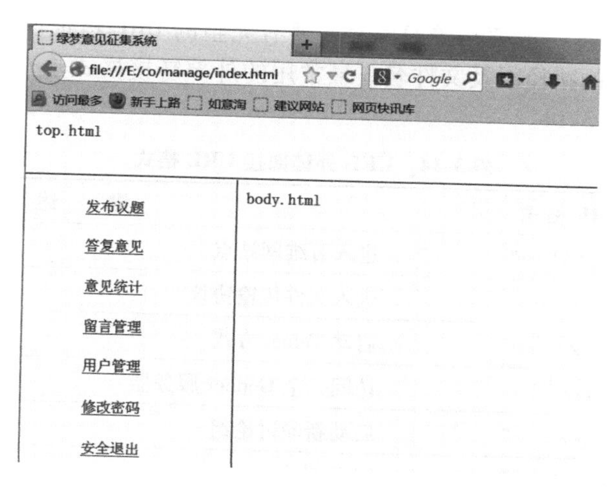

图 3-20 添加了导航链接的管理页面效果

知识点详解

Web 上的网页是互相链接的，单击被称为超链接的文本或图形就可以链接到其他页面。超链接除了可链接文本外，还可链接各种媒体，如声音、图像、动画。建立超链接的标签对 <a>…</a>，语法格式如下：

```
<a href="资源地址" target="窗口名称" title="指向连接显示的文字">超链接名称</a>
```

说明：

1）标签 <a> 表示一个链接的开始，</a> 表示链接的结束。

2）href 属性定义了这个链接所指的目标地址；目标地址是最重要的，一旦路径上出现差错，该资源就无法访问 。

3）target 属性用于指定打开链接的目标窗口，其默认方式是原窗口。

4）title 属性用于指定指向链接时所显示的标题文字。

5）“超链接名称”是要单击到链接的元素，元素可以包含文本，也可以包含图像。文本带下画线且与其他文字颜色不同，图形链接通常带有边框显示。用图形做链接时，只要把显示图像的标签 <img> 嵌套在 <a href="URL">…</a> 之间即可。当鼠标指向“超链接名称”处时会变成手状，单击这个元素即可访问指定的目标文件。

下面根据超链接的应用分别介绍超链接的使用。

1. 站点内文件链接

所谓内部链接，是指在同一个网站内部，不同的 HTML 页面之间的链接关系。在建立网站内部链接的时候，要明确哪个是主链接文件（即当前页），哪个是被链接文件。在前面介绍链接路径时，已经给大家介绍了内部链接的概念，内部链接一般采用相对路径链接比较好。上面的案例就是内部文件的超链接。

2. 外部文件链接

所谓外部链接，是指跳转到当前网站外部，与其他网站中页面或其他元素之间的链接关系。这种链接的 URL 地址一般要用绝对路径，要有完整的 URL 地址，包括协议名、主机名、文件所在主机上的位置的路径以及文件名。最常用的外部链接格式是“ <a href = "http:// 网址" >”，其他格式见表 3-14。

表 3-14　URL 外链部接 URL 格式

协议	URL 格式	描　　述
WWW	http:// "…"	进入万维网站点
FTP	ftp:// "…"	进入文件传输协议
Telnet	telnet:// "…"	启动 Telnet 方式
Gopher	gopher:// "…"	访问一个 Gopher 服务器
News	news:// "…"	启动新闻讨论组
Email	email:// "…"	启动邮件

3. E-mail 邮箱链接

在 HTML 页面中，可以建立 E-mail 链接。当浏览者单击链接后，系统会启动默认的本地邮件服务系统发送邮件。邮箱链接的基本语法格式如下：

```
<a href = "mailto:E - mail 地址? subject = 邮件主题" >描述文字 < /a >
```

在实际应用中，用户还可以加入另外的两个参数“? cc =” 和 “&body =”，分别表示在发送邮件的同时把邮件抄送给第三者和设定邮件主题内容。

4. 书签链接

链接文档中的特定位置也叫书签链接。浏览页面时如果页面很长，则要不断地拖动滚动条，给浏览带来不便。如果浏览者要从头阅读到尾，又可以选择自己感兴趣的部分阅读，这种效果就需要通过书签链接来实现，方法是选择一个目标定位点，用来创建一个定位标记，用 <a >标签的 name 属性的值来确定定位标记名。然后在网页的任何地方建立对这个目标标记的链接，在标题上建立的链接地址的名字要和定位标记名相同，前面还要加上 “#” 号，即 “ <a href = " #定位标记名" >”。单击标题就跳到要访问的内容。

书签链接可以在同一页面中链接，也可以在不同页面中链接，在不同页面中链接的前提是需要指定好链接的页面地址和链接的书签位置，格式如下。

1） 目标位置书签的创建：

```
<a name = "书签名称" >目标超链接名称 < /a >
```

其中，name 的属性值为该目标定位点的定位标记点名称，是给特定位置点（这个位置点也叫锚点）起个名称。

2） 在同一页面使用书签链接：

```
<a href = "#书签名称" target = "窗口名称" >超连链标题名称 < /a >
```

3） 在不同页面要使用书签链接：

```
<a href = "URL 地址#书签名称" target = "窗口名称" >超链接标题名称 < /a >
```

信息卡

每一个文件都有自己的存放位置和路径，理解一个文件到要链接的那个文件之间的路径关系是创建链接的根本。URL（Uniform Resourc Locator，统一资源定位器）指的就是每一个网络资源都具有的地址。超链接通常有3种表示方法，如下面的3个例子。

1）绝对路径，如 http:// www. sina. com. cn。

2）相对路径，如 news/ index. html。

3）根路径，如 d:/ web/ news/ index. html。

（1）绝对路径

绝对路径包含了标识 Internet 上的文件所需要的所有信息。文件的链接是相对原文档而定的，包括完整的协议名称、主机名称、文件夹名称和文件名称。其格式如下：

```
通信协议://服务器地址:通信端口/文件位置……/文件名
```

（2）相对路径

相对路经是以当前文件所在路径为起点，进行相对文件的查找。一个相对的 URL 不包括协议和主机地址信息，表示它的路径与当前文档的访问协议和主机名相同，甚至有相同的目录路径。通常只包含文件夹名和文件名，甚至只有文件名。可以用相对 URL 指向与源文档位于同一服务器或同文件夹中的文件。此时，浏览器链接的目标文档处在同一服务器或同一文件夹下。

1）如果链接到同一目录下，则只需输入要链接文件的名称。

2）要链接到下级目录中的文件，只需先输入目录名，然后加“/”，再输入文件名。

3）要链接到上一级目录中文件，则先输入“../”，再输入文件名。

（3）根路径

根路径目录地址同样可用于创建内部链接，但大多数情况下，不建议使用此种链接形式。

根路径目录地址的书写也很简单，首先以一个斜杠开头，代表根目录，然后书写文件夹名，最后书写文件名即可。

任务七　HTML 表单元素

表单是信息系统必不可少的元素，通过表单，网页可以实现与用户的交互，以获取相关信息。本任务通过案例详细地讲解 HTML 表单元素。

子任务1　表单标签 <form>

【案例】 编辑站点根目录下的用户登录文件 index. html，添加登录所有的表单元素。

步骤1 打开“CO”站点，在站点根目录下双击 index. html 文件，打开编辑窗口。

步骤2 切换到代码视图，增加并调整 <body>… </ body>标签对之间的代码如下：

```
<body>
<table width="75%" height="346" border="0" align="center" class="
box">
    <tr>
        <td height="120" align="center" valign="bottom"><img src="img/
top.jpg"  />
    </td>
        </tr>
        <tr>
            <td height="220" align="center" >
            <form name="login" action="login.jsp"  method="get">       【1】
            <table width="500" border="0" cellspacing="0" cellpadding="0">
                <tr>
                <td width="68" height="20" align="center">姓名:</td>
                 <td width="160" height="20"><input type="text" name="
name" /></td>                                                           【2】
                <td width="68" height="20" align="center">密码:</td>
                <td width="160" height="20"><input type="password" name
="psw" /></td>                                                          【3】
                </tr>
                <tr>
                    <td colspan="4" height="20" ></td>
                </tr>
                <tr>
                      <td height="20" colspan="2" align="center"><input
type="submit" value="登录" /></td>                                      【4】
                      <td height="20" colspan="2" align="center"><input
type="reset" value="重置"/></td>
                </tr>
                <tr>
                    <td colspan="4" height="40" align="center" ><a href="
RegUser/RegUser.html">新用户注册</a></td>
                </tr>
            </table>
        </form>
        </td>
    </tr>
</table>
</body>
```

代码详解

【1】插入表单标签 <form>，所有的表单元素都必须放在 <form>… </form>标签对内。

【2】使用 <input>标签插入文本域，浏览者可以输入用户名。

【3】使用 <input>标签插入密码域，浏览者可以输入密码，输入的字符以黑色圆点隐藏

显示。

【4】使用 <input> 标签插入提交按钮。

步骤 3 保存文件，按 <F12> 键预览效果，如图 3-21 所示。

图 3-21 添加表单元素的 index. html 文件预览效果

知识点详解

在 Web 网页中表单用来给访问者填写信息，从而能采集客户端信息，使网页具有交互的功能。一般是将表单设计在一个 HTML 文档中，当用户填写完信息后做提交（submit）操作，表单的内容就从客户端的浏览器传送到服务器上，经过服务器上的动态语言处理程序处理后，将数据保存到数据库内，需要时再将用户所需信息从数据库再传送回到客户端的浏览器上，这样网页就具有了交互性。这里只介绍如何使用 HTML 标签来设计表单。

表单是一个包含表单元素的区域，表单元素是允许用户在表单中（如文本域、下拉列表框、单选按钮、复选框等）输入信息的元素。表单使用表单标签 <form> 进行定义。表单语法格式如下：

```
<form>
…
表单元素
…
</form>
```

<form> 标签具有 action、method 和 target 属性。

1）action 属性的值是处理程序的程序名（包括网址或相对路径），如"<form action = "用来接收表单信息的 URL">"，如果这个属性是空值（""），则当前文档的 URL 将被使用。当用户提交表单时，服务器将执行网址中的程序（一般是 CGI 程序）。

2）method 属性用来定义处理程序从表单中获得信息的方式，可取值为 GET 和 POST 的其中一个。GET 方式是处理程序从当前 HTML 文档中获取数据，然而这种方式传送的数据量是有所限制的，一般限制在 1KB（255 字节）以下。POST 方式与 GET 方式相反，它是当前的 HTML 文档把数据传送给处理程序，传送的数据量要比使用 GET 方式大得多。

3）target 属性用来指定目标窗口或目标帧。可选当前窗口_self、父级窗口_parent、顶层窗口_top、空白窗口_blank。

多数情况下被用到的表单元素是输入标签 <input>，输入类型是由类型属性（type）定义的。表单元素将在下个子任务中做详细介绍。

子任务2　表单元素

【案例】 在 manage 目录下创建发布议题页面 bfbyt. html。

步骤1 打开站点“CO”，在 manage 目录下单击鼠标右健，在弹出的快捷菜单中选择“新建文件”命令，创建一个 HTML 文件，修改文件名为 fbyt. html。

步骤2 双击 fbyt. html 文件，打开编辑窗口，输入如下的布局代码：

```
<body>
  <table width="655" border="0" align="center" cellpadding="0" cellspacing="0">     【1】
    <tr align="left" valign="top">
        <td height="47" colspan="3" align="center" valign="middle" background="../img/list1.jpg">发布议题</td>     【2】
    </tr>
    <tr align="left" valign="top">
      <td width="16" background="../img/list2.jpg"></td>
      <td width="621" align="center" valign="top">内容表格</td>     【3】
      <td width="18" background="../img/list3.jpg"></td>
    </tr>
    <tr align="left">
      <td height="20" colspan="3" background="../img/list4.jpg"></td>     【4】
    </tr>
  </table>
</body>
```

代码详解

【1】插入表格标签 <table>，共 3 行 3 列，第 1 行和第 3 行做列合并，即“colspan="3"”，变成 1 列；设置表格属性（宽度、边框）等。

【2】第 1 行列合并，设置合并后单元格的背景图像“background="../ img/ list1. jpg"”，要求提前将图片文件 list1. jpg 复制到父目录下的 img 文件夹下。

【3】第 3 行的 3 个单元格，左右两边的单元格通过设置背景图像实现好看的边框效果，中间的单元格空出来放置具体的内容表格，这里用文字“内容表格”做暂时标注。同样地，图片文件需要提前放置到 img 文件夹内。

【4】第 4 行也是通过设置背景图片实现好看的边框效果。

步骤3 保存文件，预览效果如图 3-22 所示。

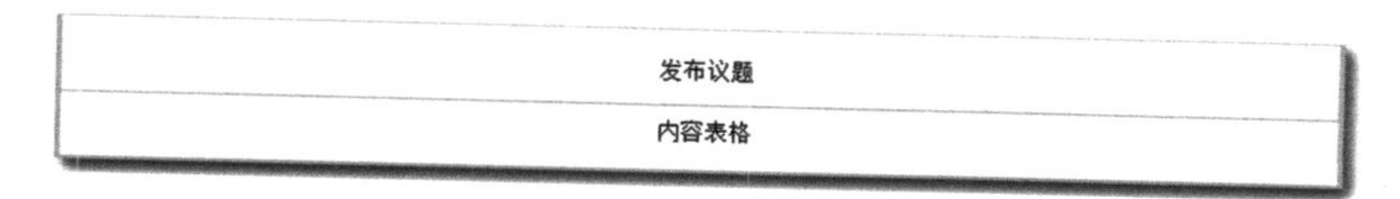

图 3-22 fbyt. html 布局表格效果

步骤 4 把“内容表格”文字替换成如下的 7 行 2 列的表格代码：

```
<table width="517" border="0" cellspacing="0" cellpadding="0">
  <tr>
    <td width="105" height="41" align="right">发 布 人:</td>
    <td width="412"></td>
  </tr>
  <tr>
    <td width="105" height="41" align="right">几级议题:</td>
    <td width="412"></td>
  </tr>
  <tr>
    <td height="37" align="right">部    门:</td>
    <td> </td>
  </tr>
  <tr>
    <td height="33" align="right">议题序号:</td>
    <td> </td>
  </tr>
  <tr>
    <td height="34" align="right">议    题:</td>
    <td> </td>
  </tr>
  <tr>
    <td height="24" align="right" valign="top">议题介绍:</td>
    <td> </td>
  </tr>
  <tr>
    <td height="24" colspan="2" align="center"> </td>
  </tr>
</table>
```

步骤 5 在步骤 4 的内容表格内添加表单标签，代码如下：

```
<form name="form1" method="post" action="add_yiti.jsp">                    【1】
  <table width="517" border="0" cellspacing="0" cellpadding="0">
  <tr>
    <td width="105" height="41" align="right">发 布 人:</td>
    <td width="412"><select name="manage">                                 【2】
```

```
            <option  selected="selected" value="张三">张三</option>
            <option  value="李四">李四</option>
            <option  value="王五">王五</option>
         </select></td>
      </tr>
      <tr>
         <td width="105" height="41" align="right" >几级议题:</td>
         <td width="412" >
            <input type="radio" name="class" value="1" />1 级                    【3】
            <input type="radio" name="class" value="2" />2 级
            <input type="radio" name="class" value="3" />3 级</td>
         </tr>
         <tr>
            <td height="37" align="right" >部    门:</td>
            <td><select id="bumen" name="bumen"  title="部门选择">
               <option value="人事部">人事部</option>
               <option value="研发部">研发部</option>
            <option value="商务部">商务部</option>
         </select></td>
      </tr>
         <tr>
      <td height="33" align="right" >议题序号:</td>
      <td ><input name="ytxh" type="text" size="20" /></td>                  【4】
   </tr>
   <tr>
      <td height="34" align="right" >议    题:</td>
      <td ><input name="ytmc" type="text" size="50"/></td>
   </tr>
   <tr>
      <td height="24" align="right" valign="top">议题介绍:</td>
   <td><textarea name="ytnr" cols="50" rows="10" class="input_login1">
</textarea></td>                                                               【5】
   </tr>
   <tr>
      <td height="24" colspan="2" align="center">
         <input name="submit" type="submit"  class="bt" value="发布议题" />   【6】
         <input name="reset" type="reset" class="bt" value="重新填写" /></td>
      </tr>
   </table>
   </form>
```

代码详解

【1】在 <table>…</ table> 标签对外层插入表单域标签对 <form>…</ form>，设置 action、name、method 属性。

【2】下拉列表框标签 <select>，通过设置 <option>…</ option> 标签对来设置具体的列

表项。

【3】设置<input>标签的 type 属性为 radio，即单选按钮，若干个选项中只能选一个。

【4】设置<input>标签的 type 属性为 text，即文本框，可以输入数字和字符，在大多数浏览器中，文本域的默认宽度是 20 个字符。

【5】插入文本域表单标签<textarea>，可以让用户输入多行的大段文字。

【6】设置<input>标签的 type 属性为 submit，即提交按钮；type 属性为 reset，即重置按钮。

步骤 6 保存文件，预览效果如图 3-23 所示。

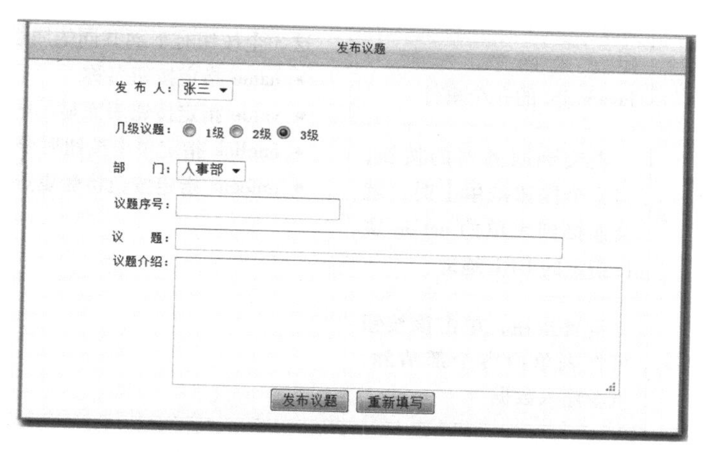

图 3-23 fbyt. html 文件的最终效果

知识点详解

1. 写入标签<input>

在 HTML 语言中，<input>标签具有重要的地位，它能够将浏览器中的控件加载到 HTML 文档中，该标签是单个标签，没有结束标签。<input type="…">标签用来定义一个用户输入区，用户可在其中输入信息。此标签必须放在<form>…</form>标签对之间。<input>标签中共提供了 9 种类型的输入区域，具体是哪一种类型由 type 属性来决定。表 3-15 列出了 9 中类型及用法说明。

表 3-15 <input>标签的 type 属性

type 属性取值	输入区域类型	控件的属性及说明
<input type="text" size="…" maxlength="…">	单行的文本输入区域，size 与 maxlength 属性用来定义此种输入区域显示的尺寸大小与输入的最大字符数	• name 定义控件名称 • value 指定控件初始值，该值就是浏览器被打开时在文本框中的内容 • size 指定控件宽度，表示该文本输入框所能显示的最大字符数 • maxlength 表示该文本输入框允许用户输入的最大字符数 • onchang 为当文本改变时要执行的函数 • onselect 为当控件被选中时要执行的函数 • onfocus 为当文本接受焦点时要执行的函数

（续）

<table>
<tr><th>type 属性取值</th><th>输入区域类型</th><th>控件的属性及说明</th></tr>
<tr><td><input type="button"></td><td>普通按钮，当这个按钮被单击时，就会调用属性 onclick 指定的函数；在使用这个按钮时，一般配合使用 value 指定在它上面显示的文字，用 onclick 指定一个函数，一般为 JavaScript 的一个事件</td><td rowspan="3">这 3 个按钮有下面共同的属性：
• name 指定按钮名称
• value 指定按钮表面显示的文字
• onclick 指定单击按钮后要调用的函数
• onfocus 指定按钮接受焦点时要调用的函数</td></tr>
<tr><td><input type="submit"></td><td>提交到服务器的按钮，当这个按钮被单击时，就会连接到表单的 action 属性指定的 URL 地址</td></tr>
<tr><td><input type="reset"></td><td>重置按钮，单击该按钮可将表单内容全部清除，重新输入数据</td></tr>
<tr><td><input type="checkbox" checked></td><td>一个复选框，checked 属性用于设置该复选框默认时是否被勾选，右边示例中使用了 3 个复选框</td><td>• name 定义控件名称
• value 定义控件的值
• checked 设定控件初始状态是被选中的
• onclick 定义控件被选中时要执行的函数
• onfocus 定义控件为焦点时要执行的函数</td></tr>
<tr><td><input type="hidden"></td><td>隐藏区域，用户不能在其中输入，用来预设某些要传送的信息</td><td>• name 为控件名称
• value 为控件默认值
• hidden 表示隐藏控件的默认值会随表单一起发送给服务器，例如：
<input type="hidden" name="ss" value="688">
控件的名称设置为 ss，设置其数据为 688，当表单发送给服务器后，服务器就可以根据 hidden 的名称 ss，读取 value 的值 688</td></tr>
<tr><td><input type="image" src="url"></td><td>使用图像来代替 submit 按钮，图像的源文件名由 src 属性指定，用户单击后，表单中的信息和单击位置的 X、Y 坐标一起传送给服务器</td><td>• name 指定图像按钮名称
• src 指定图像的 URL 地址</td></tr>
</table>

（续）

type 属性取值	输入区域类型	控件的属性及说明
<input type = "passward" >	输入密码的区域，当用户输入密码时，区域内将显示“ * ”号	● name 定义控件名称 ● value 指定控件初始值，该值就是浏览器被打开时在文本框中的内容 ● size 指定控件宽度，表示该文本输入框所能显示的最大字符数。 ● maxlegnth 表示该文本输入框允许用户输入的最大字符数。
<input type = "radio" >	单选按钮类型，checked 属性用来设置该单选按钮在默认时是否被选中，右边示例中使用了 3 个单选按钮	● name 定义控件名称 ● value 定义控件的值 ● checked 设定控件初始状态是被选中的 ● onclick 定义控件被选中时要执行的函数 ● onfocus 定义控件为焦点时要执行的函数 当为单选按钮时，所有按钮的 name 属性必须相同，如都设置为 my_radio

以上类型的输入区域有一个公共的属性 name，此属性给每一个输入区域一个名字。这个名字与输入区域是一一对应的，即一个输入区域对应一个名字。服务器就是通过调用某一输入区域的名字的 value 值来获得该区域的数据的。

2. 下拉列表框标签 <select>与<option>

<select> … </select>标签对用来创建一个下拉列表框。此标签对用于<form> … </form>标签对之间。<select>标签具有 multiple、name 和 size 属性。multiple 属性不用赋值，直接加入标签中即可使用，加入了此属性后列表框就成了可多选的了；name 是此列表框的名字，它与上述的 name 属性作用是一样的；size 属性用来设置列表的高度，默认值为 1，若没有设置（加入）multiple 属性，则显示的将是一个弹出式的列表框。

<option> … </option>标签对用来指定列表框中的一个选项，它放在<select> … </select>标志对之间。<option>标签具有 selected 和 value 属性，selected 属性用来指定默认的选项，value 属性用来给<option>指定的那一个选项赋值，这个值是要传送到服务器上的，服务器正是通过调用<select>区域的名字的 value 属性来获得该区域选中的数据项的。

3. 多行文本域标签<textarea>

<textarea> … </textarea>标签对用来创建一个可以输入多行的文本域，此标签对用于<form> … </form>标签对之间。<textarea>标签具有以下属性。

1）onchange：指定控件改变时要调用的函数。
2）onfocus：当控件接受焦点时要执行的函数。
3）onblur：当控件失去焦点时要执行的函数。
4）onselect：当控件内容被选中时要执行的函数。
5）name：此文字区块的名称，作为识别之用，将会传及 CGI。
6）cols：此文字区块的宽度。
7）rows：此文字区块的列数，即其高度。

8）wrap：属性定义输入内容大于文本域时显示的方式，“＊默认值”是文本自动换行，当输入内容超过文本域的右边界时会自动转到下一行，而数据在被提交处理时自动换行的地方不会有换行符出现；“＊off”用来避免文本换行，当输入的内容超过文本域右边界时，文本将向左滚动；“＊virtual”允许文本自动换行，当输入内容超过文本域的右边界时会自动转到下一行，而数据在被提交处理时自动换行的地方不会有换行符出现；“＊physical”让文本换行，当数据被提交处理时，换行符也将被一起提交处理。这里列与行是以字符数为单位的。

任务八　HTML 5 新功能

HTML 5 旨在改进 HTML 的协同工作能力，增加了急需的页面内容描述，还增加了 HTML 4 对页面程序所缺乏的特性。本任务学习几种常用的 HTML 5 新特性。

【案例】 修改登录页面 index. html，利用 HTML 5 的新功能设置表单验证功能。

步骤 1 打开站点“CO”，双击站点根目录下的 index. html 文件，打开编辑窗口。

步骤 2 切换到代码视图，调整 <form>…</form>标签对中的代码，具体如下：

```
<form name = "login" action = "login.jsp"  method = "get" >
<table width = "500" border = "0" cellspacing = "0" cellpadding = "0" >
    <tr >
        <td width = "68" height = "20" align = "center" >姓名: </td >
        <td width = "160" height = "20" > <input type = "text" required name = "
name" /> </td >                                                          【1】
        <td width = "68" height = "20" align = "center" >密码: </td >
  <td width = "160" height = "20" > <input type = "password" required name = "psw"
/> </td >                                                                【2】
    </tr >
    <tr >
        <td colspan = "4" height = "20" > </td >
    </tr >
    <tr >
          <td height = "20" colspan = "2" align = "center" > <input type = "
submit" value = "登录" /> </td >
        <td height = "20" colspan = "2" align = "center" > <input type = "reset"
value = "重置"/> </td >
    </tr >
    <tr >
  <td colspan = "4" height = "40" align = "center" > <a href = "RegUser/
RegUser.html" >新用户注册 </a > </td >
    </tr >
  </table >
  </form >
```

代码详解

【1】和【2】HTML 5 新特性，通过 required 属性能自动检查用户名和密码输入是否为空。

步骤 3 保存文件。当不输入密码直接单击“登录”按钮时，会出现图 3-24 所示的提示。

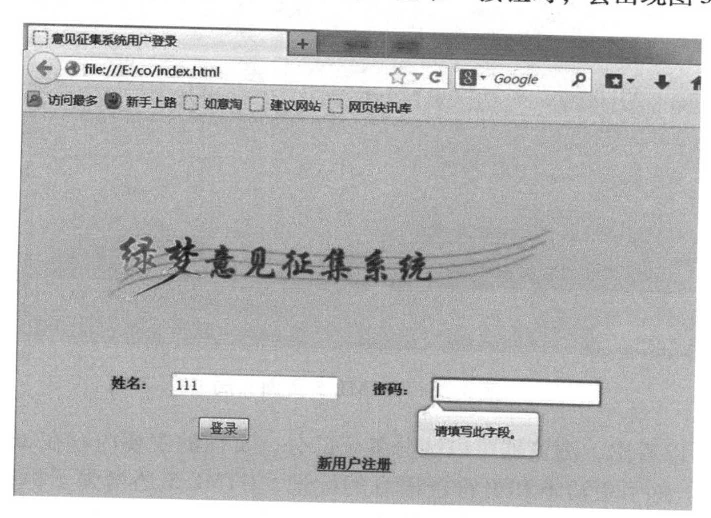

图 3-24 HTML 5 验证表单提交是否为空

知识点详解

1. 新的 HTML 元素（增强描述内容的能力）

在 HTML 5 中增加了更多的 HTML 组件，给网页开发者提供更好、更精确的方式来描述数据对象。请看以下的对比情况：HTML 4 的页面布局如图 3-25 所示，HTML 5 的页面布局如图 3-26 所示。

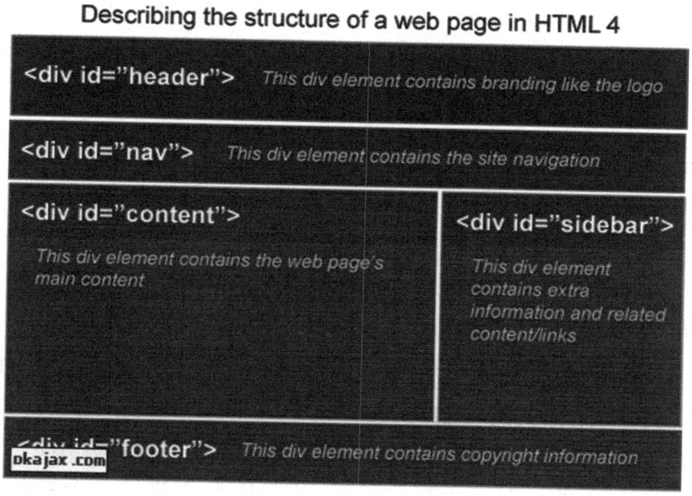

Describing the structure of a web page in HTML 4

<div id="header"> This div element contains branding like the logo

<div id="nav"> This div element contains the site navigation

<div id="content"> This div element contains the web page's main content

<div id="sidebar"> This div element contains extra information and related content/links

<div id="footer"> This div element contains copyright information

okajax.com

图 3-25 HTML 4 页面布局

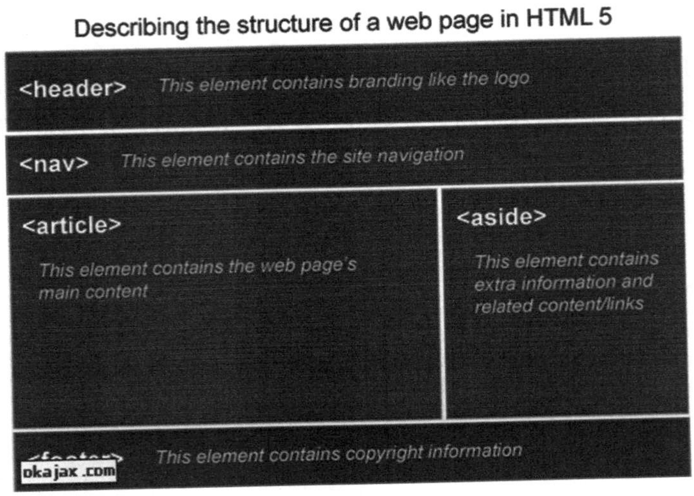

图 3-26　HTML 5 页面布局

从图 3-26 中可以看出，浏览器可以区分各个部分，页面的主要内容在 article 元素中，导航栏在 nav 元素中等。除了更清晰和更符合语意的标记，HTML 5 还增强了标记的互用性，如搜索引擎能更精确地确定页面上什么内容比较重要，它可以忽略 nav 和 footer 元素中的内容，因为它们通常不包含页面的重要内容，这样便提高了搜索引擎的效率。

另外，对于页面开发者来说，他们能更简单地统计页面的数据，如统计视频数量时只需在 video 元素里统计就行。对于手持设备等主要进行浏览文章的工具来说，可以直接定位到 article 元素中的内容。

2. 表单增强功能

HTML 5 为表单提供了几个新的属性、input 类型和标签，如 color、email、date、month、week、time、datetime、datetime-local、number、range、search、tel 和 url 等，使用这些将大大简化开发的复杂度，如使用 <date> 标签，将不再需要利用外包 JS 就可以选择日期。

同时 HTML 自带表单验证功能，可以减少开发者对表单验证功能的代码编写，如本任务的案例。

3. 无须插件支持的视频/音频

使用 HTML 5 的 <audio> 和 <video> 标签，将不再需要使用插件或工具即可直接播放视频和音频。当然，不同的浏览器提供商对音频/视频格式的要求也不同。

4. 可编辑内容与拖放

使用 HTML 5 可以在页面的某个地方允许用户编辑、删除、插入内容，并且可以用 JavaScript 来添加保存或应用样式的功能。

HTML 5 的拖放会把与用户交互带向另一个等级，并将会对设计用户交互产生重大影响。图片和超链接默认是可拖放的。对于所有的元素，HTML 5 引进了一个新的属性“draggable”，用于设置元素是否接受拖放。

5. 稳健的数据存储

除了常规的页面存储，HTML 5 规范还定义了离线存储规范，即当用户的网络被断开后如何让它们继续与网页程序和文档进行交互。这个特性现在被 Firefox 3.5 +，Chrome 4.0 +，Safari 4.0 + 和 Mobile Safari 3.1 + 所支持。可以通过提供一个 manifest 文件来定义哪些文件需要被缓存，哪些需要在离线的时候由折衷方案替代。当用户访问这个页面时，支持的浏览器将猎取一个 manifest 版本。它将下载并缓存所有涉及的文件，并且当 manifest 相对于用户上次浏览的版本有变化时，会再次下载并缓存所有的文件。

学材小结

理论知识

一、选择题

1）HTML 的文档结构主要包含 <head> 和（　　）标签。

A. <meta>　　B. <html>　　C. <body>　　D. <link>

2）HTML 的语法要求用（　　）符号括起标签。

A. “<”和“>”　　B. “<%”和“%>”

C. “<!--”和“-->”　　D. “<#”和“#>”

3）HTML 文档的标题定义在头部的（　　）标签元素中。

A. <meta>　　B. <title>　　C. <body>　　D. <link>

4）HTML 文档的注释应该放在（　　）内。

A. “<”和“>”　　B. “<%”和“%>”

C. “<!--”和“-->”　　D. “<#”和“#>”

5）想要让搜索引擎更容易找到你的网页，需要设置（　　）。

A. <base>

B. <meta name="keywords" content="yourkeyword">

C. <meta http-equiv="content-type" content="text/html; charset=GB2312">

D. <meta http-equiv="Pragma" content="no-cache">

6）在 HTML 文档中，可以使用（　　）标签向网页插入 GIF 动画文件。

A. <form>　　B. <p>　　C. <body>　　D. <img>

7）下面不属于 HTML 文档的基本组成部分的是（　　）。

A. <style></style>　　B. <body><body>

C. <html></html>　　D. <head><head>

8）在 HTML 中，以下语句中（　　）可以实现在网页上通过连接直接打开客户端邮件工具发送电子邮件的功能。

A. <a href="telnet:[email]admin@aptech.com[/email]">发送反馈信息</a>

B. <a href="mail::[email]admin@aptech.com[/email]">发送反馈信息</a>

C. <a href="ftp:[email]admin@aptech.com[/email]">发送反馈信息</a>

D. <a href="mailto: admin@aptech.com">发送反馈信息</a>

9）（多选）分析下面的 HTML 代码片段，选项中说法错误的是（　　）。

```
<table border="10"  bordercolor="yellow"  cellspacing="0" cellpadding="5">
    <tr bgcolor="red" >
        <td colspan="2">书籍</td>
        <td colspan="3">电子书籍</td>
    </tr>
    <tr>
        <td>图书</td>
        <td>杂志</td>
        <td>磁带</td>
        <td>CD</td>
        <td>DVD</td>
    </tr>
</table>
```

A. 表格共 5 列，“书籍”跨 2 列，“音像”跨 3 列

B. 表格的背景颜色为 yellow

C. “书籍”和“音像”所在的行的背景为 red

D. 表格中文字与边框的距离为 0，表格内框宽度为 5

10）在 HTML 文档中，（　　）标签用于定义表的单元格。

A. <table>　　B. <body>　　C. <td>　　D. <tr>

11）在 HTML 文档中，<td>标签的（　　）属性可以创建多个行的单元格。

A. spancol　　B. row　　C. rowspan　　D. span

12）在 HTML 中，表单中 INPUT 元素的（　　）属性用于指定表单元素的名称。

A. value　　B. name　　C. type　　D. size

13）在 HTML 中，框架将 Web 浏览器窗体分割为多个独立的区域，设计者可以使用（　　）标签来创建框架集。

A. <head>　　B. <div>　　C. <body>　　D. <frameset>

14）（多选）下列语句中能够正确在一个 HTML 页面中导入在同一目录下的“StyleSheet1. css”样式表的是（　　）。

A. <style>@ import StyleSheet1. css; </ style>

B. <link rel="stylesheet"　type="text/ css"　href=" StyleSheet1. css">

C. <link rel=" StyleSheet1. css　"type="text/ css">

D. <style rel="stylesheet" type="text/ css" href=" StyleSheet1. css">

15）在 HTML 语言中，定义级联样式表 CSS 的类选择器是以（　　）符号开头的。

A. #（井号）　　B. .（点号）　　C. !（叹号）　　D. %（百分号）

二、填空题

1）创建一个 HTML 文档的开始标签是________；结束标签是________。

2）表格的标签是________，单元格的标签是________。

3）设置文档标题以及其他不在 Web 网页上显示的信息的开始标签是________；结束标签是________。

4）网页标题会显示在浏览器的标题栏中，则网页标题应写在开始标签________和结束标签________之间。

5）在 HTML 页面上编写 JavaScript 代码时，应编写在________标签中间。

6）要设置一条 1 像素粗的水平线，应使用的 HTML 语句是________。

7）表单对象的名称由________属性设定；提交方法由________属性指定；若要提交大数据量的数据，则应采用________方法；表单提交后的数据处理程序由________属性指定。

8）在网页中嵌入多媒体，如电影、声音等，需要用到的标签是________。

9）在页面中添加背景音乐 bg. mid，循环播放 3 次的语句是________。

10）设定图片上下留空的属性是________；设定图片左右留空的属性是________。

实训任务

创建用户注册页面 RegUser. html，放在“CO”站点的新建目录 RegUser 下。

【实训目的】

使用 HTML 语言创建页面。

【实训内容】

利用 HTML 的表格做布局，添加表单元素，效果如图 3-27 所示。

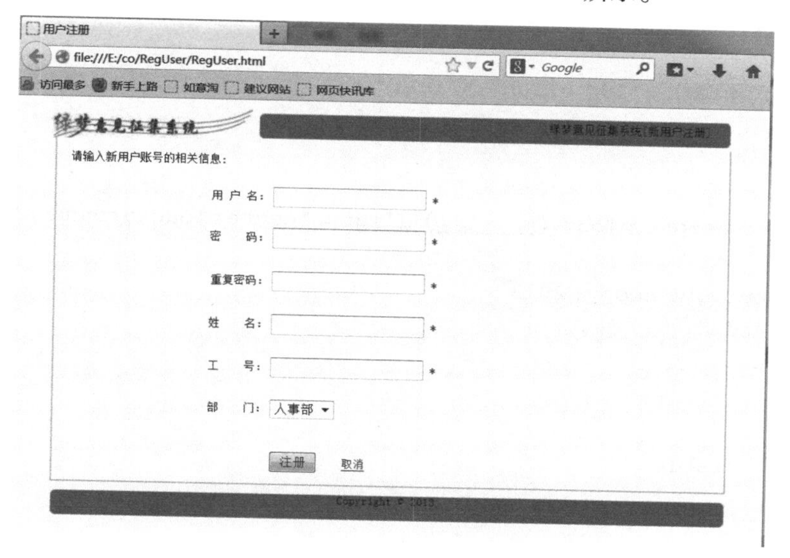

图 3-27　用户注册页面

该页面用来实现用户注册功能，同时利用 HTML 5 的新特性增加表单验证功能。

【实训步骤】

步骤 1 打开站点“CO”，在根目录下新建文件夹“RegUser”，在该文件夹下新建网页文件 RegUser. html。

步骤 2 复制图片素材 reg_top. jpg、reg_left. jpg、reg_right. jpg、reg_bott. jpg 到站点 img 文件夹下。

步骤 3 双击 RegUser. html 文件，打开编辑窗口，调整代码如下，预览效果如图 3-28 所示。

```
<!DOCTYPE html PUBLIC "-//W3C//DTD XHTML 1.0 Transitional//EN" "http://www.w3.org/TR/xhtml1/DTD/xhtml1-transitional.dtd">
<html xmlns="http://www.w3.org/1999/xhtml">
<head>
<meta http-equiv="Content-Type" content="text/html; charset=utf-8" />
<title>________</title>
</head>
<body>
 <table width = "715" border = "0" align = "center" cellpadding = "0"
cellspacing="0">
    <tr>
        <td height="37"(________) align="right" background="../img/reg_
top.jpg">绿梦意见征集系统[新用户注册]    
        </td>
    </tr>
    <tr>
        <td width="21" height="298" background="../img/reg_left.jpg">
 </td>
        <td width="675">
    表单内容
        </td>
        <td width="19" align="right" background="../img/reg_right.jpg">
 </td>
    </tr>
    <tr>
        <td height="53" (________) align="center"background="../img/reg_
bott.jpg">
       Copyright &copy; 2013
        </td>
    </tr>
</table>
</body>
</html></table>
</body>
```

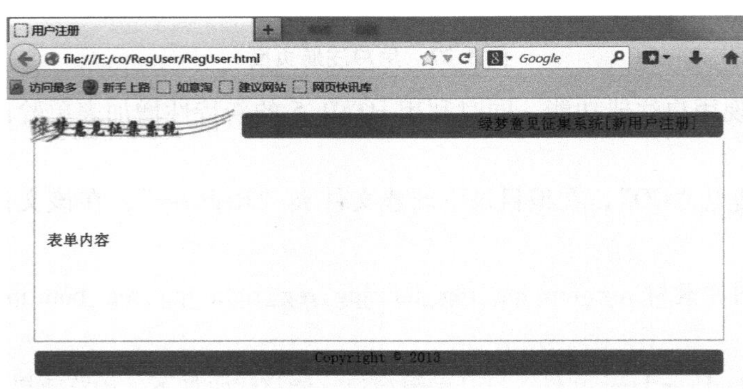

图 3-28　注册页面预览效果

步骤4 在“表单内容”的位置替换成表单元素表格，代码如下：

```
<(        ) id = "form1" name = "form1" method = "post" action = "Reg.jsp" >
    <table width = "615" >
      <tr>
          <td height = "34" colspan = "2" >请输入新用户账号的相关信息：</td>
        </tr>
        <tr>
          <td width = "211" height = "37" align = "right" >用户名：</td>
          <td width = "404" align = "left" > <(     ) name = "UserNme" type = "
(    )" />
              * </td>
        </tr>
        <tr>
          <td height = "41" align = "right" >密    码：
</td>
          <td align = "left" >
                <(    ) name = "Password1" type = "(        )" />  *
                </td>
        </tr>
        <tr>
          <td height = "43" align = "right" >重复密码：</td>
          <td align = "left" > <input name = "Password2" type = "password" />
              * </td>
        </tr>
        <tr>
          <td height = "41" align = "right" >姓    名：</td>
          <td align = "left" > <input name = "UserNme2" type = "(        ) " />
              * </td>
        </tr>
        <tr>
          <td height = "41" align = "right" >工    号：
</td>
          <td align = "left" > <input name = "gonghao" type = "text" id = "
gonghao" />
              * </td>
        </tr>
        <tr>
          <td height = "41" align = "right" >部    门：
</td>
          <td>
          <(     ) name = "bumen" id = "bumen" >
              <(     )(     ) = "人事部" >人事部 <(     ) >
              <(     )(     ) = "企划部" >企划部 <(     ) >
              <(     )(     ) = "研发部" >研发部 <(     ) >
              <(     )(     ) = "财务部" >财务部 <(     ) >
          <(     ) >
```

```
          </td>
        </tr>
        <tr>
          <td height="43"> </td>
          <td valign="bottom"><input name="Submit"(__________) value="注册"
/>  <a href="../index.html">取消</a></td>
          </tr>
        </table>
    </form>
```

步骤 5 利用 HTML 5 的表单验证属性，调整后的表单代码如下：

```
    <form id="form1" name="form1" method="post" action="Reg.jsp">
        <table width="615" >
            <tr>
                <td height="34" colspan="2">请输入新用户账号的相关信息:</td>
            </tr>
            <tr>
                <td width="211" height="37" align="right">用 户 名:</td>
                <td width="404" align="left"><input name="UserNme" required
type="text"/>
                    * </td>
            </tr>
            <tr>
                <td height="41" align="right" >密     码:
</td>
                <td align="left">____________________
                    * </td>
            </tr>
            <tr>
                <td height="43" align="right">重复密码:</td>
                <td align="left">____________________
                    * </td>
            </tr>
            <tr>
                <td height="41" align="right">姓     名:</
td>
                <td align="left">____________________
                    * </td>
            </tr>
            <tr>
                <td height="41" align="right" >工     号:
</td>
                <td align="left">____________________
                    * </td>
            </tr>
            <tr>
```

```
            <td height="41" align="right" >部    门:
</td>
           <td><label>
              <select name="bumen" id="bumen">
                 <option value="人事部">人事部</option>
                 <option value="企划部">企划部</option>
                 <option value="研发部">研发部</option>
                 <option value="财务部">财务部</option>
              </select>
           </label></td>
        </tr>
        <tr>
           <td height="43"> </td>
            <td valign="bottom"><input name="Submit" type="submit"
value="注册" />  <a href="../index.html">取消</a></td>
        </tr>
     </table>
     </form>
```

步骤6 保存文件，在浏览器中的预览效果如图3-29所示。

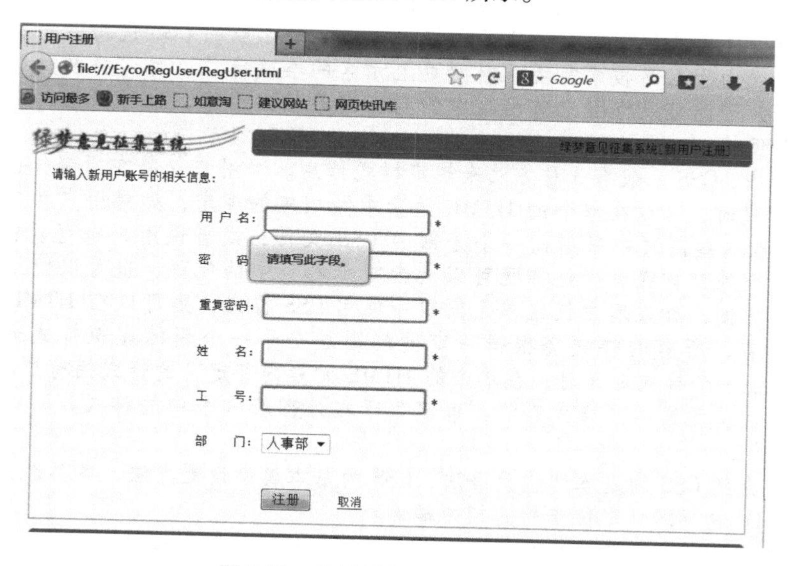

图3-29 用户注册页面最终效果

拓展练习

制作后台管理的添加用户页面和议题统计等相关页面。

模块四 CSS

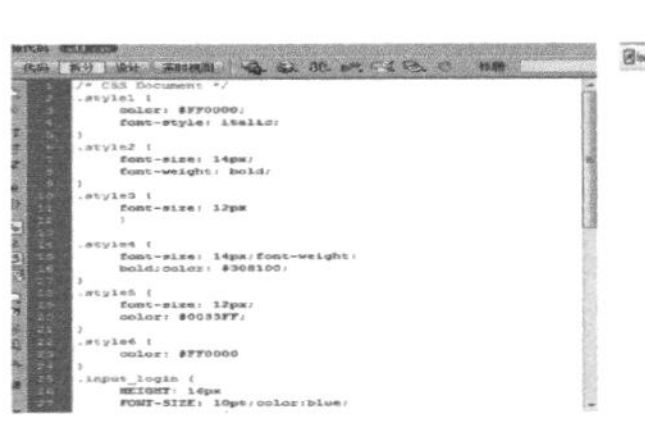
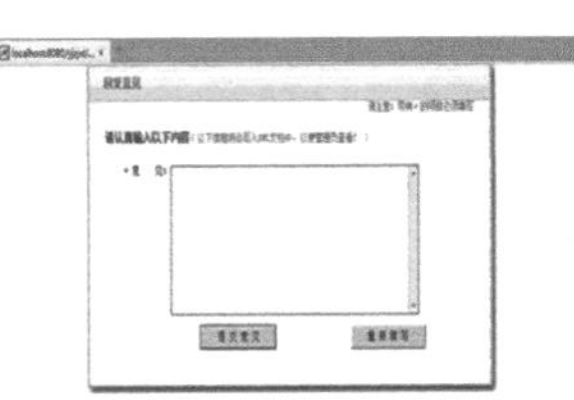
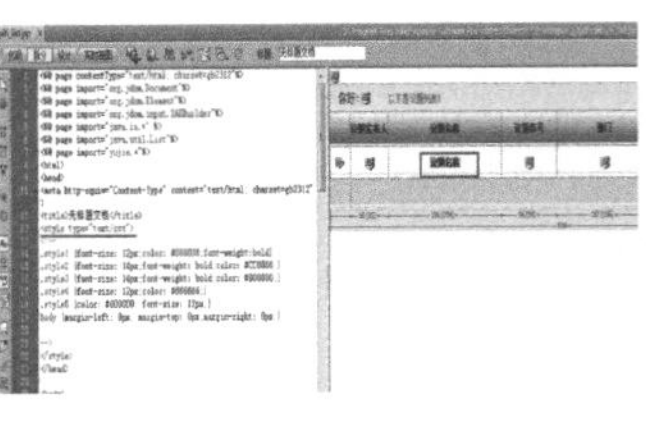
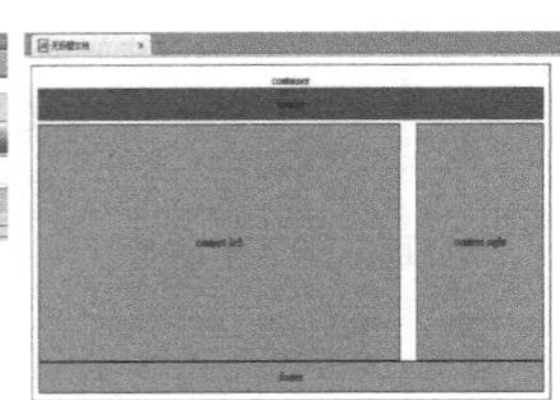

本模块导读

CSS（Cascading Style Sheets，层叠样式表）是一种在制作网页时经常采用的技术，可以定义如何显示 HTML 元素，可以更准确和有效地对所制作网页的字体、颜色和整体布局等其他效果进行设置。如果要改变所制作页面的外观和格式，只要对相应的 CSS 代码做一些简单修改即可达到预定的效果。由于 CSS 技术实现了对网页上元素的准确定位，可以将网页中的内容结构与格式控制相分离，因此可以将用户对网页中的内容调整独立出来，也可以使得人们对网页的格式控制变得更加便捷。

在实际应用中，CSS 一般有 3 种方法来规定样式信息。当用户仅需在所制作网页中的一、两处中应用 CSS 样式时，可以在单个的 HTML 元素中做相应的规定；如果用户在多个网页中要使用 CSS，则可以在这些网页中采用同一个外部的 CSS 文件，或者说用户也可以在同一个 HTML 文档内部引用多个外部样式表，这样既可以大大减少网页中的代码，也可以使用户对网页的修改变得非常简单方便；如果用户仅在单个网页中使用 CSS 样式，则可以在 HTML 页的头元素中做定义。一般而言，所有的样式会根据一定的规则层叠于一个新的虚拟样式表中，当同一个 HTML 元素被不止一个样式定义时，在单个的 HTML 元素内部定义的样式拥有最高的优先权，它的运用将优先于在头元素中的样式声明，也优先于在外部样式表中的样式声明或浏览器中的样式声明（默认值）。

本模块主要介绍 CSS 的基本结构及语法、CSS 的基本属性设置方法、各类选择器的应用方法以及如何结合 DIV 进行网页定位布局的相关知识。

通过本模块的学习和实训，学生应该掌握以下有关 CSS 的基本技能：

1）能够准确定位网页中各类元素的位置，并为它们设置不同的背景色和背景图像。

2）能够灵活控制网页中文本的字体、颜色、大小、间距、行高和缩进等风格效果。

3）能够结合 DIV 元素对基本的网页结构进行布局。

4）能够与脚本语言结合，从而产生各种动态效果。

本模块要点

- CSS 样式的创建与套用
- CSS 基本属性设置
- CSS 选择器的使用
- CSS 盒子模型
- CSS +DIV 实现网页定位和布局

任务一　CSS 样式的创建与套用

本任务将从介绍 CSS 样式的基本语法结构开始，重点是在 HTML 代码中链接 CSS 样式的方法，以此学习 CSS 样式的最基本的创建和套用方法。

子任务 1　创建 CSS 样式文档

【案例】 在 Dreamweaver CS6 的环境中新建一个样式文档 add. css，将指定的样式控制代码写入该文档中，并将其保存在站点“yjzjxt”的“css”文件夹下，在书写的过程中注意学习和熟悉 CSS 的基本语法结构。

步骤 1 启动 Dreamweaver CS6，选择“文件”→“新建”命令，出现如图 4-1 所示的“新建文档”对话框，并在其中的“页面类型”栏中选择“CSS”项，然后单击“创建”按钮。

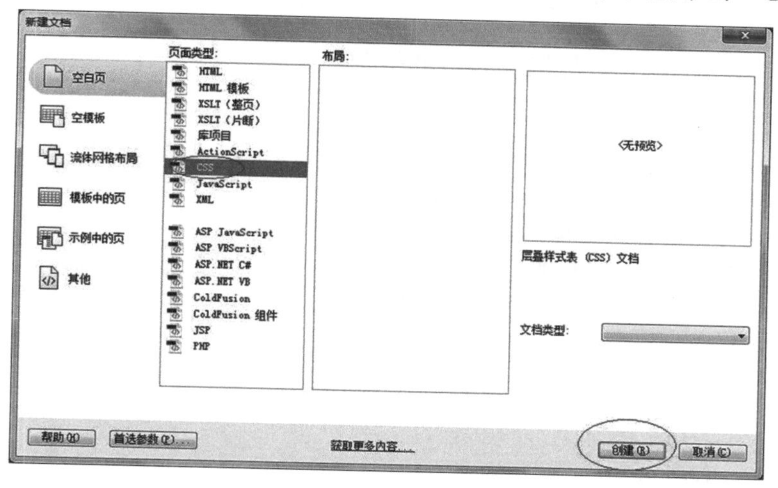

图 4-1　“新建文档”对话框

步骤 2 在随后出现的 CSS 代码编辑窗口中，输入如下的 CSS 代码：

```
.style1 {                                    【1】
        color: #FF0000;
        font - style: italic;
}
.style2 {                                    【2】
        font - size: 14px;
        font - weight: bold;
}
.style3 {                                    【3】
        font - size: 12px
```

```
}
.style4 {                                                    【4】
        font - size: 14px;font - weight:
        bold;color: #308100;
}
.style5 {                                                    【5】
    font - size: 12px;
        color: #0033FF;
}
.style6 {                                                    【6】
        color: #FF0000
}
.input_login {                                               【7】
        height: 16px
        font - size: 10pt;color:blue;
        border - top: #ffffff 1px solid;
        border - bottom: #2C2B2D 1px solid;
        border - left: #ffffff 1px solid;
        border - right: #ffffff 1px solid;
}
.input_login1 {                                              【8】
        font - size: 9pt;
        border - top: #2C2B2D 1px solid;
        border - bottom: #2C2B2D 1px solid;
        border - left: #2C2B2D 1px solid;
        border - right: #2C2B2D 3px solid;
}
.bt {                                                        【9】
        width:120px;
        height:28px;
        margin:10px 10px 10px;
        letter - spacing:5px;
        background:#e0e0de;
        cursor:pointer;
}
.declare{                                                    【10】
        padding:0 20px 0 0;
        text - align:right;
        color:#666;
        font - size:12px;
}
body {
        margin - left: 0px;
}
```

代码详解

【1】~【10】以 CSS 中类选择器的形式，定义了 . style1 等多种样式内容，有关类选择器使用的方式方法将本模块的后续内容中做详细介绍，此处不再多做解释。

步骤 3 在 Dreamweaver CS6 中保存当前对样式文档 add. css 的修改，其大致效果如图 4-2 所示。

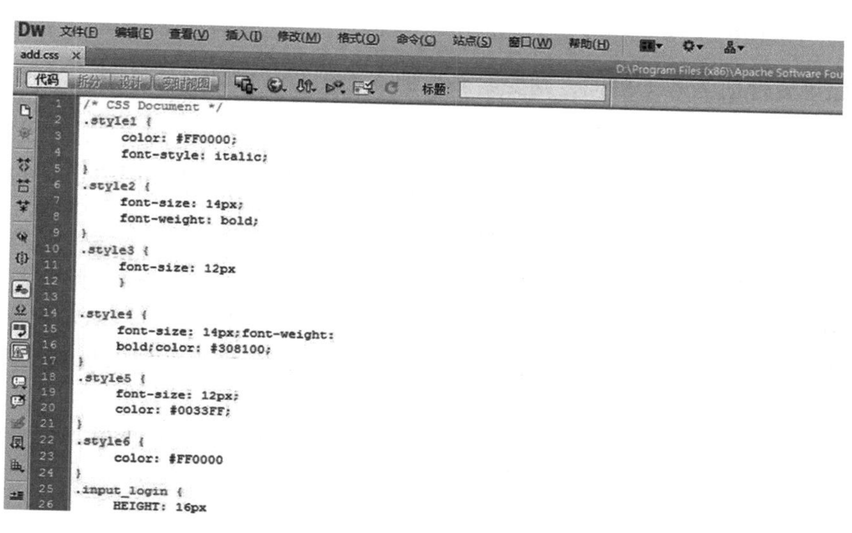

图 4-2 生成的 CSS 文档 add. css 的效果预览

这里需要说明的是，上图中灰色的文字，即/ * CSS Document * /部分是注释部分，不对其他的代码发生作用。如果读者想要在代码中书写注释，则可以按照这个格式来书写。

信息卡

如何书写 CSS 代码

书写 CSS 代码的方法其实有很多，除了本任务中使用的在 Dreamweaver 中书写的方式，用户还可以使用任何一种文本编辑工具来编写，如 Windows 下的写字本、记事本，或其他专门用于编辑 HTML 文本的工具。

知识点详解

CSS 样式的语法规则由两个主要的部分构成，第一部分是选择器，第二部分是一条或多条的声明，例如：

```
selector {declaration1; declaration2; …declarationN }
```

这里所说的选择器通常是指用户需要改变样式的 HTML 元素，而每一条声明由一个属性和一个值组成。

属性（property）是用户希望设置的样式属性（style attribute），每个属性有一个值，且属性和值之间要用冒号分开，如下面这种写法：

```
selector {property:value}
```

下面这行代码的作用是将 HTML 代码中标题 h1 元素内的文字颜色定义为红色：

```
h1 {color:red}
```

在本例中，h1 就是选择器，而文字颜色 color 是属性，red 则是给这两个属性所赋的值。这里除了使用英文单词，还可以使用十六进制的颜色值来表示颜色的属性值，例如：

```
h1 {color:#ff0000}
```

另外，如果属性值为若干单词，则要给属性值加上引号，例如：

```
h1 {font - family:"sans serif";}
```

以上实例在样式定义中仅有一种属性定义，即仅有一条声明，如果用户定义的不止一条声明，则需要用分号将每个声明都分开，具体写法如下：

```
h1 {color:red; font - size:14px;}
```

在本例中，h1 是选择器，文字颜色属性设置为红色 red ，同时将该标题字体大小设置为 14 像素。在每条声明的末尾都加上分号，这么做的好处是，当你从现有的规则中增减声明时，会尽可能地减少出错的可能性。

如果声明数量超过两条，则建议可以在每行只描述一个属性，这样能够增强样式定义的可读性，例如：

```
p {
    text - align:center;
    color:black;
    font - family:arial;
}
```

大多数样式表包含不止一条规则，而大多数规则包含不止一个声明。在多重声明中，空格的使用使得样式表更容易被编辑，例如：

```
body {
    color:#000;
    background:#fff;
    margin:0;
    padding:0;
    font - family:Georgia, Palatino, serif;
}
```

在声明中是否包含空格不影响 CSS 在浏览器的工作效果，且 CSS 样式对声明中字母的大小写一般也是不敏感的。但是如果涉及与 HTML 文档一起使用，则 CSS 对 class 和 id 名称的字母大小写表述还是比较敏感的，在使用时应该注意。

子任务 2　HTML 链接 CSS

【案例】将在子任务 1 中已经创建好的保存于站点“yjzjxt”下“css”文件夹内的外部 CSS

文档 add. css，链接到该站点下的动态网页 add. jsp 上。

步骤 1 在 Dreamweaver CS6 的工作环境中，选择“文件”→“打开”命令，打开位于站点“yjzjxt”下的网页文件 add. jsp，并切换到代码视图，效果如图 4-3 所示，可以看到本网页目前没有应用任何外部链接的 CSS 样式。

图 4-3 代码视图下的网页文件 add. jsp

这时按 <F12> 键浏览网页 add. jsp，效果如图 4-4 所示。

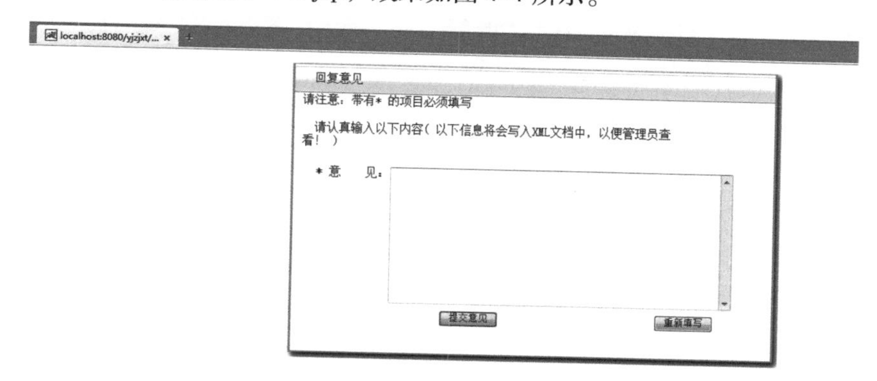

图 4-4 未添加外部链接 CSS 样式的网页浏览效果

步骤 2 在网页 add. jsp 源代码的 <head>… </head> 标签对内，添加如下代码：

```
<link rel = "stylesheet" href = "../css/add.css" > </link >
```

本句代码的含义是将当前页面 add. jsp 链接一个位于当前站点“yjzjxt”所在文件夹路径下的位于“css”文件夹中的外部样式表文档 add. css。

步骤 3 保存当前对网页 add. jsp 源代码的修改，并按 <F5> 键对当前的站点内容进行刷新，可以发现在 Dreamweaver 环境中原来的网页源代码标签旁出现了新的表示外部链接的文档 add. css 的标签，效果如图 4-5 所示。

图 4-5　已链接外部 CSS 文档的网页 add.jsp 代码情况

这时如果用户单击该外部链接的文档 add.css 的标签，即可在 Dreamweaver 中切换到可以编辑该 CSS 文档的代码视图下。

步骤 4 再次按 <F12> 键浏览网页 add.jsp，设置完外部链接 CSS 样式后的效果如图 4-6 所示。

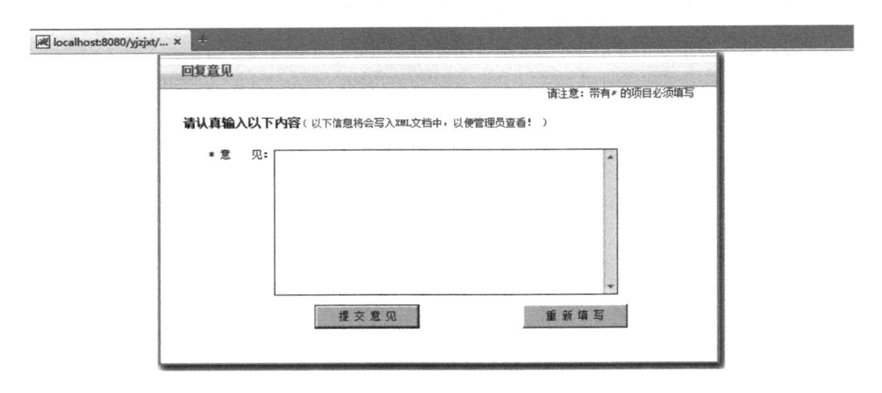

图 4-6　添加完外部链接 CSS 样式文档后的网页浏览效果

知识点详解

CSS 语句是内嵌在 HTML 文档内部的，因此编写 CSS 的方法和编写 HTML 文档的方法是一样的。事实上，CSS 样式中有多种方法来规定具体样式的信息，实际中使用较多的就是如下 3 种方式，而这 3 种表述方式所体现的正是 3 种在 HTML 代码中链接 CSS 的方法，即将 CSS 文档添加到 HTML 文档中的 3 种方法，下面对这些表达方法进行详细的介绍。

第 1 种方法：将 CSS 样式表写在 HTML 文档的代码行中，例如：

```
<p style = "color:red; font - size:12px;" >大家好 </p >
```

这里使用< style ="…" >的格式，把样式写在 HTML 文档中的任意行内，方便灵活，且在代码执行时也具有最高的优先权。

第 2 种方法，将 CSS 样式表写在<head>标签内部，基本格式如下：

```
<style type = "text/css" >css 代码</style>
```

其中，<style>标签中的"type = " text/css""的意思是该标签中的代码是定义样式表单的。在本书的意见征集系统这个实例中，就可以看到这种 CSS 样式的表述方式，如在系统中的 index. html 页面中就有这样一段代码：

```
<style type = "text/css" >
<!--
.style6 {
    color:#990000;
    font-weight:bold;
}
body {
    background-color:#66FF99;
}
.style8 {
    font-size:36px;
    font-weight:bold;
}
-->
</style>
```

本段代码虽然涉及 HTML 中注释和 CSS 的类选择器的使用，但主体上还是内部样式表的应用格式。

第 3 种方法，将编辑好的 CSS 文档保存成扩展名为. css 的文件，然后在网页源代码的<head>…</head>标签对中进行定义，其格式如下：

```
<head><link rel = "stylesheet"  href = "style.css " >…</head>
```

这里采用了一个<link>标签，"rel = stylesheet"指其链接的元素是一个样式表文档，一般情况下对于这个名称是不用修改的。而后面的"href = " style. css ""指的是需要链接的 CSS 文件名，只需把编辑好的. css 文件的详细路径名加到这个文件名前面就可以了，本方法比较适用于定义多个网页文档的样式。

在本书中意见征集系统的实例中，也多次应用到了这里介绍的第 3 种方式，即链接外部样式表的方式来定义样式。例如，在本任务实例中的网页 add. jsp 就是外部链接样式表的典型应用实例。

从以上的应用中可以看到，外部样式表是当前在 HTML 文档中链接 CSS 的一项很常用的技术，既有利于用户将网页的内容设置与格式修改分离开来，单独进行操作，又使用户对样式的定义变得更加方便快捷、清晰明了。因此，这种方式在实践应用中广受欢迎。

任务二 CSS 样式

CSS 样式是用来定义网页中字体、颜色、边距和字间距等属性的，可以通过多种方法来应用 CSS 样式对这些属性进行设置。在本任务中将具体学习对各类属性的设置方法。

子任务 1 CSS 背景

【案例】 应用 CSS 样式对意见征集系统的登录页面设置恰当的背景颜色。

步骤 1 在浏览器中预览意见征集系统的登录页面 index. html 的初始背景，效果如图 4-7 所示。

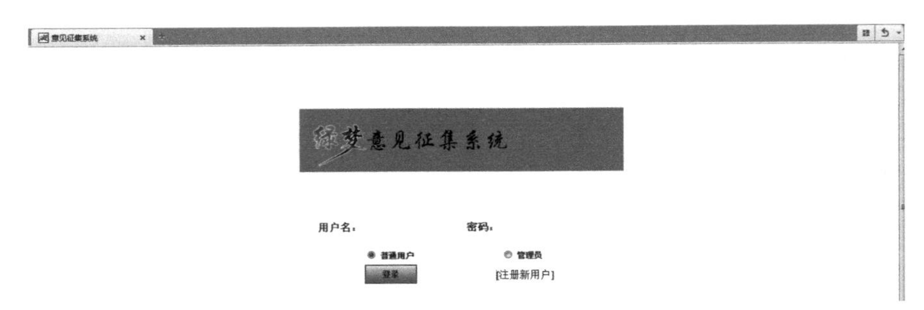

图 4-7 登录页面初始背景效果

步骤 2 观察图 4-7 可知，登录网页的背景中除有一张标题图片（“绿梦征集系统”标题所在图片）外，整个页面的底色均为白色，过于单调，主题不鲜明，故此处设想为其添加与标题图片相同的浅绿色背景，以增加美观度。在 Dreamweaver 的工作环境中，选择“文件”→”打开“命令，打开登录页面 index. html，并且转换到拆分视图下，确定该页面的 CSS 样式的引用方式，如图 4-8 所示。

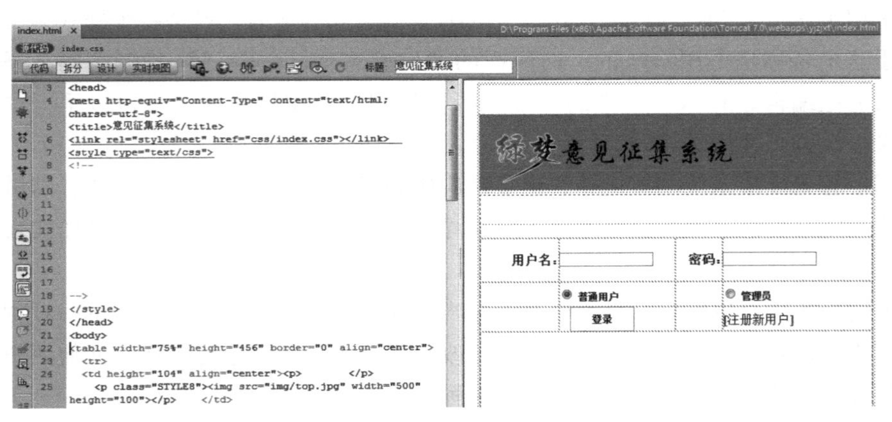

图 4-8 确定登录页面的 CSS 引用方式

步骤 3 分析登录页面源代码可知，此处设计者采用了外部和内联两种引用 CSS 的方式，为提高执行效率，此处考虑直接在 <head> 标签中添加一段对背景控制的 CSS 样式代码。由于是对背景颜色的设置，因此这里应用了 body 元素和背景颜色属性 background-color，其属性值#66FF99 为浅绿色的十六进制表示形式，具体代码添加情况如图 4-9 所示。

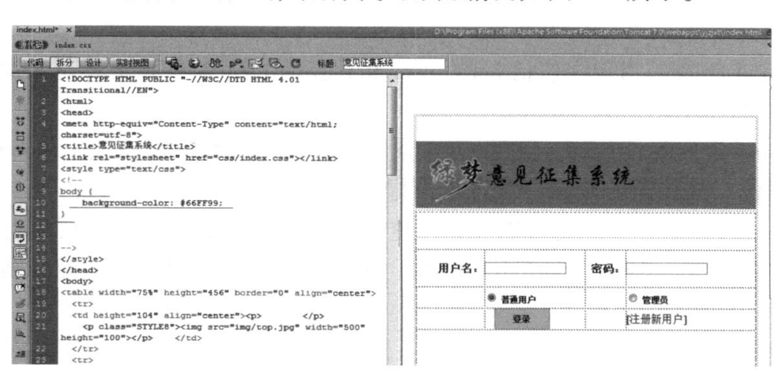

图 4-9　添加 CSS 代码控制网页背景颜色

步骤 4 保存对网页源代码的修改结果，在 Dreamweaver 的工作环境中可观察到此时登录页面 index. html 的背景效果已经发生了变化，如图 4-10 所示。

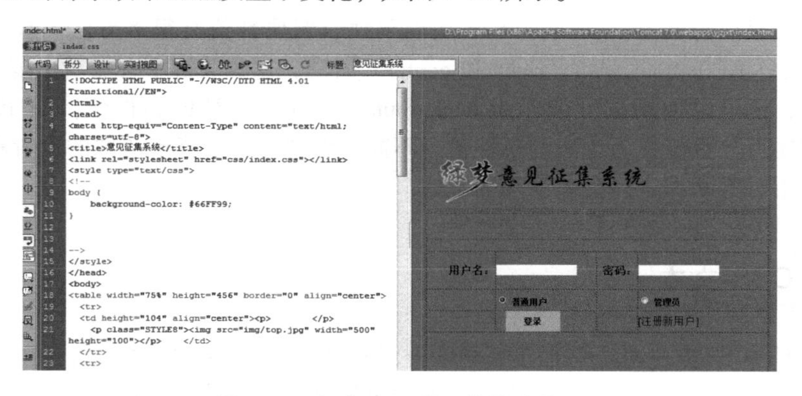

图 4-10　保存 CSS 代码的修改结果

步骤 5 按 <F12> 键预览修改背景颜色后的意见征集系统的登录页面，效果如图 4-11 所示。通过观察可知，此处使用的背景颜色与标题图片颜色完全相符，恰当地突出了登录页面上的用户名和密码等主要内容。

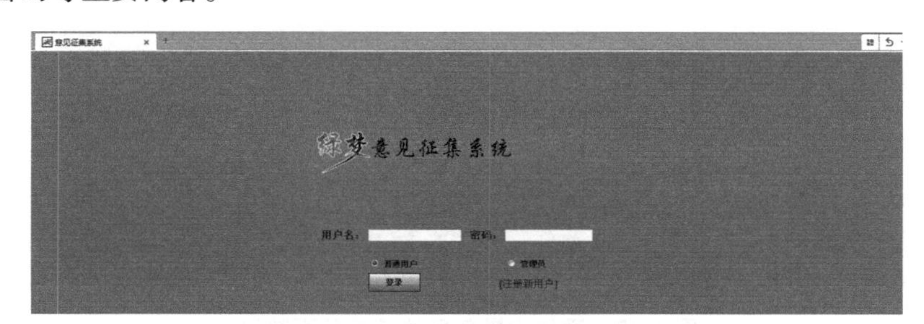

图 4-11　修改背景颜色后的网页预览效果

知识点详解

CSS 样式的背景属性的设置作用主要是在网页元素的后面加上固定的背景色或图像，也就是说 CSS 中既允许应用纯色作为背景，也允许使用背景图像创建比较复杂的效果。下面简要介绍 CSS 的 6 种背景属性。

1）background-color：用于为包括 body、em 和 a 在内的所有网页元素设置背景颜色，则这个属性接受任何合法的颜色值。

2）background-image：用于为元素设置背景图像，这个属性的默认值是 none，表示背景上没有放置任何图像。如果需要设置一个背景图像，则必须为这个属性设置一个 URL 值。

3）background-repeat：确定是否以及如何重复背景图像，如果需要在页面上对背景图像进行水平和垂直方向平铺，则可直接使用该属性，如果只是一个方向上的平铺，则需具体指定该属性的值为 repeat-x 或 repeat-y。

4）background-attachment：背景关联属性，用于确定背景图像是固定在其原始位置还是随内容一起滚动。如果要防止背景图像跟随被浏览文档的一起滚动，则需要将该属性的值设为 fixed。

5）background-position（X）：用于设置背景图像与页面水平垂直。

6）background-position（Y）：用于设置背景图像与页面中心垂直。

事实上，如果仅为 background-position 属性单独设置属性值有很多方法。首先，可以使用一些关键字，如 top、bottom、left、right 和 center。通常，这些关键字会成对出现，不过也不总是这样。另外，还可以使用长度值作为 background-position 属性的属性值，如 100px 或 5cm，最后也可以使用百分数值作为合法的属性值，不同类型的值对于背景图像的放置稍有差异，这需要读者在使用时不断摸索体会才能准确掌握。

子任务 2　CSS 文本

【案例】 应用 CSS 方法对意见征集系统的登录页面上的文字内容“注册新用户”设置清晰醒目的文本样式，具体要求是为文本内容设置加粗效果、与背景相配的明晰的颜色和 1 个像素宽度的字间距离。

步骤 1 按 <F12> 键在浏览器中预览意见征集系统的登录页面，效果如图 4-12 所示，结合题目要求确定当前需要给目标文本定义的具体样式规则。

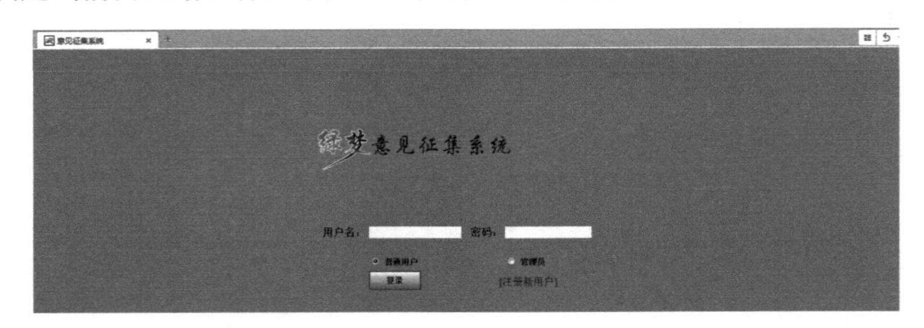

图 4-12　添加背景色后的登录负面效果

步骤 2 依据对意见征集系统登录页面的初始功能设计情况可知，网页中文本内容“注册新用户”将与另一个用户登记网页相链接，同时结合当前整个网页的背景颜色调整情况，可暂定将文本“注册新用户”设置为深红色，同时结合题目中加粗和字间距的综合样式效果，应该能够使用户对该文字内容有清晰醒目的感觉，以最终方便他们使用。如果这些样式的最终效果在完成后仍然有不恰当之处，则还可以继续修改。

步骤 3 在 Dreamweaver 的工作环境中，选择“文件”→“打开”命令，打开意见征集系统的登录页面 index. html，并转换到拆分视图下，根据在上个任务中的分析结果，本页面采用的两种连接 CSS 样式的方式，为优化页面运行效率考虑，此处仍考虑采用内联的方式，直接在 <head>…</head> 标签对中添加样式控制内容，且应用了类选择器的方式以增加这段文本样式的通用性，具体的 CSS 样式代码如下：

```
.style6 {
    color:#990000;
    font-weight:bold;                          【1】
    letter-spacing:1px;                        【2】
}                                              【3】
```

代码详解

【1】使用 color 属性设置文本颜色为深红色，#990000 为该种颜色的十六进制表示。

【2】应用 font-weight 属性将目标文本设置为加粗效果。

【3】使用 letter-spacing 属性将文本的字间距设置为 1 像素宽。

步骤 4 将以上代码添加到网页 index. html 的源代码中，并保存这些修改，效果如图 4-13 所示。

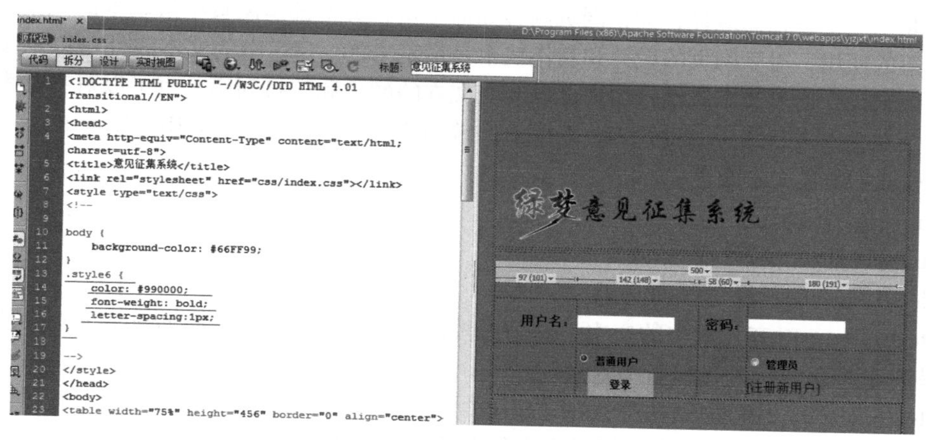

图 4-13　在网页源代码中添加样式控制内容

步骤 5 在登录页面的 <body>…</body> 标签对中找到文本“注册新用户”所在的部分，添加对类 style6 的引用（图 4-13 中横线所示代码），使以上定义的样式规则发挥出作用。保存这些对源代码的修改，可以看到在 Dreamweaver 环境中的拆分视图下，网页中文本“注册新用户”的格式发生了变化，效果如图 4-14 所示。

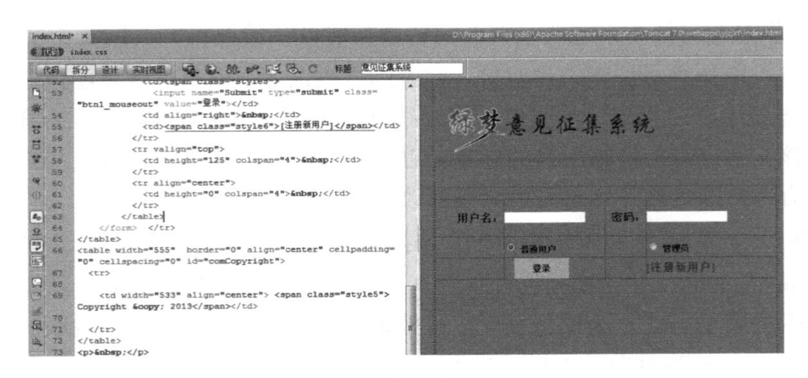

图 4-14　源代码中引用类 style6 后的页面效果

步骤 6 按 <F12> 键，预览修改文本“注册新用户”样式后的网页，效果如图 4-15 所示。

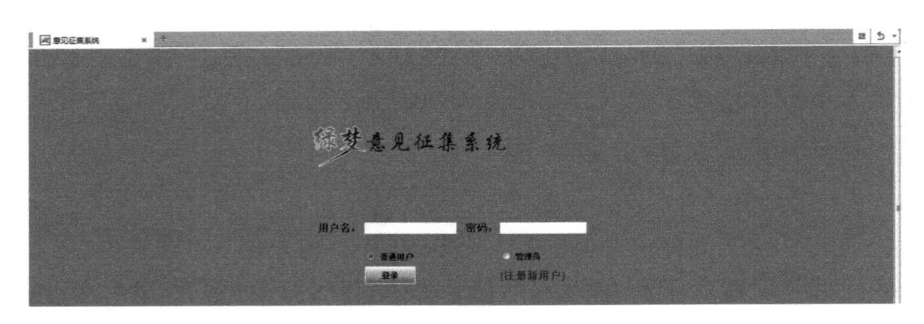

图 4-15　修改文本“注册新用户”样式后的网页效果预览

知识点详解

文本是最基本的信息载体，无论网页内容如何丰富，文本都是网页中最基本的元素。掌握好文本和段落的使用，对于网页的设计和制作技术是最基本的。CSS 中的文本属性可以定义文本的外观。具体来说，通过文本属性，用户可以改变文本的颜色和字符间距，也可以对齐文本、装饰文本，以及对文本进行缩进的设置等。下面给出常用的文本设置属性及应用的注意事项。

1） color：设置文本颜色。

2） direction：设置文本方向。

3） line-height：设置行高。

4） letter-spacing：设置字符间距。

5） text-align：对齐元素中的文本，这个属性的元素值 left、right 和 center 分别会使元素中的文本呈现左对齐、右对齐和居中效果。

6） text-decoration：向文本中添加修饰。

7） text-indent：可以使所有块级元素中的首行缩进一个给定的长度。

8） text-shadow：设置文本阴影。在 CSS 2 中包含该属性，但在 CSS 2.1 中没有保留该属性。

9） text-transform：制元素中的字母。

10） unicode-bidi：设置文本方向。

11） white-space：设置元素中空白的处理方式。

12） word-spacing：设置词间距。

子任务3 CSS 链接

【案例】 在意见征集系统的议题列表发布页面中使用超链接样式的伪类元素的方法设置议题留言中的议题名称的超链接样式内容。

步骤1 在 Dreamweaver 的工作环境中，打开意见征集系统的议题列表发布页面yiti_list. jsp 的源代码，如图 4-16 所示，可确定该页面使用的内部引用的方式来设置 CSS 样式。

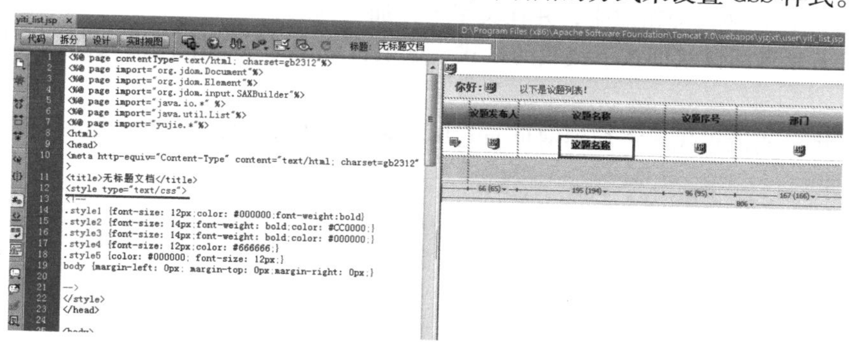

图 4-16　未添加超链接样式的原网页

步骤2 分析样式设计需求。观察图 4-16 可知，当前拆分视图右侧网页内容中的被标示出的文字内容“议题名称”是已发布议题的名称内容罗列，同时其也被网站设计人员设置成了一个超链接的项目，如果用户单击该内容则显示议题内容的页面yiti_dital. jsp。依据此处网页设计的需求，需对该处的超链接设置一系列的样式，以方便用户使用这个超链接。CSS 提供了 4 种 a 对象的伪类元素来表示链接的 4 种不同状态，分别是 link、visited、active 和 hover，故此处需要分别对它们进行设置，以控制超链接的样式。

步骤3 在议题列表发布页面yiti_list. jsp的源代码的 <head> … </head> 标签对中，输入如下代码，以增加本网页中的超链接样式控制。

```
a:link {
        color:#000000;                                    【1】
        text - decoration:none;
}
a:visited {
        color:#000000;                                    【2】
        text - decoration:none;
}
a:hover {
        color:#A72626;                                    【3】
        text - decoration:underline;
        font - weight:bold;
}
a:active {
        color:#000000;                                    【4】
        text - decoration:none;
}
```

代码详解

【1】link 是对未访问的超链接文字格式的初始化设置，这里定义链接文字的颜色为黑色，且将链接文字的下画线设置为无。

【2】visited 为已访问的链接格式，根据此处的需求，将已访问格式与未访问时的格式设置为相同格式。

【3】hover 为鼠标停留在链接文字上的状态，这里定义当鼠标移动到链接文字上时其颜色由黑色变为棕红色，转为加粗效果，并在文字下方加下画线。

【4】active 是激活链接即按下链接的格式，这里将单击链接的字体格式恢复为黑色和不加下画线。

步骤 4 将样式设置代码添加到网页 yiti_list. jsp 的源代码中，保存样式的修改，初步效果如图 4-17 所示。

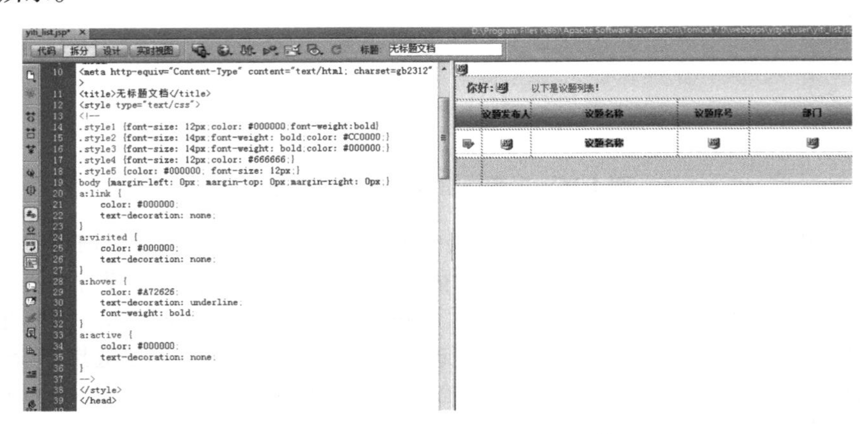

图 4-17　添加超链接样式控制代码情况

步骤 5 按 < F12 > 键，预览议题列表页面，效果如图 4-18 所示。鼠标滑过链接文字后的网页效果如图 4-19 所示。

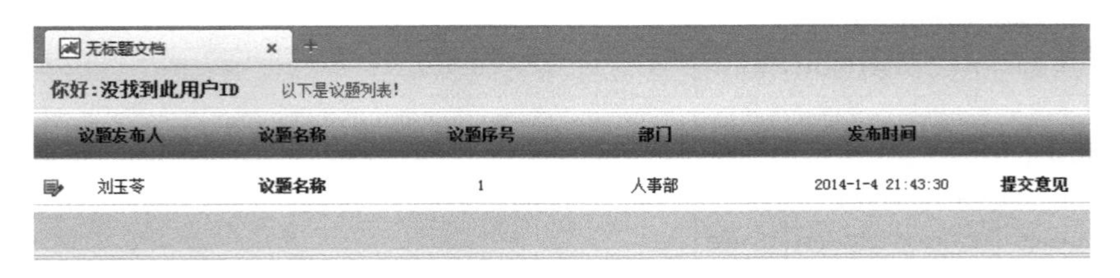

图 4-18　添加超链接样式后的网页浏览效果

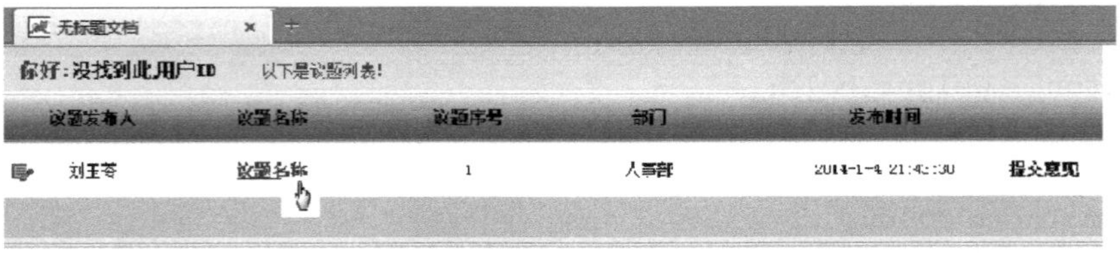

图 4-19　鼠标滑过链接文字后的网页效果

通过对比观察以上的两张网页效果图可知，当鼠标移动到链接文字上方时，其格式发生了变化，且变化后的样式与之前在对 hover 中所做的定义完全相同，这表明代码中超链接的样式定义是完全有效的。

知识点详解

超链接是构成网页内容的重要组成部分，当前在众多的网页设计效果中都对所制作的目标网页应用了丰富多样的超链接样式效果。通过对之前模块内容的学习，读者已经对如何在 HTML 文件中建立超级链接有了初步的学习和掌握，下面重点对超链接的样式设置做介绍。

在 CSS 中允许用户以不同的方法为网页中的链接内容设置样式，即在 CSS 中能够被用于设置链接样式的属性有很多种，如 color、font-family、background、text-decoration 等。此外，CSS 的链接样式设置的特殊性就在于其可以根据当前链接内容所处于的被访问状态来给它们设计不同的样式。为了更好地表现这些访问状态，CSS 提供了 4 种针对链接对象，即 a 对象的伪类来表示它们。用户在使用时，可分别对这 4 种状态进行样式的定义，就完成了对超链接样式的控制。

1）a：link——普通的、未被访问的链接。

2）a：visited——用户已访问的链接。

3）a：hover——鼠标指针位于链接的上方。

4）a：active——链接被单击的时刻。

通常在设置超链接样式时，都会使被设置元素的这 4 种超链接状态发生样式的改变以达到突出链接效果的目的，而访问网站的人也可以通过链接内容的颜色或其他样式属性的变化来直观地了解自己访问当前网站链接内容的情况。需要注意的是，用户为超链接的这 4 种不同状态设置样式时，要按照一定的次序规则：a：hover 必须位于 a：link 和 a：visited 之后，而 a：active 必须位于 a：hover 之后。以下的实例说明了这里所描述的正确设置顺序：

```
a:link {color:#FF0000;}  /* 未被访问的链接 */
a:visited {color:#00FF00;}  /* 已被访问的链接 */
a:hover {color:#FF00FF;}  /* 鼠标指针移动到链接上 */
a:active {color:#0000FF;}  /* 链接被鼠标指针单击时 */
```

不少读者可能已经了解到，在 CSS 中超链接与伪元素是两个不同的知识点，但在本任务题目的描述中似乎又对二者进行了统一，那么这里是否存在问题呢？请读者学习了有关 CSS 伪元素的知识后再做判断。

CSS 中的伪元素是用于向某些选择器设置特殊效果的一种应用，其基本语法结构如下：

```
选择器:伪元素名 {属性:属性值;}
```

另外，伪元素还可以与 CSS 的类选择器共同使用，规则如下：

```
选择器.类名:伪元素名 {属性:属性值;}
```

下面简要介绍几种伪元素的使用方法和注意事项供读者参考。

1. 伪元素 first-line

first-line 伪元素通常用于向文本的首行设置特殊样式，且该伪元素仅应用于块级元素，以下是一个小实例，读者可参照应用：

```
p:first-line{
    color:#ff0000;
    font-variant:small-caps;
}
```

在上面的例子中，浏览器会根据 first-line 伪元素中的样式对 p 元素的第一行文本进行相应的格式化设置。

注意事项

first-line 伪元素可应用于以下属性：

- font
- color
- background
- word-spacing
- letter-spacing
- text-decoration
- vertical-align
- text-transform
- line-height
- clear

2. 伪元素 first-letter

first-letter 伪元素用于向文本的首字母设置特殊样式，且该伪元素也是仅应用于块级元素。以下属性可应用 first-letter 伪元素：

- font
- color
- background
- margin
- padding
- border
- text-decoration
- vertical-align（仅当 float 为 none 时）
- text-transform
- line-height
- float
- clear

3. 伪元素 before

使用在 CSS 2 中增加的伪元素 before 可以在网页元素的内容前面插入新的内容。下面的例子实现了在每个 <h1> 元素前面插入一幅图片 logo. gif 的功能。

```
h1:before
{ content:url(logo.gif); }
```

4. 伪元素 after

使用同样是在 CSS 2 中增加的伪元素 after 可以在网页元素的内容之后插入新内容。下面的例子是在每个 <h1> 元素后面插入一幅图片 logo. gif，读者可以自行实践验证一下本段代码的作用。

```
h1:after{
    content:url(logo.gif);
}
```

事实上有关伪元素的应用方式还有很多，如其与类的联合应用，又如可以对同一个符合条件的选择器应用多种伪元素。另外，通过以上有关伪元素知识的学习，读者可以发现，对于超链接 a 对象而言，其 4 种状态的样式定义本身就是一种对伪类元素的应用，因此在本任务的题目中对超链接伪类元素的相关描述是正确的。

子任务 4 CSS 列表

【案例】 新建一个静态网页，文件名为 li3-4. html，具体要求如下：

1）输入文本“本店饮品单”，设置其格式为“标题 1”，并居中对齐。

2）分别输入文本“咖啡”“茶”“可口可乐”作为列表的 3 个项目内容。

3）要求应用 CSS 样式将以上的项目列表的标志设置为正方形前导符号。

步骤 1 启动 Dreamwearver，选择“文件”→“新建”命令，新建网页文档，在文档窗口中分别输入题目要求的文字，并为文本“本店饮品单”设置级别为 h1 的居中标题格式，效果如图 4-20 所示。

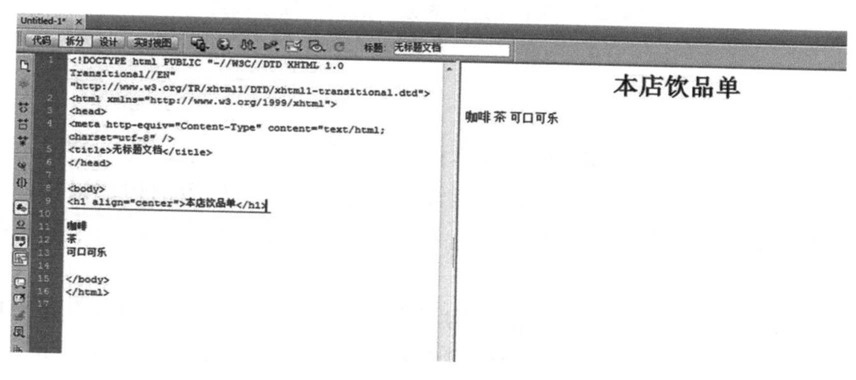

图 4-20 输入网页上文本内容并添加标题格式

步骤 2 使用内联式的样式控制方法，将网页中的元素 ul 的列表项标志类型定义为正方形，具体代码如下：

```
<style type="text/css">
<!--
ul{
    list-style-type:square;}
-->
</style>
```

步骤 3 将以上的样式代码添加到 <head>… </head> 标签对中，并把列表格式应用到网页中的各个饮品内容上，同时保存对网页源代码的修改，具体添加情况如图 4-21 所示。

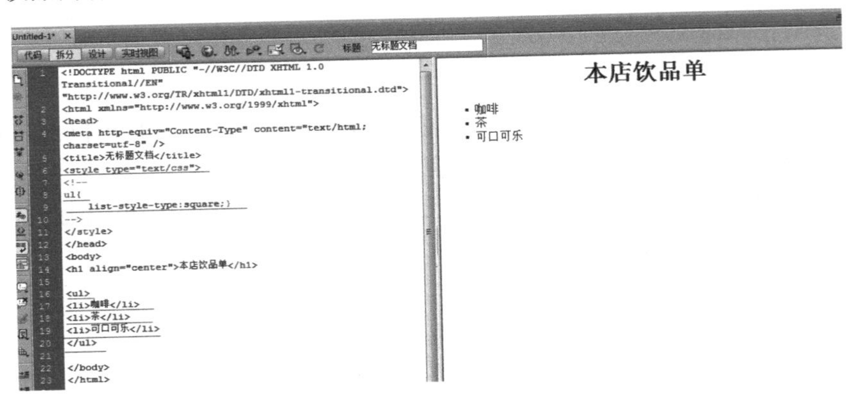

图 4-21 应用网页列表项的样式控制到列表内容上

步骤 4 按 <F12> 键，在浏览器中预览当前网页的效果，注意观察项目内容即饮品名称前面的标志是否符合题目的要求，如图 4-22 所示。

图 4-22 添加预定列表效果的网页效果预览

知识点详解

从某种意义上讲，所有不是描述性的文本内容都可以认为是列表。通常情况下，可以将列表分为两种：项目列表和编号列表。项目列表没有顺序，每一项内容前边都以相同的前导符号显示，而编号列表的前面则每一项都有序号引导，具体使用哪一种类型的列表要根据实际情况而定。

采用项目列表时，在所有项目内容前后均需要用到标签 <ul> 和 </ul>，而采用编号列表则需要使用标签 <ol> 和 </ol>，而每个项目内容前需要用到标签 <li> 和 </li>。另外，还可以使用 Dreamweaver 环境中属性面板上面的项目列表按钮和标号列表按钮来对相应网页文本内容的列表类型进行设置。

需要说明的是，CSS 中的列表属性允许用户放置、改变列表项标志，或将图像作为列表项标志。例如，在一个无序列表中，列表项的标志（marker）是出现在各列表项旁边的符号，用户可以将默认的圆点格式设置为其他允许的符号形式。另外，在有序列表中，标志可以被设置为字母、数字或另外某种计数体系中的一个符号。下面将CSS列表中的具体属性总结一下，供大家参考。

1）list-style-image：将图像设置为列表项标志，其属性值为图像的URL值。

2）list-style-position：设置列表中列表项标志的位置，在CSS 2.1中可以确定标志出现在列表项内容之外还是内容内部。

3）list-style-type：设置列表项标志的类型，是最影响列表样式的属性，有4个常用的属性值，即disc、circle、square和none。

4）list-style：列表样式的简写属性，用于将以上的列表图像、位置和标志类型的属性设置在一个声明中。

子任务5 CSS表格

【案例】 以子任务4中完成的网页li3-4.html内容为主体，在该网页中使用表格的方式重新布局原有的列表内容，并将该网页重命名为li2-5.html，具体要求如下：

1）创建一个两行两列的表格，将该表格的宽度设置为整个网页宽度的75%，高度设置为456像素，为居中显示，并将原网页li3-4.html中的标题和列表内容分别放置在表格第二列的第一和第二个单元格中。

2）设置表格中第一行的单元格高度为80像素，且文本对齐格式分别为居左和居右，设置表格第二行中第一个和第二个单元格的宽度分别为整个表格宽度的5%和70%，而高度均为104像素。

3）设置表格为青蓝色背景，该颜色的十六进制参考值为#33C6A5。

4）设置整个表格的边框为红色的加粗实线。

5）调整表格中单元格边框间距为0，以完善表格的展示效果。

步骤1 在Dreamweaver中，选择“文件”→“新建”命令，新建一个网页文档，并将其保存为li2-5.html。打开代码视图，将光标定位在<body>标签中，添加如下代码，以创建一个两行两列的表格。需要注意的是，这里也可以使用命令“插入”→“表格”的方式创建表格。

```
<table align="center">
<tr>
<td  height="80" align="left">
</td>
<td height="80" align="center">
</td>
</tr>
<tr>
<td width="5%" height="104" align="left">
</td>
<td width="70%" height="104" align="left">
</td>
</tr>
</table>
```

步骤 2 选择“文件”→“打开”命令，打开静态网页 li3-4. html，并将该网页中的主体内容放置到网页 li2-5. html 中表格的相应单元格中。具体方法是：将原网页 li3-4. html 代码中标签 <h1> 和 <ul> 中的内容分别复制到网页 li2-5. html 中表格第二列的两个单元格的代码中，添加情况如图 4-23 所示。

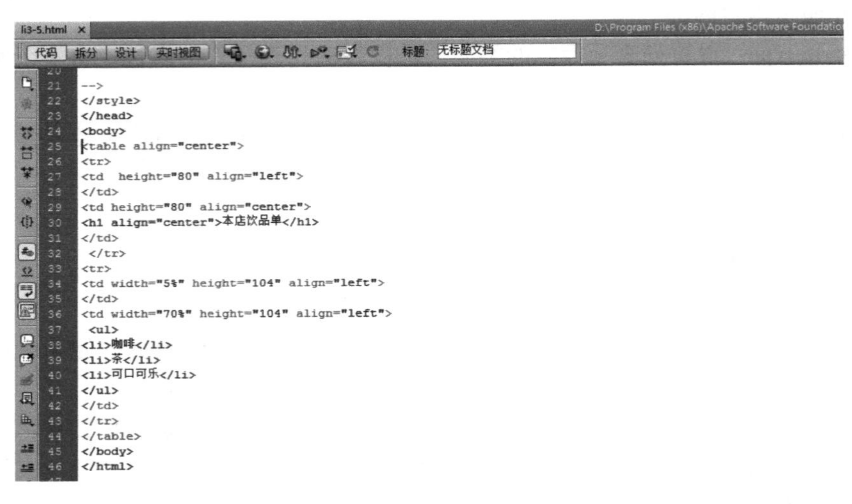

图 4-23　完善主体表格的基本内容

步骤 3 继续在网页 li2-5. html 中的 <style> 标签中添加以下的两段 CSS 样式控制代码，它们分别实现的是对网页 li2-5. html 中无序列表和表格的样式控制。这里对无序列表的样式控制与在 li2-5. html 中的设置是完全相同的，故不再做说明。

```
ul{
    list-style-type:square;
    list-style-position:outside
}
table{
    width:75%;                                  【1】
    height:456px;                               【2】
    border:red solid thick;                     【3】
    border-spacing:0px;                         【4】
    background-color:#33C6A5;                   【5】
}
```

代码详解

【1】应用 width 属性设置表格宽度的百分比值为 75%。
【2】设置表格高度为 456 像素。
【3】应用表格边框属性 border，设置表格边框样式为红色、加粗和实线形式。
【4】设置表格中单元格边框间距为 0。
【5】设置表格背景色为青蓝色，该颜色的十六进制值为#33C6A5。

步骤 4 在 Dreamweaver 中，保存当前对代码的修改，切换到拆分视图，对之前所做的 CSS 样式修改情况进行查看，经比对其与题目中要求的样式效果没有差异，效果如图 4-24 所示。

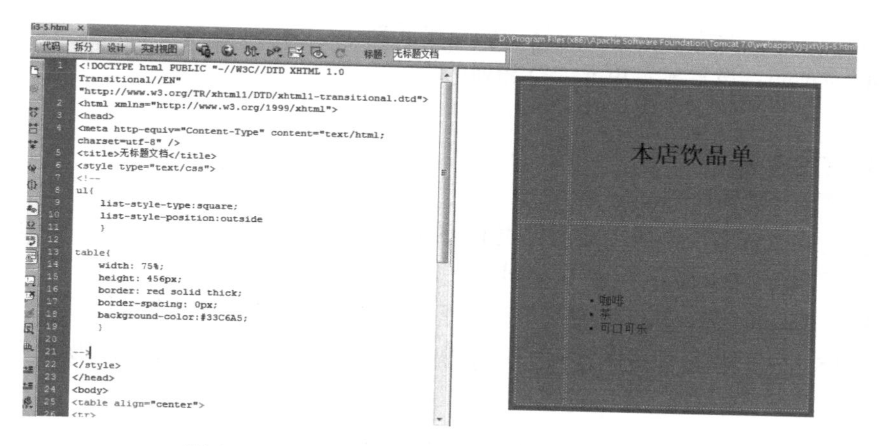

图 4-24 查看对网页 li2-5. html 的样式修改效果

步骤 5 按 <F12> 键预览网页 li2-5. html，效果如图 4-25 所示。

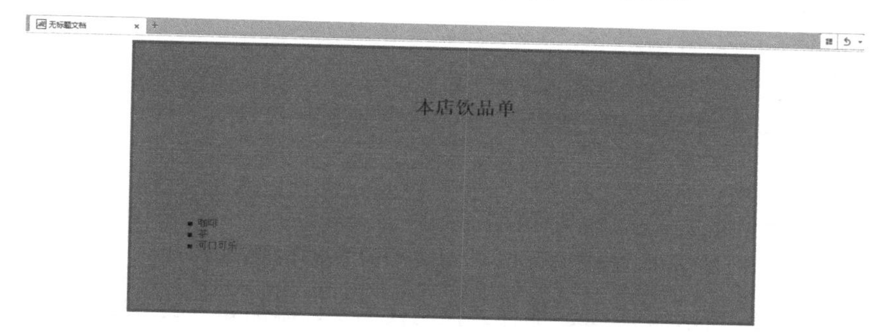

图 4-25 预览网页 li2-5. html 的最终样式效果

知识点详解

正如读者在模块三中所学习到的那样，表格是传统网页布局的重要手段之一，因此在 CSS 中也非常重视对表格样式的定义。应用 CSS 中的表格属性，用户可以极大地改善网页中表格的外观格式，进而可以使表格在发挥其传统的布局定位作用的同时，也拥有良好的外观样式，增加其应用的灵活性和美观性。以下对几种常用的表格属性进行简单的说明。

1）border：表格边框属性，可以对表格边框的颜色、宽度和线型进行具体的定义。

2）border-collapse：折叠边框属性，设置是否将表格边框折叠为单一边框。

3）width：表格宽度属性，可设置表格宽度为百分比值或像素值。

4）height：表格宽度属性，通常设置为像素值。

5）text-align：设置表格中文本水平方向的对齐方式的属性，可设置如左对齐、右对齐或居中对齐的方式。

6）vertical-align：设置表格中文本垂直方向的对齐方式的属性，可设置如顶部对齐、底部对齐或居中对齐的方式。

7）background-color：设置表格背景颜色的属性，接受各种合法的颜色表示值。

8）border-spacing：设置分隔单元格边框的距离。

9）caption-side：设置表格标题的位置。

10）empty-cells：设置是否显示表格中的空单元格。

11）table-layout：设置显示单元、行和列的算法。

子任务 6　CSS 轮廓

【案例】为在子任务 5 中所完成的网页 li2-5. html 中的表格元素加上一条绿色的虚点型粗轮廓线，并将修改完的网页保存为 li2-6. html。

步骤 1 在 Dreamweaver 的工作环境中，选择“文件”→“打开”命令，打开在子任务 5 中所完成的网页 li2-5. html，切换到代码视图下，查看其在 <style>标签下的样式代码情况，如图 4-26 所示。

```
<!DOCTYPE html PUBLIC "-//W3C//DTD XHTML 1.0 Transitional//EN" "http://www.w3.org/TR/xhtml1/DTD/xhtml1-transitional.dtd">
<html xmlns="http://www.w3.org/1999/xhtml">
<head>
<meta http-equiv="Content-Type" content="text/html; charset=utf-8" />
<title>无标题文档</title>
<style type="text/css">
<!--
ul{
    list-style-type:square;
    list-style-position:outside
    }

table{
    width: 75%;
    height: 456px;
    border: red solid thick;
    border-spacing: 0px;
    background-color:#33C6A5;
    }

-->
</style>
</head>
```

图 4-26　查看网页 li2-5. html 中的原有样式控制代码

步骤 2 在图 4-26 所示的原 table 的样式控制代码中，添加如下的 CSS 轮廓样式属性设置代码，以完成在该表格外面添加一条绿色的虚点型粗轮廓线的样式设置目标。

```
outline:#00ff00 dotted thick;
```

步骤 3 对修改过样式代码的网页选择“文件”→“ 另存为”命令，保存为一个新的网页文件 li2-6. html，此时切换到拆分视图下，查看刚刚做过的样式修改效果，检查其与题目中要求的轮廓效果是否一致，如图 4-27 所示。

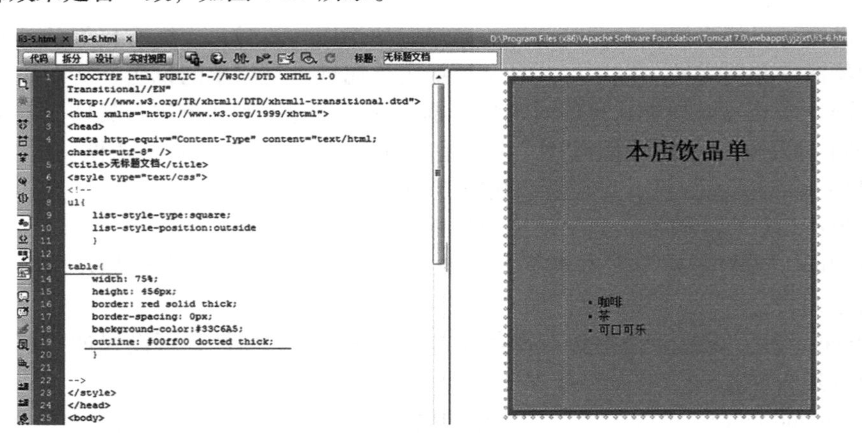

图 4-27　保存新增的轮廓样式到 li2-6. html 中

步骤 4 按 <F12> 键，预览修改轮廓样式后的网页 li2-6. html，经查看这里的轮廓线样式与题目中要求的格式是一致的，如图 4-28 所示。

图 4-28 添加轮廓样式后的网页预览效果

知识点详解

轮廓（outline）指的是绘制于网页元素周围的一条线，它位于元素边框边缘的外围，可以起到突出元素的作用。具体来说，CSS 中的 outline 属性可用于规定元素轮廓的样式、颜色和宽度等格式内容，因此对 CSS 轮廓的样式设置可与该网页元素的其他样式设置一起进行。下面简要列出 CSS 轮廓的属性内容以及该属性的作用。

1） outline：在一个声明中设置所有包括颜色、样式和宽度在内的轮廓属性。
2） outline-color：用于单独设置轮廓颜色的属性。
3） outline-style：用于单独设置轮廓样式的属性。
4） outline-width：用于单独设置轮廓宽度的属性。

任务三 CSS 选择器

正如前文所述，选择器是 CSS 基本语法结构中的重要组成部分，用户要使用 CSS 对 HTML 页面中的各类元素实现一对一或一对多的样式控制就要依靠选择器，也就是说，HTML 页面中的元素就是通过 CSS 选择器来进行控制的。在 CSS 1.0 ~ CSS 3.0 中都提供了种类非常丰富的选择器，但由于某些选择器被不同浏览器所支持的情况不同，因此有不少选择器在实际的 CSS 开发中是很少应用的。这里选择了几种较常用的且被广泛支持的选择器，结合本书实例应用做简单的介绍，希望读者能够通过这部分知识的学习，掌握 CSS 选择器的基本使用方法，为今后的应用打下良好的基础。

子任务 1 CSS 类选择器

【案例】 在意见征集系统登录页面的外部链接样式表文件中，使用 CSS 类选择器的方式为用户类型选择项设计恰当的样式。

步骤 1 观察图 4-29 可知，该页面中的登录用户类型选项的内容共有两项，即普通用户和管理员，因此确定当前要创建样式的施加对象即为该两项字体内容。

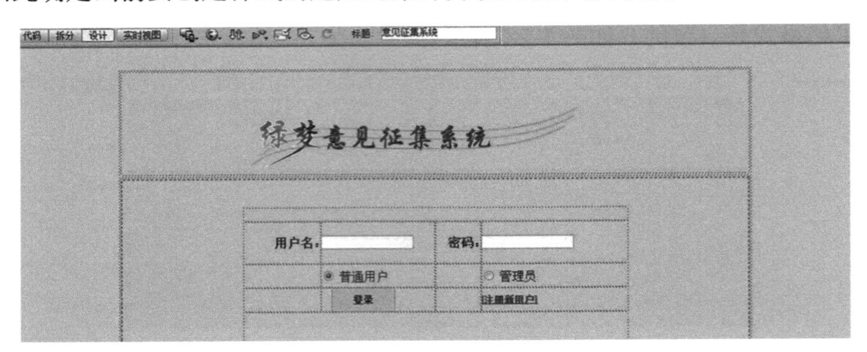

图 4-29　意见征集系统登录界面

步骤 2 在 Dreamweaver 的环境中，首先由上步的设计视图切换到拆分视图，由于该页面的 CSS 样式设置使用的是链接外部文档 index. css 的方式，因此可以在源代码标签后同时看到 CSS 文档 index. css 的标签，选定该标签，查看其中的 CSS 规则，如图 4-30 所示。

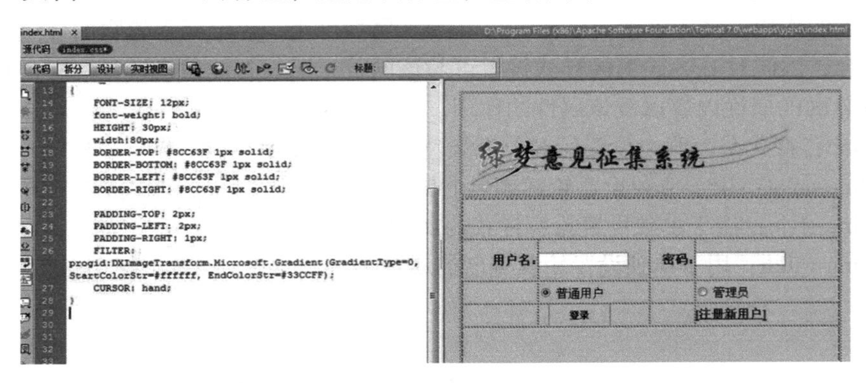

图 4-30　外部 CSS 文档效果

步骤 3 在当前环境下的外部样式表文档 index. css 中添加如下的样式规则代码：

```
.style4{                                   【1】
    color:#000000;                         【2】
    font-weight:bold;                      【3】
    font-size:12px;                        【4】
}
```

代码详解

【1】类选择器的声明。本句代码的含义是定义一个名称为 style4 的类选择器，详细的类选择器声明规则请参照后续的知识点详解部分。

【2】定义本样式的文字颜色属性值为黑色。

【3】定义本样式的文字具有加粗效果。

【4】定义本样式的文字大小属性值为 12 像素。

步骤 4 在 Dreamweaver 的环境中，选定“源代码”标签，在网页 index. html 代码中的恰当位置处分别添加如下两段代码，以应用在上个步骤中定义好的类 style4 中的样式规则。

```
<span class = "style4" >普通用户</span>
<span class = "style4" >管理员</span>
```

具体添加代码情况如图 4-31 所示。

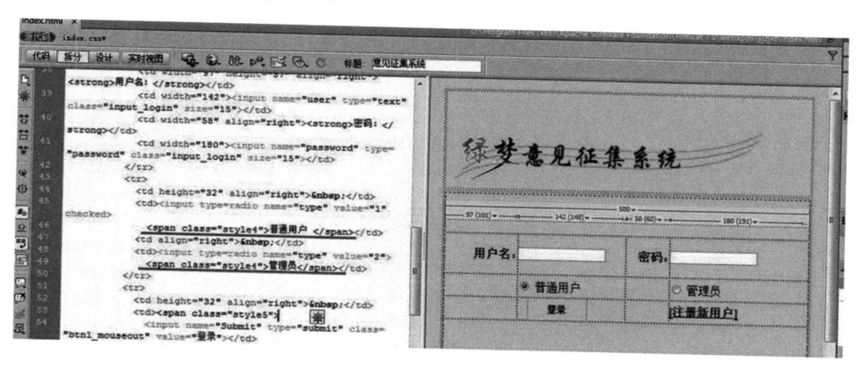

图 4-31　添加代码情况

步骤 5 保存当前对样式和 HTML 代码的修改结果，按 <F12> 键预览网页 index. html 的设计效果，如图 4-32 所示。

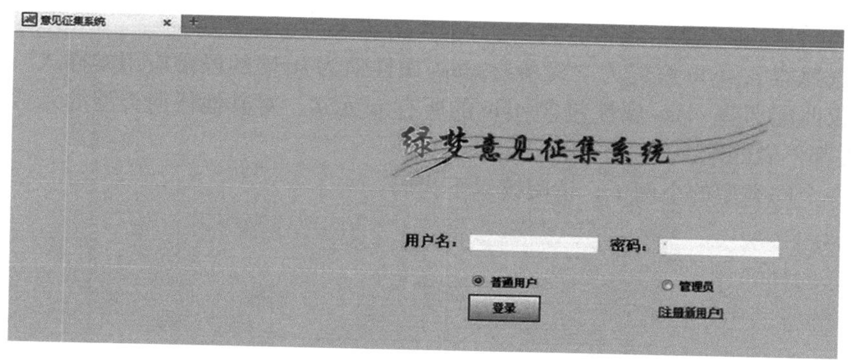

图 4-32　应用样式 style4 后的网页效果

知识点详解

在 CSS 样式中，类选择器是一种以独立于网页文档元素的方式来指定样式的选择器。该种选择器可以单独使用，也可以与其他元素结合使用。如果用户仅仅希望应用一种样式而不需要具体考虑所应用的元素时，则最常用的方法就是使用类选择器。但需要注意的是，只有适当地标记 HTML 文档后，才能使用 CSS 的类选择器，因此使用类选择器前通常需要先做一些提前的设计和构想。下面给出 CSS 类选择器的基本语法格式：

```
.类选择器名{
    属性名:属性值;
    …
}
```

以上语法结构中的类选择器名通常简称为类名，而在类名前需要加一个点（.），在后面的大括号中要包括样式设定所具体包括的属性和属性值。举个简单的例子，下面是一个类选择器的表述：

```
.style {color:green;}
```

依据对类选择器的基本语法结构的理解，可以知道该实例中的类名是 style，而对所有应用元素的属性及属性值的设置内容也是很清晰的。下面来看这个类选择器在 HTML 代码中的两种应用情况：

```
<h1 class = "style" >
This heading is very important.
</h1 >
<p class = "style" >
This paragraph is very important.
</p >
```

在上面的两段代码中，两个元素的 class 都指定为 style，第一个是标题（ h1 元素），第二个是段落（p 元素）。但它们的样式设置内容是完全相同的，这就是类选择器的直接应用效果。

进一步来说，如果用户此时只希望让段落的内容显示为绿色，则需要结合网页元素标记来使用类选择器，这时可对以上的代码做一些修改：

```
p.style {color:green;}
```

此时，选择器 p. style 解释为“对所有 class 属性值为 style 的段落应用本样式”。也就是说，选择器现在仅匹配那些 class 属性包含 style 的所有 p 元素，对其他任何类型的元素无论是否有此 class 属性都不做匹配。

再来看一个同类型的小例子，请阅读以下代码：

```
td.fancy {
    color:#f60;
    background:#666;
}
<td class = "fancy" >
```

显然，在以上代码中首先应用 CSS 类选择器规则定义了一个类名为 fancy 的类选择器，同时可以看到该定义也是结合了网页元素标签 <td> 的应用，因此该定义的作用是将所有类名为 fancy 的表格单元都设置为带有灰色背景的橙色单元格。用户此时可以将类 fancy 分配给任何一个表格元素任意多的次数，那些以 fancy 标注的单元格都将会是带有灰色背景的橙色单元格，而那些没有被分配名为 fancy 的类的单元格则不会受到这条规则的影响。另外，需要注意的是，使用这种方式的类选择器定义将会限制网页元素对相应样式的应用范围，如在以上的实例中，class 为 fancy 的段落（p 元素）就不会被设置为带有灰色背景的橙色段落，当然，任何其他被标注为 fancy 的元素也不会受到这条规则的影响。

从以上实例中可以看到，类选择器被分别应用在了页面不同元素的样式设置中，读者可以了解到类选择器的确可以单独多次应用，但需要注意的是，在使用类选择器前必须做好相应的设计和规划工作，否则就不能确定定义类选择器的数量、用途和应用方式，还会带来不必要的工作量。

子任务2 CSS ID 选择器

【案例】在意见征集系统的留言跳转等待页面 dispatcher. jsp 的外部链接样式表文件中，为等待时间内容设计恰当的样式。

步骤1 在 Dreamweaver 的环境中，选择“文件”→“打开”命令，打开意见征集系统的留言跳转等待页面 dispatcher. jsp，随后转到拆分视图，如图 4-33 所示。

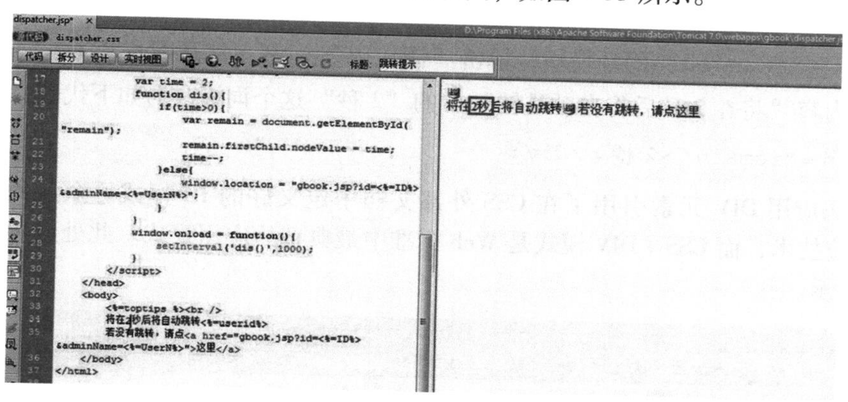

图 4-33 留言跳转页面拆分视图

步骤2 如图 4-33 所示，在右侧页面设计效果中用红框标示出来的内容就是目前需要添加 CSS 样式的网页内容。为了使登录到留言页面的用户能够清晰地看到他们目前需要等待的时间，必须使该等待时间内容较醒目且符合页面设计的显示效果，因此参照以往的设计方式，初步确定将该文字内容设计为红色，且显示方式采用常规的内联模式即可。查看该页面代码确定其使用了 CSS 外部链接文档方式，如图 4-34 所示。

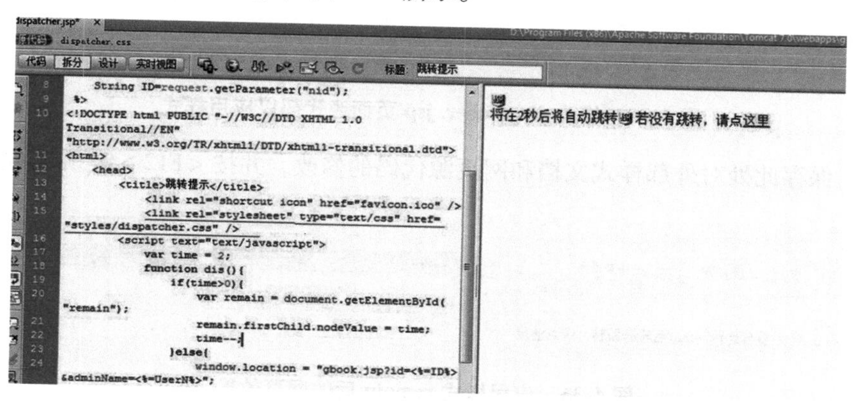

图 4-34 确定 dispatcher. jsp 页面的 CSS 样式应用方式

步骤3 打开动态网页 dispatcher. jsp 的 CSS 外部链接文档 dispatcher. css，输入如下代码：

```
#remain{
    color:red;                 【1】
    display:inline;            【2】
                               【3】
}
```

代码详解

【1】CSS 的 ID 名的定义，具体的定义规则详见后续的知识点详解。

【2】定义文字颜色属性值为红色。

【3】定义显示属性 display 的值为 inline，通常对于动态页面才会设置 display 属性，这里的 inline 属性值是 display 的默认属性值，表示当前按内联的模式显示，且设置本样式的元素前后没有换行符。

步骤 4 在 Dreamweaver 的环境中，单击"源代码"标签，打开网页 dispatcher. jsp 的源代码，将文字内容"将在 2 秒后将自动跳转"中的"2 秒"这个词语改为如下代码：

```
<div id="remain">2 秒</div>
```

该句代码应用 DIV 元素引用了在 CSS 外部文档中定义好的 ID 样式。众所周知，DIV 是 CSS 中的定位技术，而 CSS + DIV 模式是 Web 标准中最典型的应用模式。此处应用样式的效果如图 4-35 所示。

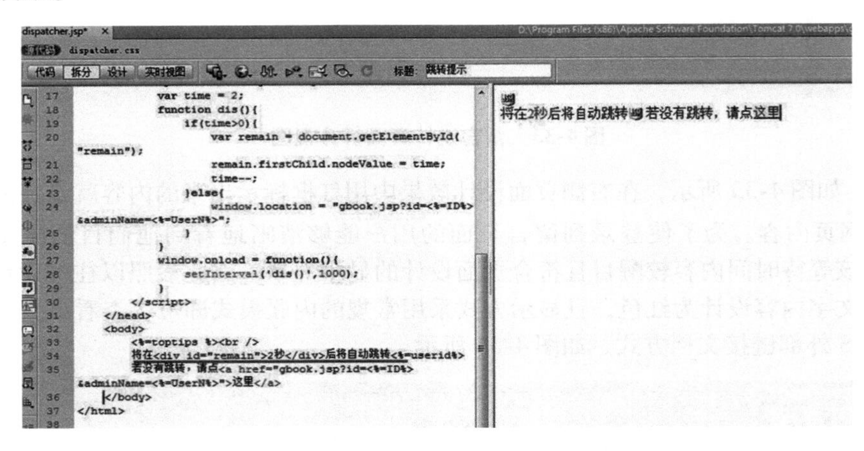

图 4-35　修改 dispatcher. jsp 页面源代码以应用样式

步骤 5 保存此处对外部样式文档和网页源代码的修改，并按 <F12> 键预览网页，效果如图 4-36 所示。

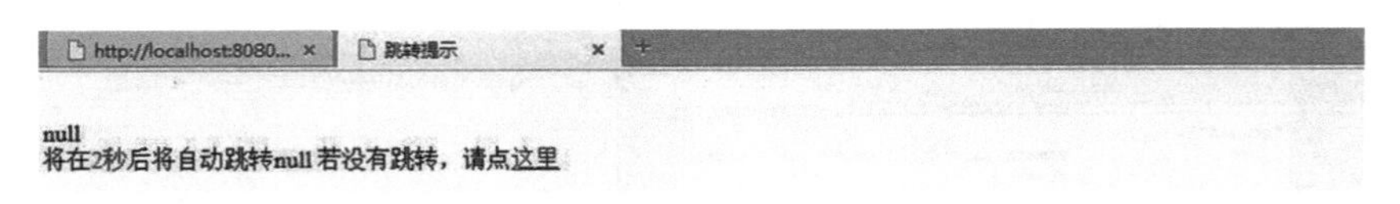

图 4-36　应用样式 remain 后的网页效果

知识点详解

CSS 的 ID 选择器可以为标有特定 ID 的 HTML 元素指定特定的样式，其与 CSS 的类选择器有某些类似的特点，但也有一些很重要的差异。在语法结构上，其与 CSS 类选择器写法类似，都可以以一个前导符号开始。ID 选择器以"#"来定义，"#"也称为棋盘号或井号。以下是 ID 选择器的基本语法格式：

```
.ID 选择器名{
    属性名:属性值;
    …
}
```

类似地，无论 ID 选择器所在的样式定义以何种方式链接到网页的设计代码中，在网页的源代码中都要以一种形式来引用这个 ID 名，这样才可以使已经定义好的样式生效，下面以一个小实例来说明这个定义和应用的过程。首先是 ID 选择器的规则声明：

```
#intro {color:red;}
```

然后是对 ID 选择器的引用：

```
<p id = "intro" >This is my paragraph.</p>
```

下面简单总结一下类选择器和 ID 选择器的差别：

1）在 CSS 的书写规则中，ID 和类的前缀不同。

2）在一个 HTML 文档中，ID 选择器会使用一次，而且仅一次，但类选择器可以被多次引用。

3）在概念上两者是不同的，ID 选择器是先找到网页中的结构和内容，再为其定义样式，而 class 是先定义好一种样式，再应用到多个结构和内容上。另外，两者的应用思路也是不同的。

子任务 3　CSS 属性选择器

【案例】 应用 CSS 属性选择器改进意见征集系统中登录页面 index. html 内原有的用于接收用户名和密码输入内容的 <input> 标签的文本长度设定方式。

步骤 1 在 Dreamweaver 的环境中，选择“文件”→“打开”命令，打开位于站点“yjzjxt”下的登录页面 index. html，切换到拆分视图，对照右侧的网页设计效果找到左侧代码中用于接收用户名和密码输入内容的 <input> 标签的代码位置，如图 4-37 所示。

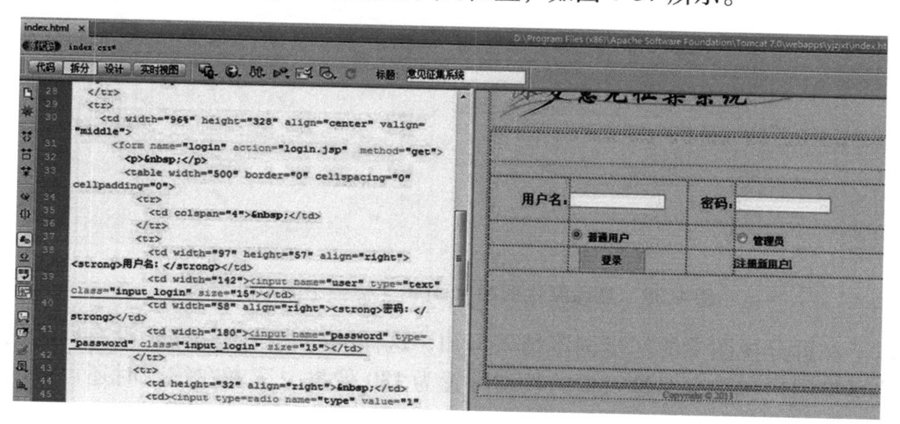

图 4-37　定位登录页面中的用户名和密码输入标签 <input>

步骤 2 在用户名和密码后的 <input> 标签设置中对于输入文本长度的定义采用的是 size

属性，且这里需要将该长度值书写两遍才能分别完成对两个 <input> 标签的设置。如果在用户设计的网页中需要应用类似的更多的 <input> 标签，则必须考虑效率问题，因此这里确定使用 CSS 中的属性选择器来替代这里的 size 设置。

步骤 3 观察图 4-37 中的两个 <input> 标签代码可知，它们都应用了在外部 CSS 文档 index. css 中定义的类 input_login 内的样式控制，且整个登录页面 ndex. html 中没有其他元素应用该样式，因此考虑应用以下的属性选择器样式代码来替代原 <input> 标签中的 size 设置：

```
input[class = "input_login"]{width:130px;}
```

步骤 4 将以上样式代码添加到登录页面的外部链接文档 index. css 中，同时删除登录页面源代码中 <input> 标签中有关 size 设置的代码，效果如图 4-38 和图 4-39 所示。

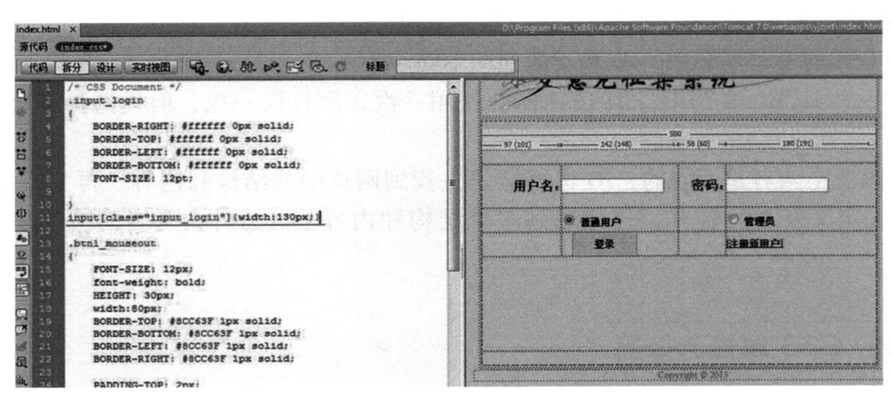

图 4-38　添加属性原则器样式代码效果

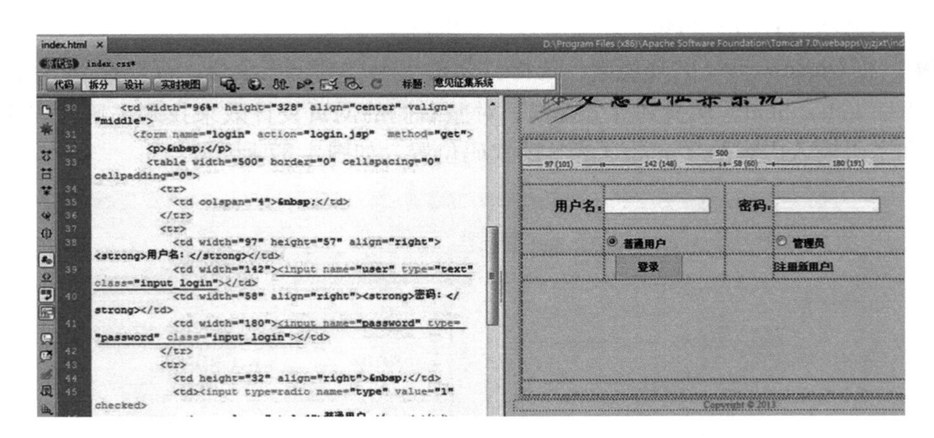

图 4-39　删除源代码中 <input> 标签中的 size 设置

通过以上在拆分视图中的初步浏览结果可知，这样的样式设置是完全没有问题的。需要说明的是，这里将用户名和密码输入框的长度设置为 130 像素，读者在练习时还可以对这个长度值进行微调。

步骤 5 保存以上对代码的修改，按 <F12> 键，对修改过样式的登录页面 index. html 进行浏览，效果如图 4-40 所示。

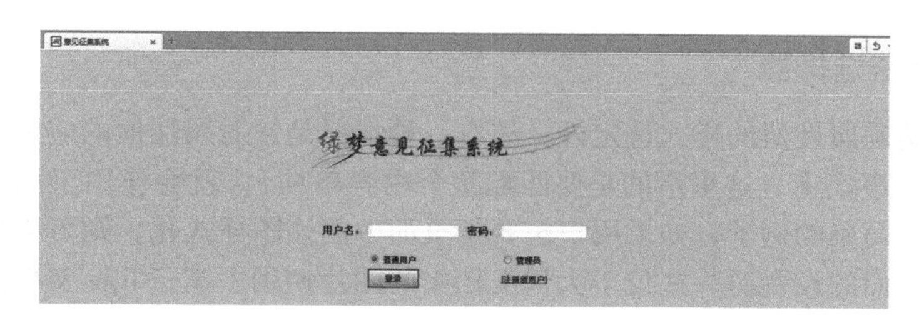

图 4-40 添加属性选择器样式代码后的网页效果

知识点详解

在 CSS 样式的使用过程中，可以为带有指定属性的 HTML 元素设置样式，这类设置中所用到的 CSS 选择器即为属性选择器。应用属性选择器，用户可以根据网页元素的属性及属性值来选择该元素。下面介绍几种常见的属性选择器。

1. 简易属性选择器

如果用户在设置过程中仅希望选择有某个属性的元素，而不关注属性值是什么，则可以使用简易属性选择器。例如，如果想要把包含标题的所有元素都变为绿色，则可以这样定义样式：

```
*[title]{color:green;}
```

类似地，可以只对有 href 属性的锚（a 元素）应用样式，代码如下：

```
a[href]{color:green;}
```

另外，还可以通过将属性选择器链接在一起的方法对多个属性进行选择，如果希望把同时具有 href 和 title 属性的 HTML 超链接的文本设置为绿色，则可以这样写代码：

```
a[href][title]{color:green;}
```

2. 精确属性值选择器

在 CSS 属性选择器的运用中，除去选择仅具有某些属性的元素的情况外，还可以进一步缩小选择的范围，即只选择有特定属性值的元素来做样式设置。同时，需要强调的是，精确属性值选择器也可以应用到多个属性值共同选定的情况下，这与简易属性选择器的应用原理是类似的，请读者阅读、分析、比对以下两行代码：

```
a[href="http://www.baidu.com/"][title="百度一下,你就知道"]{color:green;}
<a href=" http://www.baidu.com/" title="百度一下,你就知道">百度一下,你就知道</a>
```

事实上，这里的第一种定义形式就是精确属性值选择器，而它对 a 元素的属性选择器的应用效果就是将第二段代码标记中的第一个超链接的文本变为绿色。反之，通过这个例子也可以分析得到一个结论：精确属性值选择器的使用对于网页元素属性值的要求是比较苛刻的，也就是说，只有该属性值完全与样式中定义的内容一致时才会被套用指定的格式，否则这个样式就不能被应用。

3. 部分属性值选择器

除去以上的精确属性值的样式选定外，还有一种情况是针对属性值的应用的，即只要属性值能够部分匹配（事实上，这里指的是要匹配整个内容单词），就会作用于该元素的部分属性值选择器。先举个简单的例子，如果用户想要把页面中的插图样式化，则可以使用部分属性值选择器来实现，下面的设置对一些位于大量文档中的图片使用了基于 title 文档的部分属性值选择器来设置它们的样式：

```
img[title~="Picture"]{border:1px solid gray;}
```

在这个规则中选择了对 title 文本中包含“Picture”的所有图像进行样式设置，对那些没有 title 属性或 title 属性中不包含“Picture”的图像都不会进行匹配设置。需要注意的是，如果用户想要根据属性值中词列表的某个词进行选择，则需要使用类似上面代码中出现在 title 后的波浪号（~）。

另外，在包括 IE 7 的较高版本的浏览器中支持了一种更高级的部分属性值选择器，那就是子串匹配属性选择器，下面是对这些选择器的简单概括。

1）选择 abc 属性值以“xyz”开头的所有元素：[abc^="xyz"]。

2）选择 abc 属性值以“xyz”结尾的所有元素：[abc$="def"]。

3）选择 abc 属性值中包含子串“xyz”的所有元素：[abc*="def"]。

这些用法还是有很多应用之处的，例如，如果用户希望设置一个指向 imaa 的所有链接的样式，则可以根据以上规则书写如下代码：

```
a[href*="imaa"]{color:red;}
```

4. 特殊属性选择器

对于特殊属性选择器，其规则是有些特别的，请读者注意下面的样式设置实例：

```
*[lang|="en"]{color:green;}
```

在以上的规则中，会选择出代码中 lang 属性等于 en 或以 en-开头的所有元素，并对其样式进行设置。进一步举例说明，请观察如下代码：

```
<p lang="en">Hello! </p>
<p lang="en-us">Greetings! </p>
<p lang="cy-en">Good day! </p>
```

在以上的实例中，前两个元素将被选中，而最后一个元素是不会被选中的，这就是特殊属性选择器的应用格式，凡是类似的应用，都要在相应属性的后面加上符号“|”。

子任务 4　CSS 派生选择器

【案例】 应用 CSS 派生选择器方法，将本模块任务二中完成的添加轮廓样式后的网页 li2-6. html 中的列表内的粗体文字内容变为斜体字效果。

步骤 1 在 Dreamweaver 中，选择“文件”→“打开”命令，打开在任务二的子任务 6 中完成的网页 li2-6. html，切换到拆分视图，在左侧的代码中对列表中的文字内容“茶”添加粗体文字的效果，如图 4-41 所示。

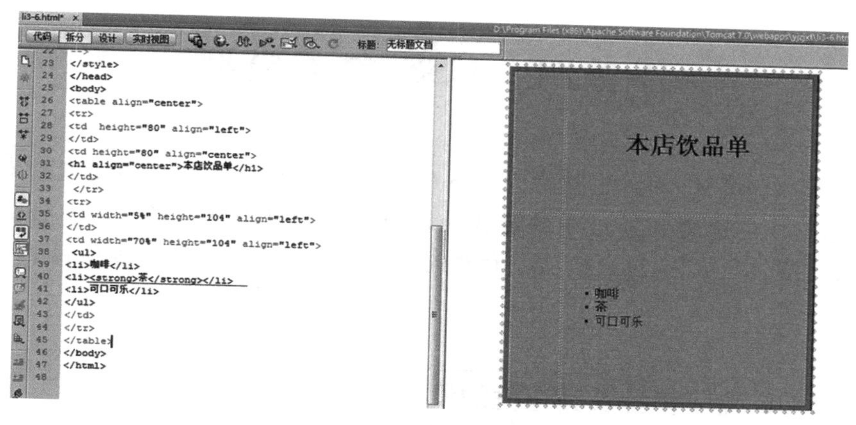

图 4-41　对列表文字内容“茶”添加粗体效果

步骤 2 在网页 li2-6. html 代码中的 <head>…</head> 标签对内添加如下所示的一段派生选择器样式代码，使得原本加粗显示的文字内容“茶”变为斜体字的效果。

```
li strong {
    font-style:italic;
    font-weight:normal;
}
```

步骤 3 保存对网页 li2-6. html 的样式代码的修改，按 <F12> 键浏览修改完样式的网页效果，如图 4-42 所示。

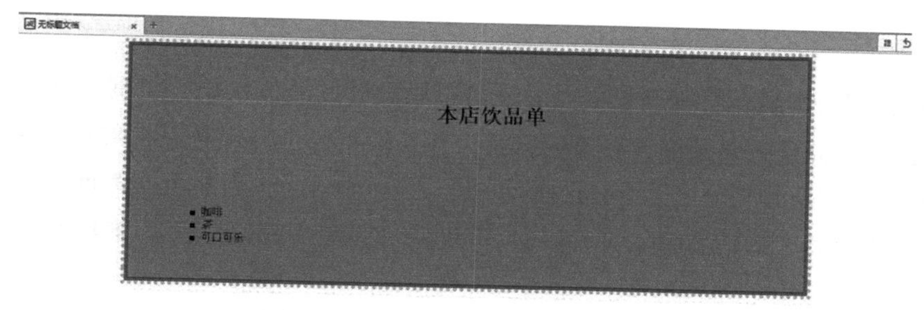

图 4-42　添加派生选择样式后的列表文字效果

从图 4-42 中可以清晰地看到，添加了派生选择器样式控制的列表中的文字内容“茶”，已经由原先的加粗显示变为倾斜显示了，这就是派生选择器利用网页中元素的上下文样式关系产生的效果。反过来说，如果对列表内容以外的文字添加粗体效果，则其不会变为斜体字效果的。

知识点详解

CSS 派生选择器通过依据网页元素在其位置的上下文关系来定义样式，这样做可以使编程人员对网页标记的使用变得更加简洁和方便，也可以使 HTML 代码变得更加整洁。

在 CSS 1 中，通过元素的上下文关系来应用 CSS 规则的选择器被称为上下文选择器 (contextual selectors)，这是由于它们依赖于上下文关系来应用或避免某项规则。在 CSS 2 中，它们则被称为派生选择器，但无论如何称呼它们，它们的作用都是相同的。

任务四　CSS 盒子模型

CSS 盒模型（Box Model）也被称为 CSS 框模型，它规定了网页中元素框对它其中的元素内容、边框、内边距和外边距的样式处理方式。通过本任务的学习，读者将分别掌握在网页设计过程中，CSS 对盒模型中元素的边框、内边距和外边距等项目的具体属性的设置方法。

子任务 1　CSS 盒子模型及其边框的设置

【案例】 设计实现意见征集系统的后台管理登录页面 admin. jsp 的主体布局和登录框内容的边框样式。

步骤 1 在 Dreamweaver 中打开“gbook”站点，新建网页文档 admin. html。

步骤 2 由于本网页最终完成结果是一个动态网页，因此网页代码相对复杂，故此处确定使用外部链接 CSS 文档的方式。选择“文件”→“新建”命令，在“gbook”站点下的“style”文件夹中创建外部 CSS 文档 admin. css。同时，在编辑窗口中打开 admin. html，切换到代码试图，并在网页的头部 <head>…</head>标签对之间输入如下代码，将 CSS 文档 admin. css 链接到网页 admin. html 上。

```
<link rel = "stylesheet" type = "text/css" href = "styles/admin.css" />
```

步骤 3 依据对本后台管理登录页面的最初布局设计的总体构想，将网页的总体结构划分为 4 个主要部分，分别是登录框、登录框标题，登录框主体内容和登录框底栏，这里应用 DIV 布局知识将它们的 ID 分别命名为 login、login-title、login-content 和 login-bottom。另外，在登录框主体内容中还命名了包括 login-content-tips 和 login-content-text 这两个用于接受输入内容的标签的布局 ID。

步骤 4 在编辑窗口中打开 admin. html，在代码视图下向网页的主体<body>…</ body>标签对之间输入如下的一段 DIV 布局代码：

```
<div id = "login" >
    <div class = "login - title" >
    管理登录
    </div >
    <div class = "login - content" >
        <div class = "login - content - tips" >
         
        </div >
    <div class = "login - content - text" >用户名: </div >
        <div class = "login - content - text" >
```

```
密   码:
</div>
</div>
<div class="login-bottom">
    
</div>
</div>
```

步骤5 在当前的代码视图下，选定CSS文档admin.css的标签，在编辑窗口中输入以下的两段样式控制代码，以分别实现对网页主体背景和登录框等各部分内容的边框、字体和背景颜色等样式的设置。

```
body {
    font-size:12px;
    font-family:Verdana, Geneva, Arial, Helvetica, sans-serif;
    background-color:#EFF7FF;
    color:#000000;
}
#login{
    border:solid 1px #009CEC;
    width:350px;                                              【1】
}
.login-title{
    word-break:break-all;
    background-color:#0089EB;
    font-size:16px;
    font-weight:bold;
    color:#FFFFFF;
    text-align:center;
}
.login-content{
}                                                             【2】
    .login-content-text{
}                                                             【3】
input.text {
    border:1px solid #009CEC;                                 【4】
    background-color:#FFFFFF;
    color:#000000;
    width:150px;
    height:16px;
}
input.button {
    border-right:#2C59AA 1px solid;
    border-top:#2C59AA 1px solid;                             【5】
    border-left:#2C59AA 1px solid;                            【6】
    border-bottom:#2C59AA 1px solid;                          【7】
    font-size:12px;                                           【8】
```

```
    cursor:hand;
    color:black;
}
.login-content-tips{
    text-align:center;
    color:#FF0000;
}
.login-botton{
    text-align:center;
}
```

代码详解

【1】应用 border 属性对登录框的边框样式、宽度和颜色进行了设置。

【2】控制登录框主体的 <div> 标签中样式的 CSS 类，这个部分主要设计了有关内边距和外边距的样式，详细内容将在下个子任务中实现。

【3】控制登录框主体中用户名和密码输入内容的 <div> 标签样式的 CSS 类，这个部分同样是有关内边距和外边距的样式设置，其详细内容将在下个子任务中实现。

【4】使用 border 属性对用户名和密码输入标签元素 input 的文本项 text 类做边框的样式的设置。为达到美观的效果，这里的颜色值与登录框外围框的颜色值是完全相同的。

【5】应用简写属性 border-right，将用户名和密码输入标签元素 input 的按钮 botton 类的右边框设置成青蓝色、1 像素宽和实线的样式格式。

【6】应用简写属性 border-top，将用户名和密码输入标签元素 input 的按钮 botton 类的上边框设置成青蓝色、1 像素宽和实线的样式格式。

【7】应用简写属性 border-left，将用户名和密码输入标签元素 input 的按钮 botton 类的左边框设置成青蓝色、1 像素宽和实线的样式格式。

【8】应用简写属性 border-bottom，将用户名和密码输入标签元素 input 的按钮 botton 类的下边框设置成青蓝色、1 像素宽和实线的样式格式。

步骤 6 在 Dreamweaver 的工作环境中，切换到拆分视图，查看目前的样式设计效果，如图 4-43 所示。需要说明的是，由于目前还没有在网页代码中添加表单的内容，因此有关于 input 元素的文本和按钮的样式在当前的情况下是不可以预览到的，这些将在下一个子任务中得到完善。

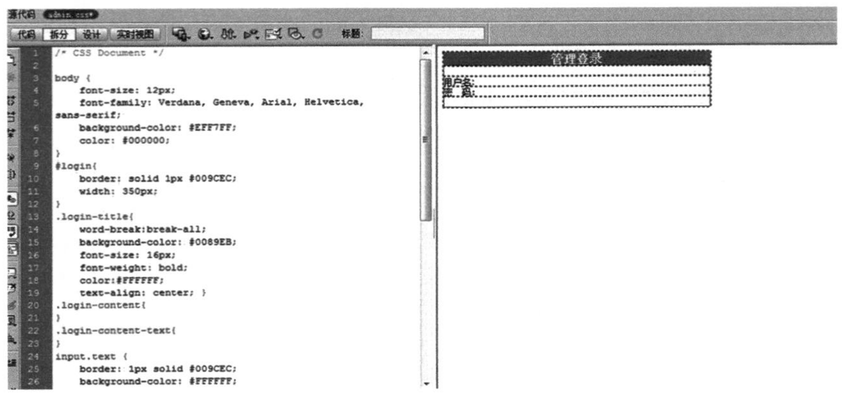

图 4-43 对登录管理静态网页 admin. html 设计初步样式的效果

知识点详解

目前为止，读者已经基本了解有关 CSS 盒模型的基本概念了，它是规定网页中元素框内的元素内容、边框、内边距和外边距的样式处理的一种方式。而对于网页中各类元素而言，它们的外围均存在一条框，因此灵活学习盒模型的属性设置方法，最终必须要落实到对具体网页元素的盒模型属性的设置上。那么，盒模型的基本结构究竟是怎样的呢？究竟有哪些属性构成了这个模型的整体结构呢？下面通过一副图来说明网页中盒模型也就是框模型的结构组成。

观察图 4-44，不仅可以了解到盒模型的基本属性组成，还可以清楚地理解对于网页元素而言，它的边框 border 和外边距 margin、内边距 padding 之间究竟是怎样的一个位置关系，从而为后续对内边距和外边距的学习打下良好的基础。

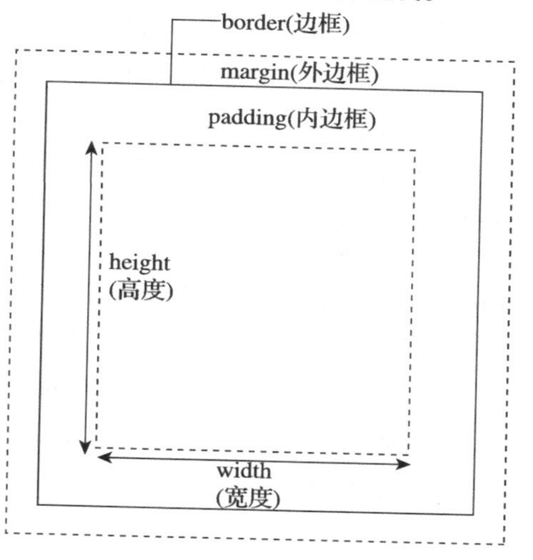

图 4-44　盒模型结构图

元素的边框是围绕元素内容和内边距的一条或多条线，CSS 的 border 属性允许用户规定元素边框的样式、宽度和颜色。下面首先就边框 border 的属性使用方法做简要介绍，以便读者更好地学习和理解在本任务中对元素边框的样式设置方法。

在 HTML 中，使用表格来创建文本周围的边框，但是通过使用 CSS 边框属性可以创建出效果出色的边框，并且可以应用于任何元素。每个边框有 3 个方面：宽度、样式和颜色。下面就简要列出这些属性的使用方法供读者参考。

1）border：简写属性，用于把针对 4 条边的属性设置在一个声明中。

2）border-styl：用于设置元素所有边框的样式，或单独地为各边设置边框样式。

3）border-width：简写属性，用于为元素的所有边框设置宽度，或单独地为各边边框设置宽度。

4）border-color：简写属性，设置元素的所有边框中可见部分的颜色，或为 4 条边分别设置颜色。

5）border-bottom：简写属性，用于把下边框的所有属性设置到一个声明中。

6）border-bottom-color：设置元素的下边框的颜色。

7）border-bottom-style：设置元素的下边框的样式。

8）border-bottom-width：设置元素的下边框的宽度。

9）border-left：简写属性，用于把左边框的所有属性设置到一个声明中。

10）border-left-color：设置元素的左边框的颜色。

11）border-left-style：设置元素的左边框的样式。

12）border-left-width：设置元素的左边框的宽度。

13）border-right：简写属性，用于把右边框的所有属性设置到一个声明中。

14）border-right-color：设置元素的右边框的颜色。

15）border-right-style：设置元素的右边框的样式。

16）border-right-width：设置元素的右边框的宽度。

17）border-top：简写属性，用于把上边框的所有属性设置到一个声明中。

18）border-top-color：设置元素的上边框的颜色。
19）border-top-style：设置元素的上边框的样式。
20）border-top-width：设置元素的上边框的宽度。

子任务 2　CSS 内边距与外边距

【案例】 为意见征集系统的后台管理登录页面 admin. jsp 中的各布局元素设计合理的内边距和外边距，使得整个页面中的布局空间结构美观大方，符合实际应用的要求。

步骤 1 分析当前设计的目标。在 Dreamweaver 中，打开在子任务 1 中完成的站点 “gbook” 下的静态网页 admin. html，切换到拆分视图，查看当前的样式设计效果可以发现，主体登录框的位置位于页面的左上角处，且与页面上边缘没有距离（见图 4-43）。另外，对于登录框主体内容的用户名和密码输入部分的空间也是不够的，通过上节对盒模型基本知识的学习可以知道，如果目前要加大这些元素之间的距离，那么就要增加它们各自之间的外边距 margin，如果要扩大这些元素 border 以内自身的内容空间，则要增加各元素内部的 padding，因此下面要对这些布局元素的内边距和外边距同时进行修改。

步骤 2 实现样式设计。在当前拆分视图下，选定 admin. html 的 CSS 文档 admin. css 的标签，增加控制内边距和外边距的样式代码，最终修改完的 CSS 代码如下所示，这里所有标有说明序号的代码都是新增加的。

```
body {
    font-size:12px;
    font-family:Verdana, Geneva, Arial, Helvetica, sans-serif;
    background-color:#EFF7FF;
    color:#000000;
    margin:0px;                                         【1】
    padding:0px;                                        【2】
}
#login{
    border:solid 1px #009CEC;
    width:350px;
    margin:100px auto;                                  【3】
}
.login-title{
    word-break:break-all;
    padding:5px;                                        【4】
    background-color:#0089EB;
    font-size:16px;
    font-weight:bold;
    color:#FFFFFF;
    text-align:center;
}
.login-content{
    margin:0px;                                         【5】
```

```
        padding:10px;                              【6】
        margin-left:30px;                          【7】
    }
    input.text {
        padding:1px;
        border:1px solid #009CEC;                  【8】
        background-color:#FFFFFF;
        color:#000000;
        width:150px;
        height:16px;
    }
    input.button {
        border-right:#2C59AA 1px solid;
        border-top:#2C59AA 1px solid;
        border-left:#2C59AA 1px solid;
        border-bottom:#2C59AA 1px solid;
        font-size:12px;
        cursor:hand;
        color:black;
        padding-right:2px;                         【9】
        padding-left:2px;                          【10】
        padding-top:2px;                           【11】
    }
    .login-content-text{
        margin:20px;                               【12】
        margin-top:5px;                            【13】
        margin-bottom:10px;                        【14】
    }
    .login-content-tips{
        text-align:center;
        color:#FF0000;
        margin:0px;                                【15】
        margin-bottom:0px;                         【16】
    }
    .login-bottom{
        margin:15px auto;                          【17】
        margin-top:0px;                            【18】
        text-align:center;
    }
```

代码详解

【1】【2】设置所有网页主体中的元素的默认内、外边距为0。

【3】应用margin属性设置网页中主体登录框的上外边距，也就是距离页面顶端的距离为100像素，同时设置该登录框的其他几个方向上的外边距为自动调整模式auto，由于此时登录框的宽度已设定且是居中显示的，故此处应使用auto属性值。

【4】使用padding属性对登录标题框DIV元素内部设置5像素的各边内边距。

【5】【6】初始设置登录内容的 DIV 元素内的各个方向的内、外边距分别是 10 像素和 0。

【7】应用 margin-left 属性特别设置登录内容标签内的左外边距是 10 像素，即设置登录内容所在的 DIV 元素框距外部主体登录框的左外边距为 10 像素。

【8】使用 padding 属性将用户名、密码输入标签元素 input 的文本项 text 类的各方向内边距均设置为 1 像素。

【9】～【11】分别使用 padding-right、padding-left 和 padding-top 属性，将用户名、密码输入标签元素 input 的按钮项 botton 类的右方、左方和上方内边距设置为 2 像素。

【12】将网页中登录内容文本的 DIV 元素的各方向外边距均初始化设置为 20 像素。

【13】【14】分别使用 margin-top 和 margin-bottom 属性将登录内容文本的标签元素的上和下外边距设置为 5 像素和 10 像素。

【15】【16】将样式类名 login-content-tips 的网页元素的外边距设置为 0。

【17】【18】将网页中登录按钮项的上外边距和下外边距分别设置为 0 和 15 像素，其他方向的外边距采用 auto 模式。

步骤 3 在 Dreamweaver 中保存这些对外部样式文档 admin. css 的修改，在拆分视图下查看当前的样式修改效果，如图 4-45 所示，由于这里还没有在网页中加入表单和动态脚本的内容，因此无法浏览到对 input 项的相关样式设置效果。

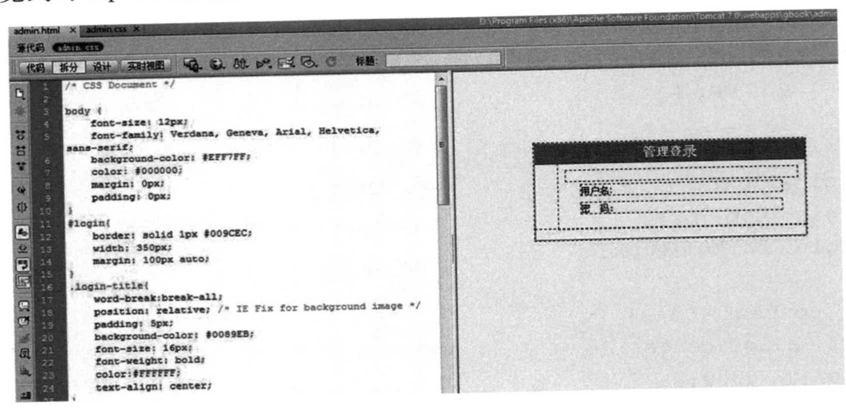

图 4-45　添加完内、外边距样式控制的网页初步效果

通过观察图 4-45 中的效果并对比上个子任务中最终完成的样式设计效果，读者已经可以了解到网页中元素的内边距和外边距的样式设置对网页布局和外观设计的重要作用了。

步骤 4 分别向静态网页 admin. html 的 <head>…</head>标签对和<div>标签中添加必要的 JavaScript 和 Form 代码（此部分需用到后续的动态网页知识，如果读者没有掌握相关知识，则此步骤可留待后续完成），并将静态网页 admin. html 另存为动态网页 admin. jsp，按<F12>键在浏览器中预览本网页的最终样式设计效果，如图 4-46 所示。

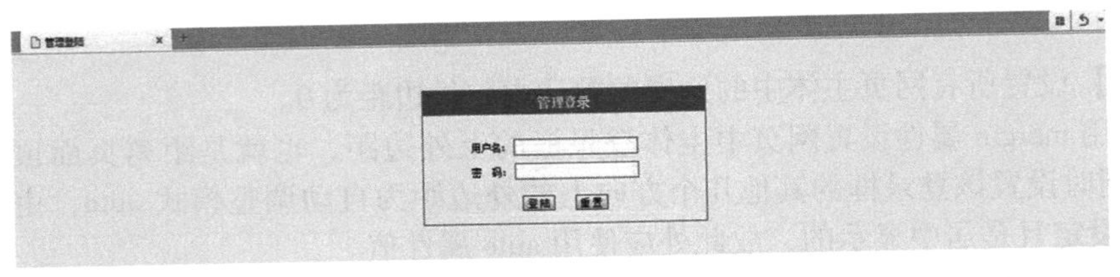

图 4-46　最终完成的动态网页 admin. jsp 的预览效果

知识点详解

依据盒子模型中的描述，元素的内边距是指在元素边框和内容区之间的区域空间。CSS 中控制该区域最简单的属性是 padding 属性，应用该属性即可定义元素边框与元素内容之间的空白区域。具体来说，CSS 的 padding 属性接受合法长度值或百分比值作为属性值，但不允许用户使用负值。例如，如果用户希望网页中所有 h1 元素的各边都具有 10 像素的内边距，那么可以这样来设置：

```
h1 {padding:10px;}
```

此外，用户还可以按照上、右、下、左的顺序分别设置元素各边的内边距，且各边均可以使用不同的单位或百分比值：

```
h1 {padding:10px 0.25em 2ex 20% ;}
```

需要注意的是，这里的内边距百分数值是相对于其父元素的 width 计算的，这一点与后面要讲到的外边距是一样。所以，如果父元素的 width 改变，则这些使用百分数值做内边距的数值也会随之改变。

另外，用户还可以通过使用下面这 4 种单独的属性来对网页中元素的上、右、下、左内边距进行设置。

1） padding-top：用于设置上内边距的单独属性。

2） padding-right：用于设置右内边距的单独属性。

3） padding-bottom：用于设置下内边距的单独属性。

4） padding-left：用于设置左内边距的单独属性。

下面对盒模型中的外边距概念和用法进行简要的介绍：外边距是指围绕在元素边框外部的空白区域。通常情况下，设置外边距会在元素外创建额外的“空白”。CSS 中设置外边距最简单的方法就是使用 margin 属性，这个属性接受任何长度单位，如 px. mm 和 in（1in = 25. 4mm）等。另外，外边距还可以被设置为 auto、百分数值甚至是负值，这与内边距的属性值使用有很大的不同。例如，用户想要将 h1 元素的各个边上均设置 0. 25 in 宽的空白，那么可以这样来设置：

```
h1 {margin:0.25in;}
```

类似地，如果用户希望将 h1 元素的 4 条边分别定义不同像素（px）宽度的外边距，那么也可以这样设置：

```
h1 {margin:10px 0px 15px 5px;}
```

需要注意的是，这里的设置与内边距相同，这些值的顺序是从上外边距（top）开始围着元素顺时针旋转的，也就是说它们分别对 h1 元素的上、右、下、左外边距进行了设置。另外，如前所述也可以为 margin 设置一个百分比数值，正如下面的例子：

```
p {margin:10% ;}
```

与内边距设置相似的是，这里的百分数也是相对于父元素的 width 计算的。也就是说，这个例子中为 p 元素设置的外边距是其父元素 width 的 10% 。

同时需要注意的是，对于外边距的使用也适用于值复制的原则，下面来看两个具体的例子：

```
h1 {margin:0.5em 1em 0.5em 1em;}
h1 {margin:0.5em 1em;}
```

事实上，以上的两条规则是等价的，这就是值复制原则。也就是说对于外边距设置而言，是不用重复输入相同的属性值的，后两个属性值代替了前两个重复的属性值。在 CSS 中专门定义了一些规则来使用户对外边距的属性值的控制变得更加简便轻松：

1）如果缺少左外边距的值，则使用右外边距的值。

2）如果缺少下外边距的值，则使用上外边距的值。

3）如果缺少右外边距的值，则使用上外边距的值。

举例说明，如果为外边距指定了 3 个值，则第 4 个值（即左外边距）会从第 2 个值（右外边距）复制得到。熟悉了以上的机制后，用户在设置外边距属性值时，只需要设置必要的值即可，而不必全部使用 4 个属性值，这就大大提高了设计效率。

另外，如果用户仅希望控制元素的某个单边上的单外边距，那么请使用以下列出的这些单外边距属性。

1）margin-bottom：设置元素的下外边距。

2）margin-left：设置元素的左外边距。

3）margin-right：设置元素的右外边距。

4）margin-top：设置元素的上外边距。

总体来说，不论使用单外边距属性还是使用 margin 属性，其设置效果都是一样的。具体应该使用哪一种，应根据实际情况而定。

子任务 3　CSS 外边距合并

【案例】 分析在意见征集系统后台管理登录页面 admin. jsp 的 CSS 设计中是否存在元素外边距合并的应用，如果没有该种方法的应用请考虑是否可以在原有的 CSS 样式设计中恰当地运用这种方法，以使得本网页元素间的外边距设置达到最佳效果。

步骤 1 在 Dreamweaver 中，打开“gbook”站点下的管理登录页面 admin. jsp，切换到拆分视图，分别选定各个 DIV 元素，查看它们之间的外边距的分布情况，并逐一地进行对比分析。

步骤 2 经观察分析可知，在管理登录框内部的用户名内容所在的 DIV 元素下外边距和登录框内部密码所在内容的上外边距存在重叠合并的情况，也就是说，这两个同样应用名为 login-content-text 的 CSS 类的元素外框之间存在外边距合并的情况，详细效果如图 4-47 和图 4-48 所示。

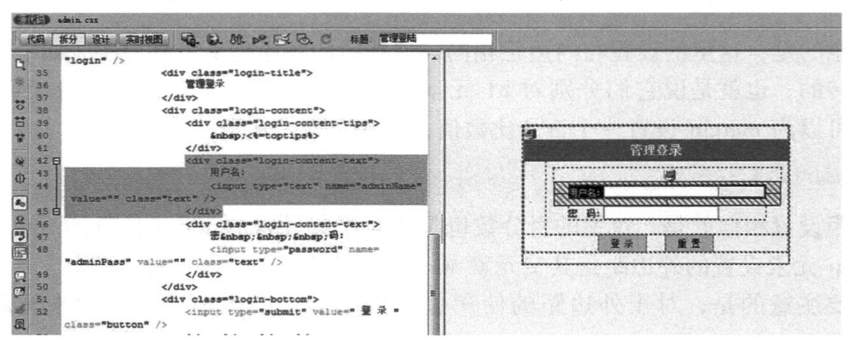

图 4-47　选定“用户名”内容所在 DIV 元素的情况

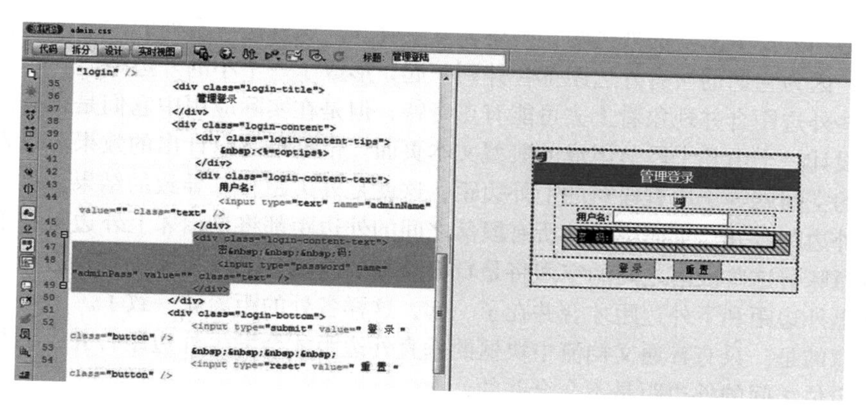

图 4-48 选定“密码”内容所在 DIV 元素的情况

步骤 3 通过计算再次进行验证，如果图 4-48 中的两个元素外框没有发生外边距合并，那么在正常情况下，依照 CSS 类 login-content-text 中对当前样式的规定，用户名内容所在元素的下外边距是 10 像素，而密码内容所在元素的上外边框是 5 像素，因此这两个内容所在网页元素的间距应是 15 像素。而目前从实现出的 CSS 样式效果可以直观地了解到，当前两元素之间的总外边距是 10 像素，因此可以说明当前网页中两元素间确实存在了外边距合并的现象，且该设计效果也是比较合理美观的，本网页的样式代码暂时不需要做任何修改了。

知识点详解

虽然外边距合并（叠加）是一个相当简单的概念。但是，在实践中对网页进行布局时，它会造成许多混淆。简单地说，CSS 外边距合并指的是，当两个垂直外边距相遇时，它们将形成一个外边距，而合并后的外边距的高度等于两个发生合并的外边距的高度中的较大者。也就是说，当一个网页元素出现在另一个网页元素上方时，第一个元素的下外边距与第二个元素的上外边距会发生合并。下面用图 4-49 来说明这个概念。

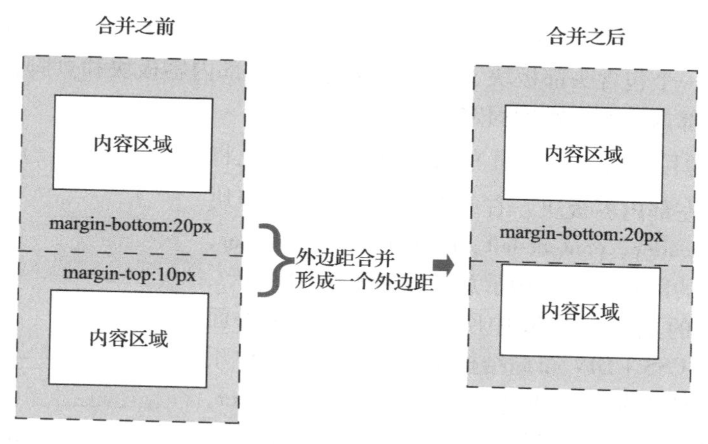

图 4-49 外边距合并实例图

如果一个元素包含在另一个元素中，假设它们之间没有内边距或边框把它们的外边距分隔开，那么它们的上或下外边距间也会发生合并。如果有一个空元素，它有外边距，但是没有边框或填充，在这种情况下，上外边距与下外边距就碰到了一起，它们会发生合并。同时，如果这个外边距遇到另一个元素的外边距，则还会发生合并。这就是一系列的段落元素占用空间非常小的原因，因为它们的所有外边距都合并到一起，形成了一个小的外边距。

虽然这些外边距合并现象看上去可能有点奇特，但是在实际应用中它们是很有意义的。例如，这里要设计一个由几个段落组成的典型文本页面。依据最终设计出的效果可以发现，第一个段落上面的空间就等于所有段落的上外边距，这就是外边距合并导致的结果。反过来说，这里如果没有外边距合并，页面中后续所有段落之间的外边距都将是相邻上外边距和下外边距的和。这也就意味着这些段落之间的空间将是页面顶部的两倍。正因为发生了外边距合并，这些段落之间的上外边距和下外边距才合并在了一起，这样各处的距离就一致了。

需要注意的是，只有普通文档流中块框的垂直外边距才会发生外边距合并，而行内框、浮动框或绝对定位之间的外边距是不会合并的。

任务五　CSS 定位

CSS 中的定位（positioning）属性是允许用户对元素进行定位操作的一种属性。定位的基本思想其实很简单，它允许用户对元素框定义一个相对于其正常应该出现位置的新位置，或相对于父元素、另一个元素甚至浏览器窗口本身的新位置。显然，这个功能非常强大，也吸引了众多使用者。但事实上，有关定位的应用问题也一直是 Web 标准应用中的难点，如果能够理清 CSS 定位的原理就会使网页的实现变得更加完美，反之则可能使本应实现的效果实现不了，且已经实现的效果也会走样。本任务的目的就是希望读者能够从相对定位、绝对定位和浮动这 3 种定位方式来学习和掌握 CSS 定位的基本原理和应用方法。

子任务 1　CSS 浮动

【案例】 新建的一个网页 li5-1. html，结合运用 DIV 布局知识和 CSS 浮动定位的属性设置方法，为其设计实现一个包含头部板块、左部内容板块、右部内容板块和页脚板块的网页布局结构，要求左部和右部内容所占宽度固定。

步骤 1 依据题目中提出的网页布局要求，这里首先将页面中头部板块、左部内容板块、右部内容板块和页脚板块的 ID 分别命名为 header、content-left、content-right 和 footer，同时画出一张相应的网页布局结构示意图，如图 4-50 所示。

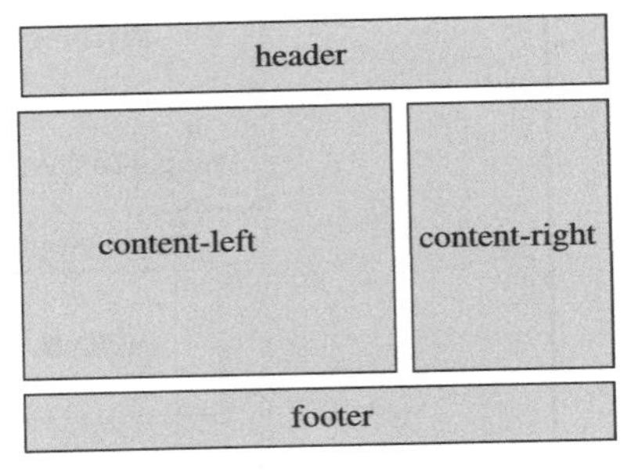

图 4-50　4 板块网页布局示意图

这里需要说明的是，图 4-50 中所示的位于 4 板块外面的方框线是在设计 CSS + DIV 布局结构中所不能缺少的位于页面外部的一个整体框架，这里暂时把它命名为 container，读者可以把它理解为页面中 4 板块的一个父块，后续对它也要进行相应的样式设计。

步骤 2 根据以上的网页布局结构，将每个板块的内容均放在一个 <div> 标签中，也就是使用 CSS 的 ID 来表示每个板块（实际上这种使用 CSS + DIV 共同完成布局的方法在模块三中的 DIV 布局案例中也曾经使用过）。具体地，使用下面的 HTML 框架代码来实现这里的方法：

```
<div id="container">container
<div id="header">head</div>
<div id="content-left">content-left</div>
<div id="content-right">content-right</div>
<div id="footer">footer</div>
</div>
```

步骤 3 在完成 DIV 容器的排版设计后，分别使用下面的 CSS 代码来完成网页中 4 个板块的样式设计，其中对左部内容板块和右部内容板块的定位操作是 CSS 浮动属性的直接应用。

```
<style type="text/css">
body{
    margin:10px;
    text-align:center;
}
#container{
    width:800px;                                  【1】
    border:1px solid #000000;
    padding:10px;
}
#header{
    margin-bottom:5px;
    padding:10px;
    background-color:#a2d9ff;
    border:1px solid #000000;
    text-align:center;
}
#content-left {
    float:left;
    width:570px;                                  【2】
    height:300px;
    line-height:300px;                            【3】
    background-color:#a2d9ff;
    border:1px solid #000000;
    text-align:center;
}
#content-right {
    float:right;
    width:200px;                                  【4】
    height:300px;
    line-height:300px;
    background-color:#a2d9ff;
    border:1px solid #000000;
```

```
        text - align:center;
    }
    #footer {
        clear:both;                                              【5】
        padding:10px;
        background - color:#a2d9ff;
        border:1px solid #000000;
        text - align:center;
    }
</style>
```

代码详解

【1】对父块 container 的样式设定，这里规定了整个布局的宽度、内填充的距离和父块外边框的格式。

【2】应用浮动属性 float 将板块 content-left 移动到整个页面的左侧。

【3】将 DIV 的 height 与 line-height 的属性值设置为相同，使得目前 DIV 内部的文本可以在垂直方向上也使用居中显示的格式。

【4】应用浮动属性 float 将板块 content-right 移动到整个页面的右侧。

【5】对 footer 板块设置清除属性 clear，使其不受上面两个板块浮动的影响。

步骤 4 在 Dreamweaver 中新建一个静态网页，并将其命名为 li5-1. html。将以上在步骤 2 和步骤 3 中写好的样式代码和 div 容器代码分别添加到网页 li5-1. html 中的 <head>… </head>和 <body>… </body>标签对中。

步骤 5 保存当前对网页 li5-1. html 代码的修改，按 <F12>键在浏览器中预览在网页 li5-1. html 中制作的布局效果，如图 4-51 所示。

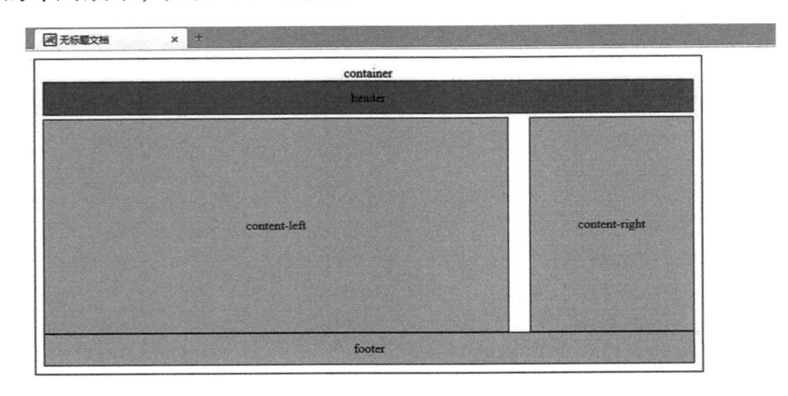

图 4-51　4 板块网页布局在浏览器中的预览效果

知识点详解

CSS 有 3 种基本的定位机制：普通流、浮动和绝对定位。为了能很好地应用这 3 种机制，CSS 为普通流、定位和浮动提供了一些属性，利用这些属性，可以建立列式布局，也可以建立其他的多种布局形式，还可以完成多年来通常需要使用多个表格才能完成的任务。虽然浮动不完全是定位，不过，它当然也不是普通的流布局。具体来说，浮动就是使框可以向左或向右移动，直到它的外边缘碰到包含框或另一个浮动框的边框为止的一种机制。由于浮动框不在文档的普通流中，因此文档的普通流中的块框表现得就像浮动框不存在一样。图 4-52 直观地展示了浮动的基本原理。

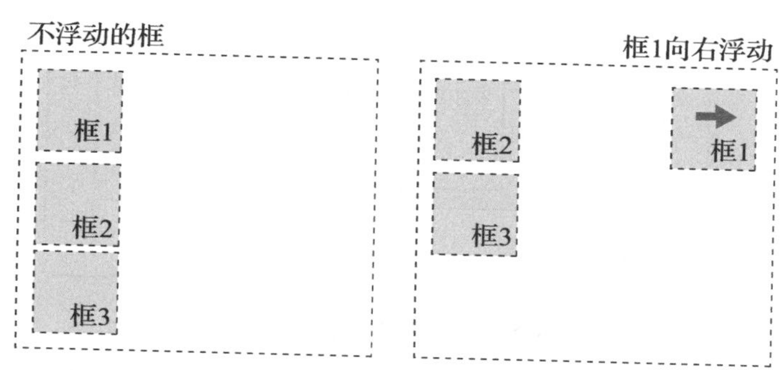

图 4-52 框 1 脱离文档流向右浮动到外包含框的右边缘

在 CSS 中，通过 float 属性实现元素的浮动，该属性也是做元素定位操作中的一个重要属性。用户在实际应用中应用浮动定位方法，不仅可以完成类似于本任务中的左右两列的网页布局效果，只要对相应内容所在的 DIV 的宽度样式进行适当的修改就可以实现具有一列到多列的固定宽度及自适应，也就是自主调整宽度列的多种网页布局格式。具体操作中，需要首先对整个版式进行规划，然后再通过对 DIV 元素应用 float 浮动来实现定位。对于 float 属性其语法结构如下：

```
float:none/left/right
```

这里的 none、left 和 right 属性值分别可使元素实现不浮动、向左浮动和向右浮动的定位效果。

另外，在应用 float 属性的同时也常需要结合应用 clear 属性，这是因为在浮动框旁边的行框通常会被缩短，从而给浮动框留出空间，也就是说行框会围绕浮动框。要想阻止行框围绕浮动框，就需要对该框应用 clear 属性。特别是做版面设计时，对底部的页脚框一定要应用 clear 属性，否则就会使页脚框受到它上面的浮动框的影响而变化位置。clear 属性的语法结构如下：

```
clear:both/none/left/right
```

这里 clear 的这些属性值分别用来具体控制当前框的哪些边不应该挨着浮动框。

子任务 2　CSS 绝对定位

【案例】 新建一个网页 li5-2. html,，结合运用 DIV 布局知识和 CSS 绝对定位的属性设置方法，为其设计实现一个包含头部板块、左部内容板块、中部内容板块、右部内容板块和页脚板块的网页布局结构，其中左右两个内容列要求宽度固定，而中间列宽度则要求根据左右列间距的变化自动调整。

步骤 1 依据题目中提出的网页布局要求，将页面中头部、左部、中部、右部内容板块和页脚板块的 ID 分别命名为 header、content-left、content-center、content-right 和 footer，其网页布局结构规划图如图4-53所示。

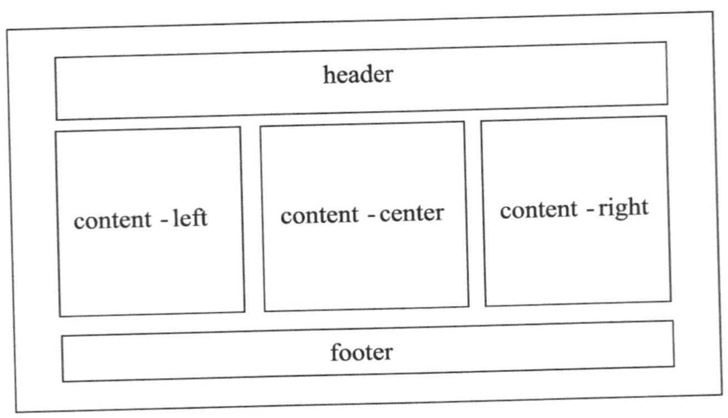

图4-53 5板块布局规划示意图

步骤2 依据以上的网页布局规划图，将每个板块的内容均放在一个<div>标签中，也就是使用CSS的ID来表示每个板块（这里仍使用CSS+DIV的布局方法）。具体地，使用下面的HTML框架代码来实现这里的方法：

```
<div id="container">container
<div id="header">head</div>
<div id="content-left">content-left</div>
<div id="content-center">content-certer</div>
<div id="content-right">content-right</div>
<div id="footer">footer</div>
</div>
```

步骤3 在完成各个DIV容器的设计后，下面分别使用几段CSS代码来完成网页中5个板块的样式设计，其中对左部和右部两个固定列宽的内容板块的定位操作是CSS绝对定位方法的直接应用。

```
<style type="text/css">
body{
    text-align:center;
}
#container{
    width:800px;
    height:420px;
    border:1px solid #000000;
    padding:10px;
}
#header{
    margin-bottom:5px;
    padding:10px;
    background-color:#099;
    border:1px solid #000000;
    text-align:center;
}
```

```
#content-left {
    position:absolute;
    top:83px;                                   【1】
    left:20px;                                  【2】
    width:200px;                                【3】
    height:300px;
    line-height:300px;
    background-color:#a2d9ff;
    border:1px solid #000000;
    text-align:center;
}
#content-center {
    height:300px;
    line-height:300px;
    background-color:#a2d9ff;
    border:1px solid #000000;
    margin-left:210px;                          【4】
    margin-right:210px;                         【5】
    text-align:center;
}
#content-right {
    position:absolute;
    top:83px;                                   【6】
    right:550px;                                【7】
    width:200px;                                【8】
    height:300px;
    line-height:300px;
    background-color:#a2d9ff;
    border:1px solid #000000;
    text-align:center;
}
#footer {
    clear:both;
    padding:10px;
    margin-top:10px;
    background-color:#a2d9ff;
    border:1px solid #000000;
    text-align:center;
}
</style>
```

代码详解

【1】~【3】为定位属性 poisition 赋值为 absolute，对应用该样式的表示左列内容板块的 DIV 元素进行绝对定位，这里的绝对定位要结合 top 和 left 属性为该 DIV 元素控制其相对于整个页面的位置。注意，这里的位置并不是相对于外框架 container 的，这就是绝对定位的特点。

【4】【5】分别使用 margin-left 和 margin-right 属性对中间内容板块相对于外框架 container 的左、右外边距进行控制。

【6】~【8】给定位属性 poisition 赋值为 absolute，对应用该样式的表示右部内容板块的 DIV 元素进行绝对定位。同样地，这里的绝对定位要结合 top 和 right 属性为该 DIV 元素控制其相对于整个页面的位置。

步骤 4 在 Dreamweaver 中新建一个静态网页，并将其命名为 li5-2. html。将以上在步骤 2 和步骤 3 中写好的样式代码和 DIV 容器代码分别添加到网页 li5-2. html 中的 <head>… </head>标签对和 <body>… </body>标签对中。

步骤 5 保存当前对网页 li5-2. html 代码的修改，按 <F12>键在浏览器中预览在网页 li5-2. html 中制作的布局效果，如图 4-54 所示。

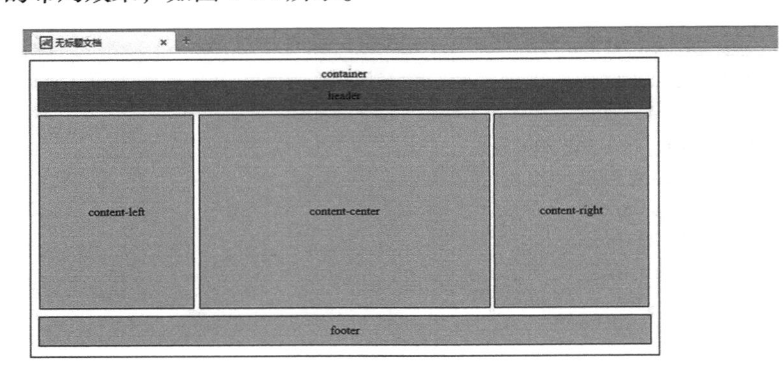

图 4-54　5 板块网页布局在浏览器中的预览效果

知识点详解

绝对定位是 CSS 定位机制中重要的一种，被设置为绝对定位的元素框将从文档流中脱离，要对它进行相对于其包含块的定位，这里包含块可能是文档中的另一个元素或初始包含块。总体来说，被绝对定位的元素要根据整个页面的位置分布情况进行定位，且该元素原先在正常文档流中所占的空间会被关闭，就好像该元素原来不存在一样。而且不论原来该元素在正常流中生成何种类型的框，它被定位后都会生成一个块级框。

需要注意的是，绝对定位要结合 top、right 和 left 这些属性进行应用，下面的例子就是一个典型的应用：

```
#box_absolute {
    position:absolute;
    left:30px;
    top:20px;
}
```

这个例子的定位情况如图 4-55 所示。

通过以上实例，可以认识到被绝对定位的元素的位置相对于最近的已定位祖先元素，如果元素没有已定位的祖先元素，那么它的位置相对于最初的包含块，这是绝对定位的重要特性，读者需要给予足够的重视。

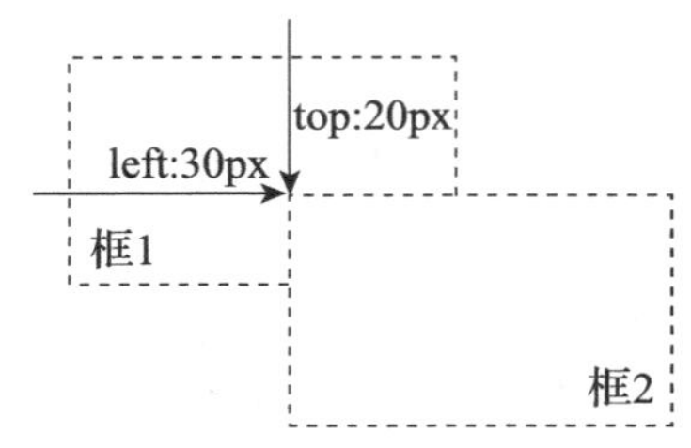

图 4-55　绝对定位实例演示

子任务3 CSS 相对定位

【案例】新建一个网页 li5-3. html，结合运用 DIV 布局知识、CSS 相对和绝对定位的属性设置方法，为其设计实现一个包含头部板块、左部内容板块、中部内容板块、右部内容板块和页脚板块的网页布局结构，其中要求中间和右面的两个内容列宽度固定，而左列宽度则要求根据中间列和右列间距的变化自动调整。

步骤 1 依据题目中提出的网页布局要求，依然将页面中头部、左部、中部、右部内容板块和页脚板块的 ID 分别命名为 header、content-left、content-center、content-right 和 footer，由于这里的网页布局结构规划情况与子任务 2 中的完全相同，因此读者可参照在子任务 2 中画出的网页布局规划图，这里不再赘述。

步骤 2 依据网页布局规划图，将每个板块的内容均放在一个 <div> 标签中，也就是使用 CSS 的 ID 来表示每个板块（这里仍使用 CSS + DIV 的布局方法）。这里仍使用下面的 HTML 框架代码来实现这里的方法：

```
<div id = "container" >container
<div id = "header" >head </div >
<div id = "content - left" >content - left </div >
<div id = "content - center" >content - certer </div >
<div id = "content - right" >content - right </div >
<div id = "footer" >footer </div >
</div >
```

步骤 3 在完成各个 DIV 容器的设计后，下面分别使用几段 CSS 代码来完成网页中 5 个板块的样式设计，其中对中间列和右列两个固定列宽的内容板块的定位操作是 CSS 绝对定位方法的直接应用，而自适应宽度的左列内容板块的定位操作是相对定位方法的应用。

```
 <style type = "text/css" >
body{

    text - align:center;
}
#container{
    width:800px;
    height:420px;
    border:1px solid #000000;
    padding:10px;
}
#header{
    margin - bottom:5px;
    padding:10px;
    background - color:#099;
    border:1px solid #000000;
    text - align:center;
}
```

```
#content-left {
    position:relative;                                   【1】
    margin-right:600px;                                  【2】
    height:300px;
    line-height:300px;
    background-color:#a2d9ff;
    border:1px solid #000000;
    text-align:center;
}
#content-center {
    position:absolute;                                   【3】
    top:83px;                                            【4】
    left:230px;                                          【5】
    width:380px;                                         【6】
    height:300px;
    line-height:300px;
    background-color:#a2d9ff;
    border:1px solid #000000;
    text-align:center;
}
#content-right {
    position:absolute;                                   【7】
    top:83px;                                            【8】
    right:545px;                                         【9】
    width:200px;                                         【10】
    height:300px;
    line-height:300px;
    background-color:#a2d9ff;
    border:1px solid #000000;
    text-align:center;
}
#footer {
    clear:both;
    padding:10px;
    margin-top:10px;
    background-color:#a2d9ff;
    border:1px solid #000000;
    text-align:center;
}
</style>
```

代码详解

【1】将定位属性 poisition 赋值为 relative，对应用该样式的表示左列内容板块的 DIV 元素进行相对定位，这里没有相对于该元素起点位置的移动，因此不用结合 top、left 和 right 属性进行

设置。

【2】应用 margin-right 属性对当前的左列内容板块所在的 DIV 元素设置一定的相对于外框架 container 的右外边距。

【3】~【5】将定位属性 poisition 赋值为 absolute，对应用该样式的表示中间列内容板块的 DIV 元素进行绝对定位，这里的绝对定位结合了 top 和 left 属性为该 DIV 元素控制其相对于整个页面的位置。

【6】使用 width 属性设置中间列内容板块的宽度为 380 像素。

【7】~【9】将定位属性 poisition 赋值为 absolute，对应用该样式的表示右部内容板块的 DIV 元素进行绝对定位，同样地这里的绝对定位要结合 top 和 right 属性为该 DIV 元素控制其相对于整个页面的位置。

【10】使用 width 属性设置右列内容板块的宽度为 200 像素。

步骤 4 在 Dreamweaver 中新建一个静态网页，并将其命名为 li5-3. html。将以上在步骤 2 和步骤 3 中写好的样式代码和 div 容器代码分别添加到网页 li5-3. html 中的 <head> … </head> 标签对和 <body> … </body> 标签对中。

步骤 5 保存当前对网页 li5-3. html 代码的修改，按 <F12> 键在浏览器中预览在网页 li5-3. html 中制作的布局效果，如图 4-56 所示。

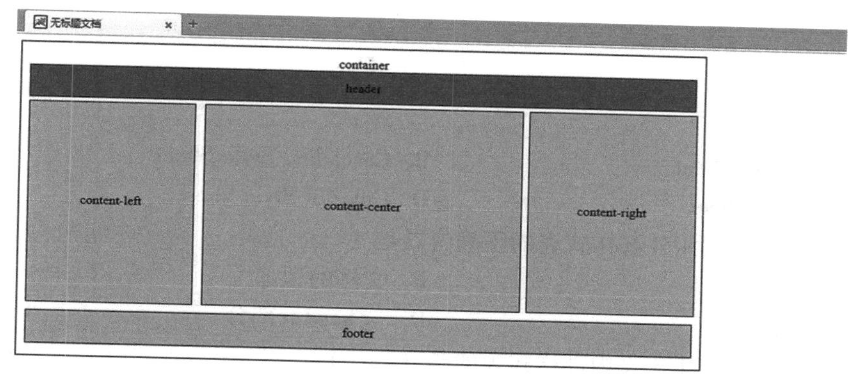

图 4-56 左列自适应宽度的 5 板块网页布局在浏览器中的预览效果

知识点详解

相对定位是一个非常容易掌握的概念。如果对一个元素进行相对定位，那么该元素将仍然保持其未定位前的形状，它原本所占的空间也仍将被保留。这时，用户可以通过设置垂直或水平位置，使该元素“相对于”它的起点进行移动。

下面是一个进行相对定位的典型实例：

```
#box_relative {
    position:relative;
    left:30px;
    top:20px;
}
```

这里将元素的 top 属性设置为 20 像素，那么元素框将出现在原位置顶部下面 20 像素的地方。而这里将 left 属性值设置为 30 像素，那么 CSS 定位机制会在元素左边创建 30 像素的空间，也就是将元素向右移动。图 4-57 所示是本实例的定位情况。

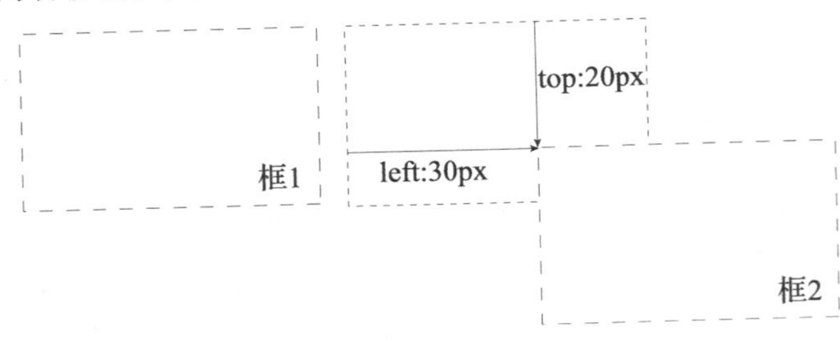

图 4-57　相对定位实例演示

需要注意的是，在使用相对定位时，无论是否进行移动，被定位的元素都会占据原来的空间，这时移动元素会导致他覆盖其他元素框，因此要慎重应用。

学材小结

理论知识

一、选择题

1）CSS 的英文全称是（　　）。

A. Computer Style Sheet　　B. Cascading Style Sheet

C. Creative Style Sheet　　D. Colorful Style Sheet

2）在 HTML 文档中，引用外部样式表的正确位置是（　　）。

A. 文档的末尾　　B. 文档的顶部

C. <body>部分　　D. <head>部分

3）以下 HTML 标签中用于定义内部样式表的是（　　）。

A. <style>　　B. <script>

C. <css>　　D. <input>

4）以下 XHTML 标签中，用来构建网页布局的是（　　）。

A. <dir>　　B. <div>

C. <dis>　　D. <dif>

5）在 CSS 语言中，表示“左边框”的语法是（　　）。

A. border-left-width：<值>　　B. border-top-width：<值>

C. border-left：<值>　　D. border-top：<值>

6）下列选项中不属于 CSS 文本属性的是（　　）。

A. font-size　　B. text-transform　　C. text-align　　D. line-height

7）下列 CSS 语法正确的是（　　）。

A. body：color = black　　B. {body：color = black(body)}

C. body{color：black}　　D. {body；color；black}

8）在 CSS 文件中插入注释的格式是（　　）。

A. // 注释内容
B. // 注释内容//
C. / *注释内容 */
D. " 注释内容

9) 以下属性可用于改变背景颜色的是（　　）。
A. bgcolor
B. background-color
C. color
D. fgcolor

10) 显示没有下画线的超链接的语句是（　　）。
A. a{text-decoration:none}
B. a{text-decoration:no underline}
C. a{underline:none}
D. {decoration:no underline}

11) 要显示一个上边框宽10像素、下边框宽5像素、左边框宽20像素、右边框宽1像素的边框，语句为（　　）。
A. border-width:10px 5px 20px 1px
B. border-width:10px 20px 5px 1px
C. border-width:5px 20px 10px 1px
D. border-width:10px 1px 5px 20px

12) 以下属性中，可以改变元素的左边距的是（　　）。
A. text-indent　　B. indent　　C. margin　　D. margin-left

二、判断题

1) 如果用户需要定义元素内容与边框间的空间，则可以使用padding属性，并且可以给它使用负值。（　　）
2) 设计者可以使用list-type:square属性来产生带有正方形项目的无序列表。（　　）
3) 无法通过CSS来实现使文本以大写字母开头的效果。（　　）
4) 应用font-size属性可以控制文本的大小尺寸。（　　）
5) 仅仅使用CSS的样式代码就可以很好地完成网页布局工作。（　　）
6) 在HTML中共有4种方式可以引用CSS样式代码。（　　）
7) 在CSS盒模型中处于最外层的部分是border。（　　）
8) 在CSS中共有3种定位的机制：普通流、浮动和绝对定位。（　　）
9) CSS中上下两个元素间的外边距合并原则是：总外边距等于它们的各自外边距的和。（　　）
10) CSS中提供了4种超链接a对象的伪类，用来表示超链接的4种不同访问状态。（　　）

实训任务

对站点“CO”下“RegUser”文件夹中已经创建好的用户注册页面RegUser.html，设置恰当的CSS样式。

【实训目的】

综合运用各种CSS方法为HTML页面创建美观大方的外在样式。

【实训内容】

利用CSS为已经创建好的用户注册页面RegUser.html设计恰当的样式。

【实训步骤】

步骤1 在Dreamweaver的工作环境中，打开位于站点“CO”根目录下“RegUser”文件夹中的用户注册页面RegUser.html文件。

步骤2 对将要设置的样式内容进行规划。依据用户注册页面RegUser.html的当前设计情况，目前考虑给其添加和完善的样式项目有：主体body中的文字样式、页面中主体表格的背景样式、网页中超链接的样式，input 标签的样式以及网页中必填内容标示符的样式等。

步骤 3 选择“文件”→“新建”命令，创建一个新的 CSS 文档，并将其命名为 RegUser.css。打开这个外部链接文档，切换到代码视图，输入以下的 CSS 样式控制代码：

```
body {                          /* 网页主体的样式设置 */
    __________:12px;            /* 设置网页中文字的大小 */
    font-weight:bold;
    __________:Verdana, Geneva, Arial, Helvetica, sans-serif; /* 设置文字的字型 */
    color:#000000;
    margin:0px;
    padding:0px;
}
table{                          /* 网页中布局表格 table 的样式设置 */
    __________:30px;            /* 设置表格的上外边距 */
    __________:#EFF7FF ;        /* 设置表格的背景色 */
}
.input-content-text{            /* 网页中 input 输入框的样式设置 */
    padding:1px;
    __________:1px solid #009CEC;   /* 设置边框的属性 */
    __________:#FFFFFF;         /* 设置 input 的 text 背景色 */
    color:#000000;
    width:150px;
    height:16px;
}
.xingstyle{                     /* 网页中必填项目标示符的样式设置 */
    __________:14px;            /* 设置网页中星形标示符的大小 */
    color:red;
}
a:link {                        /* 网页中超链接样式的设置 */
    color:#00C;
    __________:underline;       /* 网页中未访问链接文本的下画线样式设置 */
}
a:visited {
    color:#000000;
    __________:none;            /* 网页中已被访问链接文本的下画线样式设置 */
}
a:hover {
    color:#A72626;
    __________:underline;       /* 鼠标停留在链接文本上方时的下画线样式设置 */
    font-weight:bold;
}
a:active {
    color:#000000;
    __________:none;            /* 鼠标激活链接文本时的下画线样式设置 */
}
```

步骤 4 保存以上对 CSS 文档 RegUser. css 的修改，同时选定用户注册页面 RegUser. html 的标签，在其源代码的 < head > … </head > 标签对中输入以下代码，将外部 CSS 文档 RegUser. css 链接到该页面上：

```
<link href = "RegUser.css" rel = "___________" type = "__________" />
```

步骤 5 进一步修改用户注册页面 RegUser. html 源代码中表单的部分，使得所有 < input > 标签内的输入框都应用 CSS 类 input-content-text。同时将必填表示符号“ * ”加到标签 < span > 中，并对其应用 CSS 类 xingstyle。

```
<form id = "form1" name = "form1" method = "post" action = "Reg.jsp" >
    <table width = "615" >
        <tr >
            <td height = "34" colspan = "2" >请输入新用户账号的相关信息: </td >
        </tr >
        <tr >
            <td width = "211" height = "37" align = "right" >用 户 名: </td >
            <td width = "404" align = "left" > <___ name = "UserNme" required type
= "text"
___ = "input - content - text" />
            < ___ ___ = "xingstyle" > * </___
            </td >
        </tr >
        <tr >
            <td height = "41" align = "right" >密     码: </td >
            <td align = "left" > <input name = "Password1" required type = "password"
_____ = "input - content - text" />
            <_____ _____ = "xingstyle" > * </_____ > </td >
        </tr >
        <tr >
            <td height = "43" align = "right" >重复密码: </td >
            <td align = "left" > <input name = "Password2" required type = "password"
_____ = "input - content - text" />
            <_____ _____ = "xingstyle" > * </_____ > </td >
        </tr >
        <tr >
            <td height = "41" align = "right" >姓     名: </td >
            <td align = "left" > <input name = "UserNme2" required type = "text"
_____ = "input - content - text"  />
            <_____ _____ = "xingstyle" > * </_____ > </td >
        </tr >
        <tr >
            <td height = "41" align = "right" >工     号: </td >
            <td align = "left" > <input name = "gonghao" required type = "text"
_____ = "input - content - text" />
            <_____ _____"xingstyle" > * </_____ </td >
        </tr >
        …
</form >
```

步骤 6 保存以上对网页源代码和外部 CSS 样式文档的修改，按 <F12> 键在浏览器中预览完成样式设置的网页效果，如图 4-58 所示。

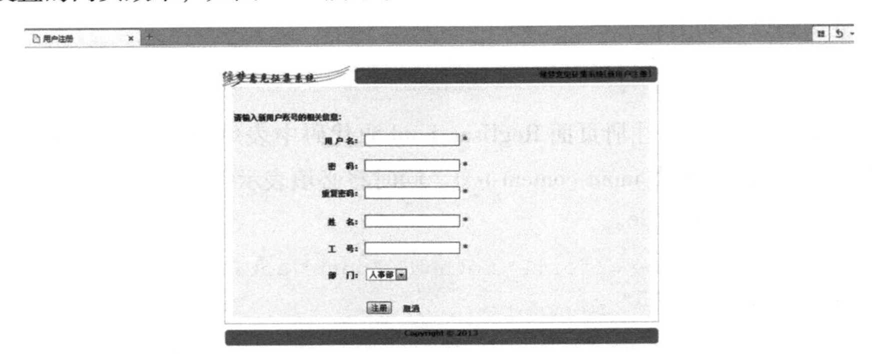

图 4-58　完成样式设置的用户注册页面效果

拓展练习

为“yjzjxt”站点下新制作出的后台管理添加用户等相关页面设置恰当的 CSS 样式。

模块五 JavaScript 与 HTML DOM

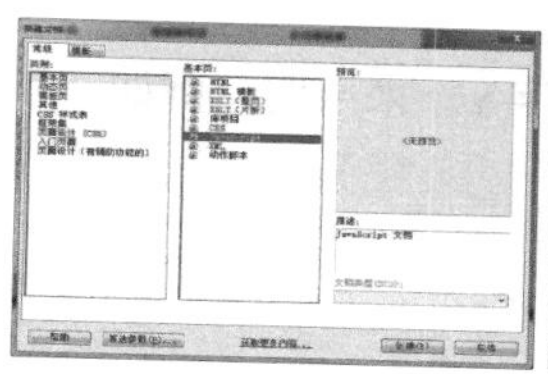
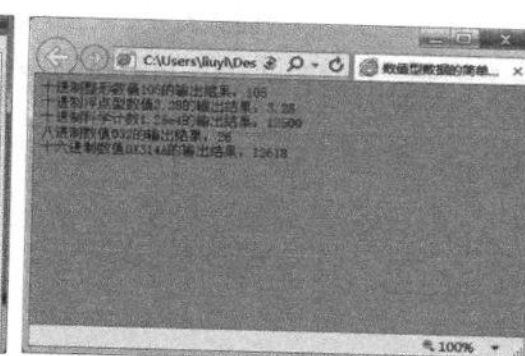
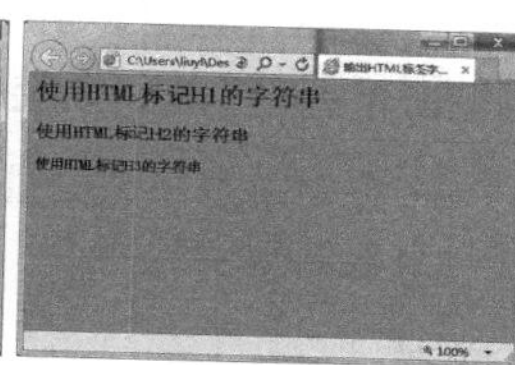

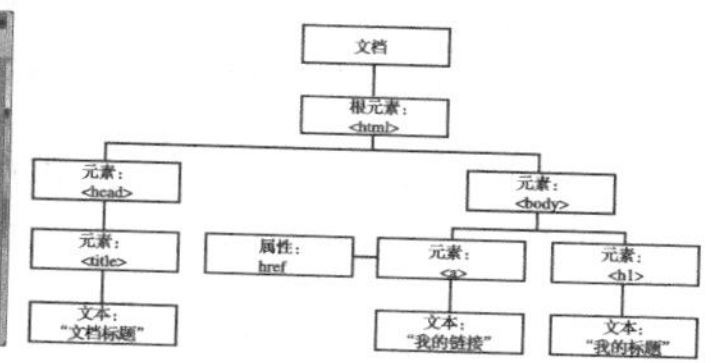

本模块导读

JavaScript 是一种基于对象和事件驱动并具有安全性能的解释型脚本语言，用于开发交互式的 Web 页面。它不仅可以直接应用在 HTML 页面中以实现动态效果，还可以用在服务器端完成访问数据库和读取文件系统等操作。

HTML 是基于标签的文本，因此在其中嵌入 JavaScript 代码也需要使用标签，这个标签就是 <script>，即需要把 JavaScript 脚本写到 <script>…</script> 标签对之间。当浏览器读取到这两个标签时就会自动解释咨询其中的脚本代码。当 JavaScript 代码比较简短时把它直接放在 HTML 代码中没有问题。但是如果 JavaScript 代码非常多，则会使 HTML 代码看起来非常凌乱，也不利于修改、维护和重复使用。解决这个问题的方法就是把 JavaScript 代码写到一个单独的文件中，这种 JavaScript 文件的扩展名是 .js。当需要使用这些代码时就可以在 <script> 标签中通过 src 属性将外部的 JavaScript 文件引入，其作用和把代码直接写在 HTML 文件里是一样的。但是在使用时需要注意以下几点：

1）JavaScript 文件的扩展名必须是 .js。

2）JavaScript 文件就是普通的文本文件。

3）JavaScript 文件中不需要使用 <script> 标签，直接写 JavaScript 代码即可。

本模块主要介绍 JavaScript 的基础、函数和 HTML DOM 等技术知识。

通过本模块的学习和实训，学生应该掌握 JavaScript 基础知识并能用 JavaScript 来实现对 HTML 元素属性的设置。

本模块要点

- JavaScript 基础
- JavaScript 函数
- JavaScript 与 HTML DOM

任务一　JavaScript 基础

本任务将通过案例来学习 JavaScript 的基础知识，包括变量、数据类型和运算符等。

子任务 1　JavaScript 变量

变量是一个存储或表示数据的名称，它可以存储和表示数值或表达式。

JavaScript 在声明变量时不需要知道变量的数据类型，而是统一使用关键字 var 来声明，例如：

```
var string;        //声明一个存储字符串的变量
var number;        //声明一个存储数字的变量
```

变量的声明需要遵守下列规则：

1）变量必须以字母开头。

2）变量也能以“ $ ” 和“_ ”符号开头（但不推荐这么做）。

3）变量名称对大小写敏感（y 和 Y 是不同的变量）。

提示：JavaScript 语句和 JavaScript 变量都对大小写敏感。

子任务 2　JavaScript 数据类型

数据类型是每种计算机语言中最为基础的内容。JavaScript 中的数据类型可分为原始数据类型和复杂数据类型。其中，原始数据类型包括数字型、字符型和布尔型，复杂数据类型包括对象、数组和函数，数组和函数可以理解成特殊的对象类型。

1. 数值型

数值型是最基本的数据类型，可以用于完成数学运算。JavaScript 与其他程序设计语言的不同之处在于，它并不区分整形数值和浮点型数值。在 JavaScript 中所有数字都是由浮点型表示的。目前，JavaScript 采用 IEEE 754 标准定义的 64 位浮点数值格式来表示数据，所有浮点数值的取值范围是 $-1.7976931348623157\times10^{308}$ ~ -5×10^{-324} 和 5×10^{-324} ~ $1.7976931348623157\times10^{308}$。

数值型数据其他形式的表达方式有以下几种：

1）科学记数法。科学记数法又称为指数形式，是以一种简短方式表达极大或小数位数过多数字的方法。例如，$1.5e^{-5}$就是一个采用科学记数法表示的数字，等于 1.5×10^{-5}。

2）八进制数值。八进制只使用 0 ~ 7 来表示。在 JavaScript 中，八进制数字以数字 0 开头，其后的数字可以是任何八进制数字（0 ~ 7），例如，065、017 都是合法的八进制数值。

3）十六进制数值。十六进制使用 0 ~ 9 以及字母 A ~ F 来表示数值。其中，字母 A ~ F 分别代表十进制中的10 ~ 15。在 JavaScript 中，十六进制数字以 0x 或 0X 开头，后面可以是任何十六进制数字(0 ~ 9 或 A ~ F)。例如，0x5F、0XD34 都是合法的十六进制数值。

【案例】数值型数据的简单描述。

实现该案例的 HTML 代码如下：

```
<html>
<head>
<title>数值型数据的简单描述</title>
</head>
<body>
<script language="javascript">
 var NumOfInt=105;
 var NumOfFloat=3.28;
 var NumOfScience=1.25e4;
 var NumOfOctal=032;
 var NumOfHex=0X314A;
 document.writeln("十进制整形数值 105 的输出结果:" + NumOfInt + "<br>");
 document.writeln("十进制浮点型数值 3.28 的输出结果:" + NumOfFloat + "<br>");
 document.writeln("十进制科学计数 1.25e4 的输出结果:" + NumOfScience + "<br>");
 document.writeln("八进制数值 032 的输出结果:" + NumOfOctal + "<br>");
 document.writeln("十六进制数值 0X314A 的输出结果:" + NumOfHex + "<br>");
</script>
</body>
</html>
```

本案例的运行结果如图 5-1 所示。

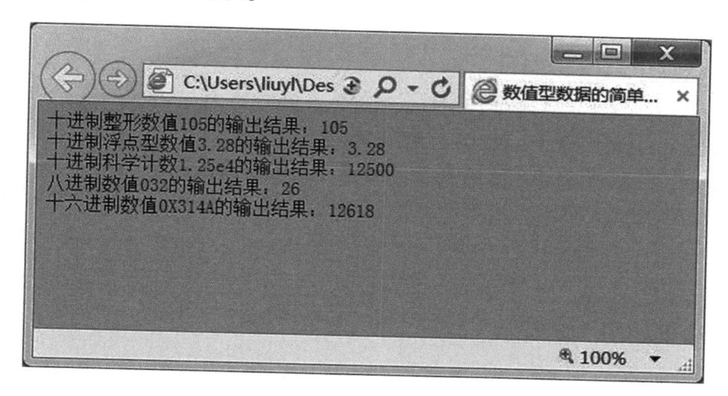

图 5-1　数值型数据的简单描述案例运行结果

2. 字符型

字符型数据又称为字符串，由零个或多个字符（包括字母、数字和标点）组成。在程序中，字符串应该用单引号或双引号封装起来，使用单引号标记字符串和使用双引号标记字符串的效果是一样的，只要保证开头和结尾使用的标记一致即可。

（1）转义字符

在 JavaScript 中，“\”称为转义字符，和其他字符混合使用称为转义序列。转义序列可以表示特殊的含义，如果转义序列没有特殊含义，那么“\”将被忽略，而显示原有的字符。

JavaScript 中的转义字符见表 5-1。

表 5-1　JavaScript 转义字符

转义序列	代表含义	转义序列	代表含义
\b	退格符	\t	水平制表符
\f	换页符	\'	单引号
\n	换行符	\"	双引号
\r	回车符	\\	反斜线符

例如，当在 JavaScript 中需要用到字符串“C:\Office\Word”时，正确的写法如下：

```
document.writeln("C:\\Office\\Word");
```

（2）HTML 标签字符串

在实际应用中，有时需要通过 JavaScript 语句输入包含 HTML 标签的字符串，实现方法比较简单，只要将 HTML 标签作为字符串的一部分放在合适的位置即可。

【案例】输入 HTML 标签字符串。

实现该案例的 HTML 代码如下：

```
<html>
<head>
<title>输出 HTML 标签字符串</title>
</head>
<body>
<script language="JavaScript">
  document.writeln("<h1>使用 HTML 标签 h1 的字符串</h1>");
  document.writeln("<h2>使用 HTML 标签 h2 的字符串</h2>");
  document.writeln("<h3>使用 HTML 标签 h3 的字符串</h3>");
</script>
</body>
</html>
```

本案例的运行结果如图 5-2 所示。

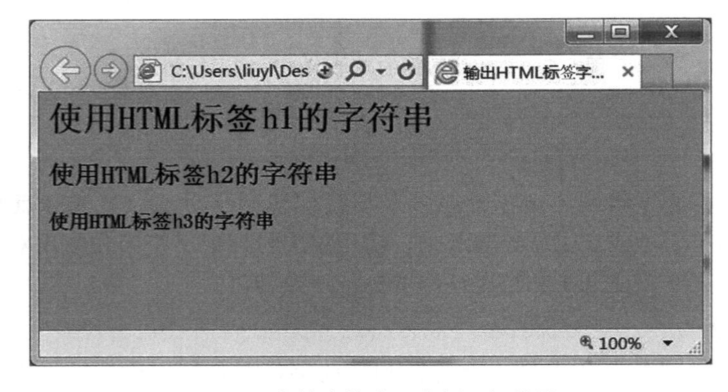

图 5-2　字符串的应用案例运行结果

3. 布尔型

布尔型是只有 true 和 false 两种值的数据类型。

在实际应用中，布尔型数据常用在比较和逻辑等运算中，运算的结果往往就是 true 或 false。例如，比较两个数字的大小：

```
3 >4      //数字 3 小于 4,所以 3 >4 的逻辑运算结果是 false
12 >6     //数字 12 大于 6,所以 12 >6 的逻辑运算结果是 true
2 = =0    //数字 2 不等于 0,所以 2 ==0 的逻辑运算结果是 false
```

在 JavaScript 中，布尔型数据常用在控制结构的语句中，根据布尔型数据的值执行相应的代码，完成预定的工作。

4. 对象

对象是一种复合的、复杂的数据类型，是属性和方法的集合。对象的属性可以是任何类型的数据，包括数字、字符、布尔型、数组、函数，甚至是其他对象，而方法就是一个集成在对象中的函数，用于完成特定的功能。

5. 数组

与对象类似，数组也是一种数据的集合。与对象不同的是，数组是通过下标来标记数组中的数据的。下标是一个非负的整数，代表数组元素在数组中的位置，通过下标可以设置或访问数组元素。

子任务 3　JavaScript 运算符

1. 算术运算符

算术运算符用于执行变量与值之间的算术运算。例如，假定 y =5，表 5-2 解释了算术运算符。

表 5-2　算术运算符的应用

运算符	描述	例子	结果
+	加	x = y + 2	x = 7
-	减	x = y - 2	x = 3
*	乘	x = y * 2	x = 10
/	除	x = y/ 2	x = 2. 5
%	求余数（保留整数）	x = y%2	x = 1
++	累加	x = ++y	x = 6
--	递减	x = --y	x = 4

2. 比较运算符

比较运算符用于比较运算符两端表达式的值，确定两者的大小关系。运算完成后根据比较的结果返回一个布尔值。如果表达式成立则返回 true，如果不成立则返回 false。例如，假定 x =5、y =5、z =4、a =5，表 5-3 解释了比较运算符。

表 5-3　比较运算符的应用

运算符	说明	表达式	结果
==	等于	x == y	true
===	严格等于	x === z	false
!= =	不等于	x! == y	false
!===	严格不等于	x! === z	true
<	小于	y > z	true
<=	小于等于	z <= y	true
>	大于	a > z	true
>=	大于等于	z >= y	false

其中，等于和不等于运算符在运算时需要遵守下列规则：

1）运算数的类型转换。如果被比较的运算数是同类型的，那么直接对运算数进行比较；如果被比较的运算数类型不同，那么在比较两个运算数之前自动对其进行类型转换。转换规则如下：

① 如果运算数中既有数字又有字符串，那么 JavaScript 将把字符串转换为数字，然后进行比较。

② 如果运算数中有布尔值，那么 JavaScript 将把 true 转换为 1，将 false 转换为 0，然后进行比较。

③ 如果运算数一个是对象，一个是字符串或数字，那么 JavaScript 将把对象转换成与另一个运算数类型相同的值，然后再进行比较。

2）特殊值的比较。下面给出几种特殊类型数据的比较情况：

① 如果两个运算数都是 null，则它们相等。

② 如果两个运算数都是 undefined 类型，则它们相等。

③ 如果一个运算数是 null，一个运算数是 undefined 类型，则它们相等。

3. 逻辑运算符

逻辑运算符用于执行布尔运算，其运算数都应该是布尔数值和表达式或可以转换成布尔型的数值和表达式，其运算结果返回 true 或 false。例如，假定 a =10、b =5、c =4、d =5，表 5-4 解释了逻辑运算符。

表 5-4　逻辑运算符的应用

运算符	说明	表达式	结果
&&	逻辑与运算符	(a > b)&&(b > c)	true
||	逻辑或运算符	(a > b)||(b > d)	true
!	逻辑非运算符	!(a > b)	false

4. 条件运算符（?:）

条件运算符是一个三元运算符，它有 3 个运算数，第 1 个运算数是布尔型，通常由一个表达式计算而来，第 2 个运算数和第 3 个运算数可以是任意类型的数据，或任何形式的表达式。

条件运算符的运算规则是：如果第 1 个运算数为 true，那么条件表达式的值就是第 2 个运算数；如果第 1 个运算数为 false，那么条件表达式的值就是第 3 个运算数。例如：

```
x>y!x-y:x+y;
```

上面语句的意思是：如果变量 x 的值大于 y 的值，那么条件表达式的值就是 x - y；如果变量 x 的值小于或等于 y 的值，那么条件表达式的值就是 x + y。

5. 赋值运算符

赋值运算符用于给 JavaScript 变量赋值。例如，假定 x = 10 和 y = 5，表 5-5 解释了赋值运算符。

表 5-5 赋值运算符的应用

运算符	例子	等价于	结果
=	x = y		x = 5
+=	x += y	x = x + y	x = 15
-=	x -= y	x = x - y	x = 5
*=	x *= y	x = x * y	x = 50
/=	x/= y	x = x/ y	x = 2
%=	x% = y	x = x% y	x = 0

子任务 4 JavaScript 流程控制

所谓的“流程”就是程序代码执行的顺序。在任何一种语言中，程序控制流是必需的。它能使得整个程序减少混乱，使之顺利按照一定的方式执行。JavaScript 常用的程序控制流程有 3 种基本结构，即顺序结构、选择结构、循环结构。

其中，选择结构有 if 语句、if…else 语句、嵌套 if 语句、嵌套 if…else 语句以及 switch 语句；循环结构有 while 语句、do…while 语句、for 语句、for…in 语句等。

1. if 语句

if 语句是使用最为普遍的条件语句。每一种编程语言都有一种或多种形式的 if 语句，在编程中使用较频繁。

if 语句最简单、最基本的一种形式如下：

```
if (表达式)
{语句块}
```

【案例】 if 语句的使用——根据用户输入的名字发出问候。

实现该案例的 HTML 代码如下：

```
<html>
<head>
<title>if 语句的使用</title>
</head>
```

```
<body>
<script language="javascript">
  var str;                                              【1】
  str=prompt("请输入您的名字","");                        【2】
  if(str!=="")                                          【3】
  {
    alert("欢迎"+str+"访问本网站!");                      【4】
  }
</script>
</body>
</html>
```

代码详解

【1】定义 str 用来存放用户输入的名字。

【2】弹出对话框要求用户输入名字。

【3】判断用户是否输入了名字。

【4】用户输入名字后，弹出提示框问候用户。

前面的 if 语句提供了一种条件选择的控制逻辑，即如果满足则执行语句块中的代码，但是它忽略了条件不成立的情况。当条件不成立时需要用到另外一种形式的 if 语句，其格式如下：

```
if(表达式)
{语句块}
else
{语句块}
```

【案例】对前面的案例进行改进，当用户没有输入名字时发出不同的问候。

实现该案例的 HTML 代码如下：

```
<html>
<head>
<title>if…else语句的使用</title>
</head>
<body>
<script language="javascript">
  var str;
  str=prompt("请输入您的名字","");
  if(str!= ="")
  {
    alert("欢迎" + str + "访问本网站!");
  }
  else                                                  【1】
  {
    alert("谢谢访问本网站!");                             【2】
  }
```

```
</script>
</body>
</html>
```

代码详解

【1】当用户没有输入名字时执行 else 后面的语句块。

【2】弹出一个提示框，谢谢用户的访问。

前面讲述的两种 if 语句只能测试一个条件表达式，针对一种情况执行不同的代码。当需要对多个条件进行测试时就需要用到如下格式的 if 语句：

```
if (表达式)
{语句块}
else if(表达式)
{语句块}
…
else
{语句块}
```

注 意

else 和 if 不能连起来，必须分开写。

2. switch 语句

switch 语句是 JavaScript 提供的另一种条件语句，通常又称为“情况”语句（case 语句）。switch 语句用于从多种选择路线中选择一条路线执行，完成的功能和 if…else if 语句相同，在某些情况下可以替代 if…else if 语句。使用 switch 语句可以使程序结构清晰，便于阅读和维护。

【案例】 switch 语句的使用——根据输入的成绩来判断成绩的等级。

实现该案例的 HTML 代码如下：

```
<html>
<head>
<title>switch 语句的使用</title>
</head>
<body>
<script language="javascript">
  var yy;                                                    【1】
  yy=eval(prompt("请输入成绩(60 70 80 90)",""));              【2】
  if(yy>=90)                                                 【3】
  {yy=90;}
  else if(yy>=80)
  {yy=80;}
  else if(yy>=70)
  {yy=70;}
```

```
    else if(yy > =60)
    {yy =60;}
    else
    {yy =yy;}
    switch(yy)                                          【4】
    {
        case 90:{
            document.write("优秀");
            break;}
        case 80:
            {document.write("良好");
            break;}
        case 70:
            {document.write("中等");
            break;}
        case 60:
            {document.write("及格");
            break;}
        default:
            {document.write("不及格");
            break;}
    }
  </script >
  </body >
  </html >
```

代码详解

【1】定义变量 yy 用来存放用户通过对话框输入的数值。
【2】方法 prompt()提示用户输入成绩。
【3】对用户输入的成绩进行格式化。
【4】根据用户输入的成绩判定成绩的等级。

3. while 语句

while 语句是循环语句，也是条件判断语句。其语法结构如下：

```
wihle (条件表达式语句)
{
  执行语句组
}
```

【案例】while 循环语句的使用。
实现该案例的 HTML 代码如下：

```
<html>
<head>
  <title>while 循环语句的使用</title>
  <script language="JavaScript">
   var answer="";
   var correct=100;                                          【1】
   var question="请计算 10*10 的结果是多少?";                  【2】
   while(answer!=correct)                                    【3】
   {                                                         【4】
     answer=prompt(question,"0");
     answer=parseInt(answer);                                【5】
   }                                                         【6】
  alert("计算正确,恭喜! 并欢迎您进入本网页");
 </script>                                                   【7】
 </head>
<body>
</body>
</html>
```

代码详解

【1】定义变量 answer 用来存放用户通过对话框输入的数值。
【2】定义变量 correct。
【3】定义变量 question 用来存放对话框中的提示内容。
【4】循环开始。
【5】方法 prompt()用来显示一个提示用户进行输入的对话框。
【6】方法 parseInt()对字符串进行解析，并返回一个整数。
【7】方法 alert() 用于显示一个带有一条消息和一个 OK 按钮的提示框。

4. do…while 语句

【案例】 do…While 语句的使用。

实现该案例的 HTML 代码如下：

```
<html>
<head>
<title>do…while 语句的使用</title>
</head>
<body>
<script language="javascript">
  var i=1;
  do                                                         【1】
  {                                                          【2】
   document.write("<h",i,">欢迎学习 JavaScript! </h",i,"><br>");   【3】
   i++;                                                      【4】
  }
```

```
  while(i <6)                                              【5】
</script >
</body >
</html >
```

代码详解

【1】定义变量 i 作为循环变量，并赋初始值。
【2】循环开始。
【3】输出 i 取不同值时的 h 标签。
【4】变量 i 加 1。
【5】i <6 是循环继续执行的条件。

5. for 语句

前面两种循环都是用条件表达式来控制循环的。如果在已知循环次数的情况下，可以使用 for 语句，可使程序更加简洁。其语法格式如下：

```
for(初始表达式;条件表达式;增量表达式)
{
  语句组;
}
```

【案例】for 语句的使用——求 1 ~8 的阶乘。

实现该案例的 HTML 代码如下：

```
<html >
<head >
<title >for 语句的使用:求 1 ~8 的阶乘 </title >
<script language = "JavaScript" >
 var result =1;                                            【1】
 for(var i =1;i < =8;i + +)                                【2】
 {
    result * =i;                                           【3】
    document.write(i,"的阶乘为:",result);                  【4】
    document.write(" <br >");                              【5】
 }
</script >
</head >
<body >
</body >
</html >
```

代码详解

【1】定义变量 result 用于存放求阶乘的结果。
【2】循环开始。

【3】求阶乘。
【4】输出 i 取不同值时的阶乘结果。
【5】输出回车换行，使后面输出的内容换行输出。

6. for…in 语句

JavaScript 中有一个特殊的 for 语句，就是 for…in 语句，它是专门用来处理有关数组和对象的循环的，如列出对象的所有属性或操作数组的所有元素等。这个语句在 C 和 C ++ 中没有。

for…in 语句的语法格式如下：

```
for (变量 in 数组或对象)
{
    语句组;
}
```

【案例】 for…in 语句的使用——输出数组中的值。

实现该案例的 HTML 代码如下：

```
<html>
<head>
<title>for…in 语句的使用:输出数组中的值</title>
<script language="JavaScript">
 var myarray=new Array();
 for (var i=0;i<10;i++)                                    【1】
 {                                                         【2】
     myarray【i】=i*10;
 }                                                         【3】
 for (i in myarray)
 {                                                         【4】
     document.write("数组中第",i,"个元素是:");
     document.write(myarray【i】+"<br>");                  【5】
 }                                                         【6】
</script>
</head>
<body>
</body>
</html>
```

代码详解

【1】定义变量 myarray 用于存放求阶乘的结果。
【2】循环开始。
【3】给数组元素赋值。
【4】另一个循环开始。
【5】输出数组元素的位置。
【6】输出数组中第 i 个元素的值。

7. break 和 continue 语句

为了给 for 和 while 循环加入更多的实用程序，JavaScript 中包含了 break 和 continue 语句。这两个语句可用于改变循环的流程，使它不仅是有关命令块的简单重复。如果想提前中断循环，可以在循环体语句中加入 break 语句，也可以在循环体语句中加入 continue 语句，跳过本次循环要执行的剩余语句，然后开始下一次循环。

【案例】 continue 语句的使用。

实现该案例的 HTML 代码如下：

```
<html>
<head>
<title>continue 语句的使用</title>
</head>
<body>
<script language="JavaScript">
 var output = "";                                    【1】
 for(var  x=1;  x<10;  x++)                          【2】
 {
    if(x%2==0)  continue;                            【3】
    output=output+"x="+x;                            【4】
 }
 alert(output);                                      【5】
</script>
</body>
</html>
```

代码详解

【1】定义变量 output 用来存放计算结果。

【2】循环开始，循环的执行条件是 x=1，每次 x 加 1，当 x=10 时结束循环。

【3】当 x 是 2 的倍数时跳过本次循环要执行的剩余语句，然后进入下一次循环。

【4】在 x=i 且 x 不是 2 的倍数时，在变量 output 后面连接字符串“x=i”。

【5】弹出提示框显示输出结果。

任务二　JavaScript 函数

知识导读

JavaScript 中的函数是一段相对独立的代码，用以实现一定的功能。与其他计算机语言类似，它可以一次定义，多处使用，从而提高代码的可复用性。但与其他计算机语言不同的是，函数在 JavaScript 中也是一种数据类型，正是因为这个不同寻常的特性，使得 JavaScript 中的函数可以被存储在变量、数组以及对象的属性中，甚至可以作为参数在其他函数之间传递。

子任务 1 函数的声明与创建

JavaScript 函数定义的格式如下：

```
function 函数名(参数)
{
    要执行的语句;
}
```

【案例】 创建意见征集系统留言板的表单检查函数，打开 gbook\scripts\js. js。

实现该案例的 HTML 代码如下：

```
function checkdata(form){
    if(form.name.value.length<1) {
        alert("\昵称不能为空 !!")                      【1】
        form.name.focus()                              【2】
        return false;                                  【3】
    }                                                  【4】
    if(form.email.value.length<1) {
        alert("\请填写邮件 !!")                        【5】
        form.email.focus()
        return false;
    }
    if(form.content.value.length<1) {
        alert("\留言内容不能为空 !!")                  【6】
        form.content.focus()
        return false;
    }
}
```

代码详解

【1】检查表单中名为 name 的表单项的值的长度。如果长度小于 1，则说明用户没有输入。
【2】弹出提示框，告诉用户“昵称不能为空!!”。
【3】将光标移动到 name 表单项，要求用户重新输入。
【4】阻止表单提交。
【5】对表单中名为 email 的表单项进行检查。
【6】对表单中名为 content 的表单项进行检查。

子任务 2 函数的调用

【案例】 意见征集系统留言板页面 gbook. jsp 调动前面创建的函数。

实现该案例的 HTML 代码如下：

```
<form onsubmit = "return checkdata(this);" action = "messageServlet" method
= "post" >
```

代码详解

在表单提交时执行 checkdata 函数，并将检查结果返回。当所有输入都符合要求时才提交表单。

任务三　JavaScript 与 HTML DOM

子任务 1　DOM 简介与 DOM 节点

DOM（Document Object Model）即文档对象模型。当网页被加载时，浏览器会创建页面的文档对象模型。HTML DOM 模型被构造为对象的树，如图 5-3 所示。

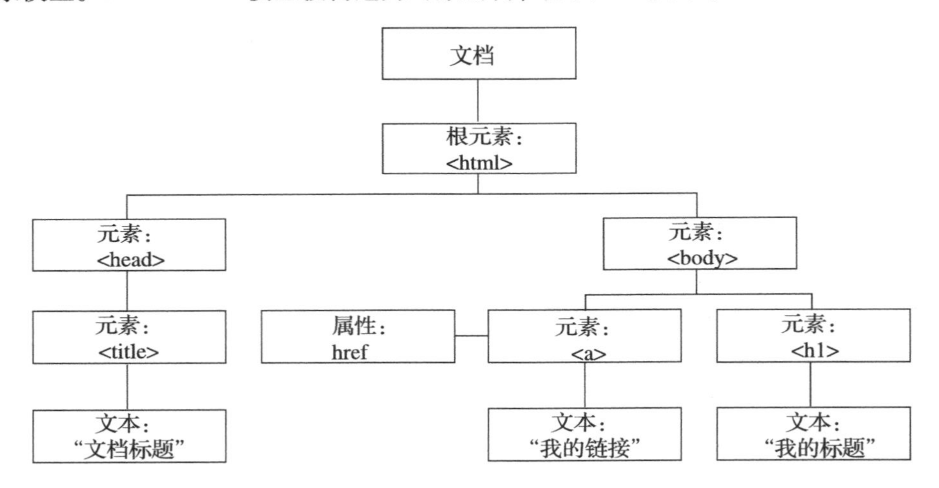

图 5-3　HTML DOM 树

通过可编程的对象模型，JavaScript 获得了足够的能力来创建动态的 HTML，具体如下：

1）JavaScript 能够改变页面中的所有 HTML 元素。

2）JavaScript 能够改变页面中的所有 HTML 属性。

3）JavaScript 能够改变页面中的所有 CSS 样式。

4）JavaScript 能够对页面中的所有事件做出反应。

子任务 2　DOM 元素（节点）

举例说明如何创建和删除 DOM 元素。

1. 创建新的元素节点

使用方法 createElement( )创建新的元素节点，代码如下：

```
xmlDoc = loadXMLDoc("books.xml");                  【1】
newel = xmlDoc.createElement("edition");           【2】
x = xmlDoc.getElementsByTagName("book");           【3】
x.appendChild(newel);                              【4】
```

代码详解

【1】通过使用 loadXMLDoc( )把“books. xml”载入到 xmlDoc 中。
【2】创建一个新的元素节点 <edition>。
【3】向第一个 <book> 元素追加这个元素节点。
【4】遍历并向所有 <book> 元素添加一个元素。

2. 创建新的属性节点

方法 createAttribute( )用于创建新的属性节点，代码如下：

```
xmlDoc = loadXMLDoc("books.xml");                  【1】
newatt = xmlDoc.createAttribute("edition");        【2】
newatt.nodeValue = "first";
x = xmlDoc.getElementsByTagName("title");          【3】
x.setAttributeNode(newatt);                        【4】
```

代码详解

【1】通过使用方法 loadXMLDoc( )把 books. xml 载入到 xmlDoc 中。
【2】创建一个新的属性节点“edition”。
【3】向第一个 title 元素添加这个新的属性节点。
【4】遍历所有 title 元素，并添加一个新的属性节点。
注释：如果该属性已存在，则被新属性替代。

3. 通过使用方法 setAttribute( )来创建属性

由于方法 setAttribute( )可以在属性不存在的情况下创建新的属性，因此可以使用该方法来创建新属性，代码如下：

```
xmlDoc = loadXMLDoc("books.xml");                  【1】
x = xmlDoc.getElementsByTagName(book);             【2】
x.setAttribute("edition","first");                 【3】
```

代码详解

【1】通过使用方法 loadXMLDoc( )把 books. xml 载入到 xmlDoc 中。
【2】为第一个 book 元素设置（创建）值为“first”的属性。
【3】遍历所有 title 元素并添加一个新属性。

4. 删除元素节点

方法 removeChild( )用于删除指定的节点。当一个节点被删除时，其所有子节点也会被删除。

【案例】 在载入的 XML 文件中删除第一个 book 元素。

实现该案例的 HTML 代码如下：

```
xmlDoc = loadXMLDoc("books.xml");                          【1】
y = xmlDoc.getElementsByTagName("book")                    【2】
xmlDoc.documentElement.removeChild(y)                      【3】
```

代码详解

【1】通过使用方法 loadXMLDoc( )把 books. xml 载入到 xmlDoc 中。

【2】把变量 y 设置为要删除的元素节点。

【3】通过使用方法 removeChild( )从父节点删除元素节点。

5. 删除自身（删除当前的节点）

方法 removeChild( )是唯一可以删除指定节点的方法。当定位好需要删除的节点时，就可以通过使用 parentNode 属性和方法 removeChild( )来删除此节点，代码如下：

```
xmlDoc = loadXMLDoc("books.xml");                          【1】
x = xmlDoc.getElementsByTagName("book")                    【2】
x.parentNode.removeChild(x)                                【3】
```

代码详解

【1】通过使用方法 loadXMLDoc( )把 books. xml 载入到 xmlDoc 中。

【2】把变量 y 设置为要删除的元素节点。

【3】通过使用 parentNode 属性和方法 removeChild( )来删除此元素节点。

子任务 3　DOM 事件

HTML DOM 使 JavaScript 有能力对 HTML 事件做出反应。

1. 对事件做出反应

我们可以在事件发生时执行 JavaScript，如当用户在 HTML 元素上单击时。

如需在用户单击某个元素时执行代码，则可向一个 HTML 事件属性添加 JavaScript 代码：

```
onclick = JavaScript
```

【案例】 当用户在 h1 元素上单击时改变其内容。

方法 1：直接设置 <h1>标签的属性来实现，代码如下。

```
<h1 onclick = "this.innerHTML = 谢谢!" >请单击该文本 </h1>
```

方法 2：从事件处理器调用一个函数，代码如下。

```
<!DOCTYPE html>
<html>
<head>
<script>
    function changetext(id)
    {id.innerHTML = "谢谢!";}                                   【1】
</script>                                                        【2】
</head>
<body>
<h1 onclick = "changetext(this)">请单击该文本</h1>                 【3】
</body>
</html>
```

代码详解

【1】定义名为 changtext 的 JavaScript 函数，其中函数的参数为 id。
【2】修改 id 的 innerHTML 属性。
【3】设置 <h1>标签，使其单击时执行前面定义的 changtext 函数。

2. HTML 事件属性

如需向 HTML 元素分配事件，则可以使用事件属性。

【案例】 向 button 元素分配 onclick 事件，代码如下：

```
<button onclick = "displayDate()">单击这里</button>
```

代码详解

在按钮被单击时执行名为 displayDate 的函数。

3. 使用 HTML DOM 来分配事件

HTML DOM 允许用户通过使用 JavaScript 来向 HTML 元素分配事件。
【案例】 向 button 元素分配 onclick 事件。
实现该案例的 HTML 代码如下：

```
<script>
 document.getElementById("myBtn").onclick = function(){displayDate()};
</script>
```

代码详解

名为 displayDate 的函数被分配给 id 为“myButn”的 HTML 元素。当按钮被单击时，会执行该函数。

4. onload 事件和 onunload 事件

onload 事件和 onunload 事件会在用户进入或离开页面时被触发。onload 事件可用于检测访问者的浏览器类型和浏览器版本，并基于这些信息来加载网页的正确版本。

onload 事件和 onunload 事件可用于处理 cookie。

【案例】 当页面加载时执行 checkCookies 函数。

实现该案例的 HTML 代码如下：

```
<body onload = "checkCookies()" >
```

【案例】 当页面完成加载时，显示一个提示框。

实现该案例的 HTML 代码如下：

```
<! DOCTYPE html >
<html >
<head >
<script >
  function mymessage()                                    【1】
  {alert("这段消息由 onload 事件触发");}                    【2】
</script >
</head >
<body onload = "mymessage()" >                            【3】
</body >
</html >
```

代码详解

【1】定义一个名为 mymessage 的函数。

【2】方法 alert()用于显示一个带有一条消息和一个确定按钮的提示框。

【3】设置页面的 onload 属性，使页面加载时执行 mymessage 函数。

5. onchange 事件

onchange 事件常结合对输入字段的验证来使用。

【案例】 当用户改变输入字段的内容时，会调用 upperCase 函数。

实现该案例的 HTML 代码如下：

```
<input type = "text" id = "fname" onchange = "upperCase()" >
```

6. onmouseover 事件和 onmouseout 事件

onmouseover 事件和 onmouseout 事件可用于在用户的鼠标移至 HTML 元素上方或移出元素时触发函数。

【案例】 编写一个简单的 onmouseover 事件和 onmouseout 事件实例。

实现该案例的 HTML 代码如下：

```
<html>
<body>
<div onmouseover="mOver(this)" onmouseout="mOut(this)"
style="background-color:green;width:120px;height:20px;padding:40px;color:#
ffffff;">把鼠标移到上面</div>                                              【1】
<script>
  function mOver(obj)                                                        【2】
  {obj.innerHTML="谢谢"}                                                     【3】
  function mOut(obj)                                                         【4】
  {obj.innerHTML="把鼠标移到上面"}                                            【5】
</script>
</body>
</html>
```

代码详解

【1】定义 DIV 元素的 onmouseover 事件和 onmouseout 事件发生时触发的函数。

【2】定义名为 mOver 的函数。

【3】修改元素的 innerHTML 属性。

【4】定义名为 mOut 的函数。

【5】修改元素的 innerHTML 属性。

【案例】 当指针移动到元素上方时，改变其颜色；当指针移出文本后，再次改变其颜色。

实现该案例的 HTML 代码如下：

```
<!DOCTYPE html>
<html>
<body>
<h1 onmouseover="style.color='red'" onmouseout="style.color='blue'">请把
鼠标移到这段文本上</h1>
</body>
</html>
```

代码详解

将一段文字设置为 h1 元素，且设置元素在 onmouseover 事件发生时的颜色为 red，而 onmouseout 事件发生时的颜色为 blue。

7. onmousedown、onmouseup 及 onclick 事件

onmousedown、onmouseup 及 onclick 构成了鼠标单击事件的所有部分。当单击鼠标按钮时，会触发 onmousedown 事件；当释放鼠标按钮时，会触发 onmouseup 事件；最后，当完成鼠标单击时，会触发 onclick 事件。

【案例】 编写一个简单的 onmousedown 事件和 onmouseup 事件实例。

实现该案例的 HTML 代码如下：

```
<! DOCTYPE html >
<html >
<body >
<div onmousedown = "mDown(this)" onmouseup = "mUp(this)" style = "background
-color:green;color:#ffffff;width:90px;height:20px;padding:40px;font-size:
12px;" >请单击这里 </div >                                              【1】
<script >
 function mDown(obj)                                                  【2】
 {
   obj.style.backgroundColor = "#1ec5e5";                             【3】
   obj.innerHTML = "请释放鼠标按钮" ;
 }
 function mUp(obj)                                                    【4】
 {
   obj.style.backgroundColor = "green";                               【5】
   obj.innerHTML = "请按下鼠标按钮";
 }
</script >
</body >
</html >
```

代码详解

【1】定义 DIV 元素的 onmousedown 事件和 onmouseup 事件发生时触发的函数。
【2】定义名为 mDown 的函数。
【3】在这个函数被执行时修改元素的背景颜色为#1ec5e5。
【4】定义名为 mUp 的函数。
【5】在这个函数被执行时修改元素的背景颜色为 green。

8. onfocus 事件

【案例】 当输入字段获得焦点时，改变其背景色。
实现该案例的 HTML 代码如下：

```
<! DOCTYPE html >
<html >
<head >
<script >
 function myFunction(x)                                               【1】
 {
   x.style.background = "yellow";                                     【2】
 }
</script >
</head >
<body >
请输入英文字符:<input type = "text" onfocus = "myFunction(this)" >    【3】
<p >当输入字段获得焦点时,会触发改变背景颜色的函数。</p >
</body >
</html >
```

代码详解

【1】定义名为 myFunction 的函数。
【2】在这个函数被执行时修改元素的背景颜色为 yellow。
【3】设置文本框元素的 onfocus 属性，当这个输入框被单击时执行 myFunction 函数。

子任务 4　DOM 内容

通过 HTML DOM 和 JavaScript 能够访问 HTML 文档中的每个元素。

1. 改变 HTML 内容

改变元素内容的最简单的方法是使用 innerHTML 属性。
【案例】更改 p 元素的 HTML 内容。
实现该案例的 HTML 代码如下：

```
<html>
<body>
<p id="p1">Hello World!</p>                                         【1】
<script>
 document.getElementById("p1").innerHTML="New text!";               【2】
</script>
</body>
</html>
```

代码详解

【1】定义一个名为“p1”的段落元素。
【2】修改 p1 元素的 innerHTML 属性为“New text!”。

2. 改变 HTML 样式

通过 HTML DOM 能够访问 HTML 对象的样式对象。
【案例】更改段落的 HTML 样式。
实现该案例的 HTML 代码如下：

```
<html>
<body>
<p id="p2">Hello world!</p>
<script>
 document.getElementById("p2").style.color="blue";
</script>
</body>
</html>
```

代码详解

修改名为“p2”的段落元素的颜色为 blue。

3. 使用事件

HTML DOM 允许用户在事件发生时执行代码。

当 HTML 元素“有事情发生”时，浏览器就会生成事件：在元素上单击、加载页面、改变输入字段。

【案例】在按钮被单击时改变 body 元素的背景色。

方法 1：实现该案例的 HTML 代码如下。

```
<html>
<body>
<input type="button" onclick="document.body.style.backgroundColor=red;"
value="Change background color" />
</body>
</html>
```

代码详解

设置输入框的 onclick 事件，当这个输入框被单击时修改其背景颜色为 red。

方法 2：由函数执行相同的代码。

实现该案例的 HTML 代码如下：

```
<html>
<body>
<script>
  function ChangeBackground()                                      【1】
  {document.body.style.backgroundColor="red";}                     【2】
</script>
<input type="button"onclick="ChangeBackground()"  value="Change
background color" />                                               【3】
</body>
</html>
```

代码详解

【1】定义名为 ChangeBackground 的函数。

【2】修改 body 元素的 backgroundColor 属性值为 red。

【3】设置按钮单击时执行 ChangeBackground 函数。

【案例】当按钮被单击时改变 p 元素的文本。

实现该案例的 HTML 代码如下：

```
<html>
<body>
```

```
<p id="p1">Hello world! </p>                                                    【1】
<script>
 function ChangeText()                                                        【2】
 {document.getElementById("p1").innerHTML="New text!";}                       【3】
</script>
<input type="button" onclick="ChangeText()" value="Change text">             【4】
</body>
</html>
```

代码详解

【1】设置段落元素的名字为“p1”。

【2】定义名为 ChangeText 的 JavaScript 函数。

【3】修改 p1 元素的 innerHTML 属性值。

【4】设置按钮单击时执行 ChangeText 函数。

学材小结

理论知识

一、选择题

1）通过 <script> 标签的（　　）属性可在 HTML 文件中嵌入 JavaScript 代码。

A. src　　B. type　　C. color　　D. language

2）JavaScript 外部文件的扩展名是（　　）。

A. .doc　　B. .js　　C. .jsp　　D. .htm

3）下列变量名中非法的是（　　）。

A. numb_1　　B. 2numb　　C. sum　　D. de2$f

4）下列语句中，（　　）语句是根据表达式的值进行匹配，然后执行其中的一个语句块。如果找不到匹配项，则执行默认语句块。

A. switch　　B. if-else　　C. for　　D. 字符串运算符

5）下面语句中能在页面中弹出一个提示窗口，并且用户输入框中默认无任何内容的是（　　）。

A. prompt("请输入你的姓名:");　　B. alert("请输入你的姓名:");

C. prompt("请输入你的姓名:","");　　D. alert("请输入你的姓名:","");

6）在 JavaScript 中运行以下代码，sum 的值是（　　）。

```
var sum=0;
for(i=1;i<10;i++)
{
   if(i%5==0)
     break;
   sum=sum+i;
}
```

A. 40　　B. 50　　C. 5　　D. 10

7）下面方法中能获得焦点的是（　　）。

A. blur( )　　B. alert( )　　C. focus( )　　D. onfocus( )

8）当 x = 7，y = 8 时，表达式 x = y + + 的结果是（　　）。

A. 8　　B. 9　　C. 15　　D. 16

9）当 x = 5，y = 5 时，表达式 x! = = y 的结果是（　　）。

A. 5　　B. 6　　C. true　　D. false

10）当 x = 1，y = 2，a = 3，b = 6 时，表达式（x < y)&&(b > a）的结果是（　　）。

A. true　　B. false

二、填空题

1）JavaScript 中的简单数据类型有________、________、________。

2）JavaScript 中的复杂数据类型有________、________、________。

3）字符型数据又称为_______，由零个或多个字符（包括_______、_______和_______）组成。

实训任务

对模块三中的实训任务进行完善。

【实训目的】

使用 JavaScript 对表单进行检查。

【实训内容】

利用 JavaScript 代码对各表单项进行检查，以使其按要求输入。要求如下：

① 用户名不能为空。

② 密码不能为空且密码和重复密码必须一致。

③ 姓名不能为空。

④ 工号只能包含数字 0 ~ 9。

【实训步骤】

步骤 1 创建一个 JavaScript 文件，如图 5-4 所示。

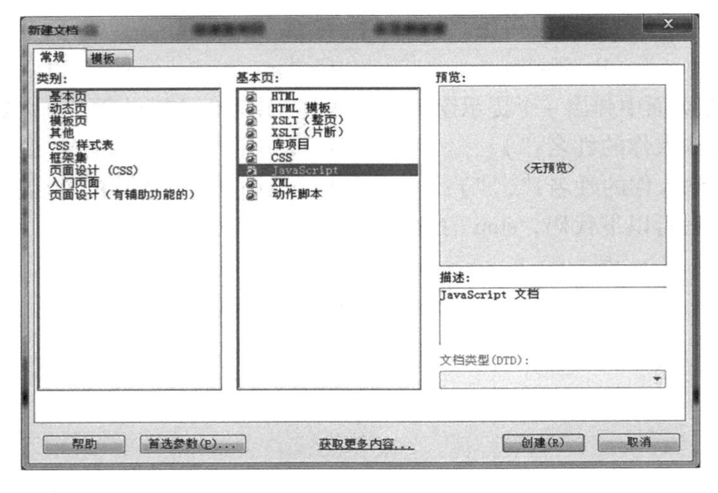

图 5-4　“新建文档”对话框

步骤 2 编写 JavaScript 代码如下：

```
function checkform(form)
{
    if(________________) {
        alert("\用户名不能为空 !!")
        form.UserNme.focus()
        return false;
    }
  if(form.Password1.value.length<1) {
      alert("\密码不能为空!!")
      ________________
    return false;
  }
  if(________________) {
      alert("\两次输入的密码不一致!!")
      form.Password1.focus()
      return false;
  }
  if(form.UserNme2.value.length<1) {
      ________________                    //此处提示“姓名不能为空!!”
      form.UserNme2.focus()
      return false;
  }
  if(____________________) {          //此处检查用户输入的工号是否为数值型
      alert("\工号只能包含数字 0~9 !!")
      form.gonghao.focus()
      return false;
  }
}
```

步骤 3 将 JavaScript 文件保存到 yjzjxt\RegUser 文件夹下，并命名为 1. js。

步骤 4 在表单页面引用 JavaScript 文件，代码如下：

```
<script type="text/javascript" _______ ="1.js"></script>
```

步骤 5 在表单页面调用 checkform 函数，代码如下：

```
<form id="form1" name="form1" method="post" action="Reg.jsp" onsubmit="____
__________">
```

步骤 6 保存表单页面文件。

拓展练习

完善留言板表单的检查功能，判断用户的 E-mail 是否符合常规规定（邮箱地址中必须包含@ 符号）。

模块六 XML

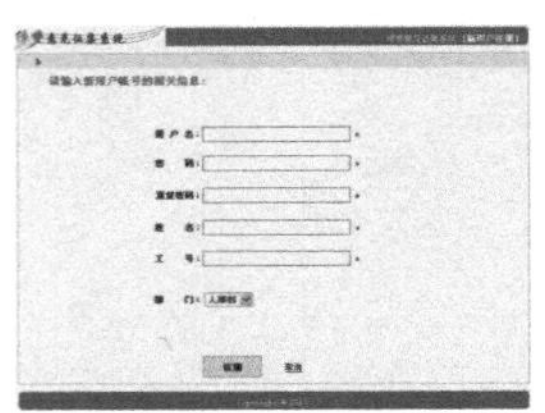
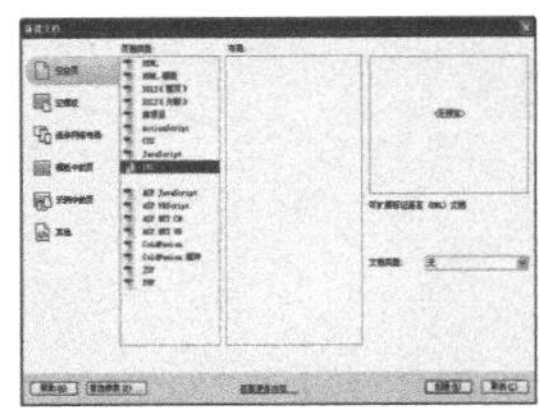
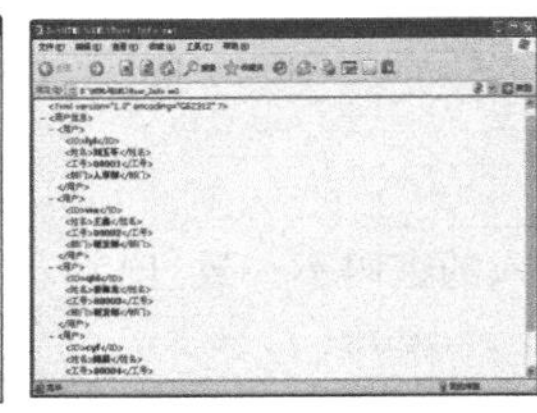
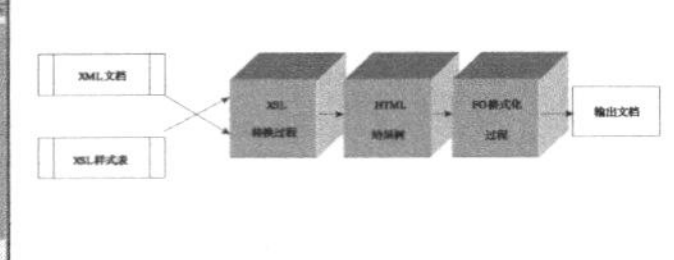

本模块导读

XML（eXtensible Markup Language）是W3C（万维网联盟）提出的一种可扩展标记语言，是随着人们对信息传输要求的不断提高而产生的一种新技术。

XML具有许多优点：第一，XML是自描述的，它不仅允许定义自己的一套标记，还可以根据其他各种规则来制定标记；第二，XML允许对文档内容进行检验，如文档类型定义、XML模式等都应用于对文档进行验证；第三，可以使用XML开发各种行业的专有标记语言；第四，XML的通用性使它成为不同应用之间交换数据的统一格式；第五，XML是开放性的，它是W3C定制的开放标准，可以广泛地适用于不同的应用环境；第六，XML规定了文档的结构，使得对文档的搜索方式和方法得到发展，提高了文档检索的效率。

通过本模块的学习和实训，学生应了解XML基础知识，掌握基本的XML语法规则、XML元素、XML属性、DTD及Schema；掌握如何把XML数据显示为HTML；掌握客户端XML和服务器端XML；掌握如何使用XML DOM及XMLHttpRequest对象；熟悉XML解析器；掌握如何使用HTML和JavaScript来构建一个XML应用程序。

本模块要点

- 了解XML基础知识
- 掌握XML语法规则、元素、属性
- 掌握如何显示XML
- 掌握客户端XML
- 掌握服务器端XML
- 掌握如何通过DOM引用从XML中获取文本内容
- 掌握如何使用XMLHttpRequest对象
- 掌握如何把XML数据显示为HTML
- 掌握如何使用HTML和JavaScript来构建一个XML应用程序

任务一 XML 基础

XML 可以用于存储数据、交换数据、共享数据、分离数据，还可用于创建新的语言。XML 可以使计算机数据在不同的计算机平台和不同的计算机程序之间方便、平稳、快速和无障碍地转移和流动，从而大大提高人们处理数据的效率和灵活性。

本模块首先介绍 XML 的一些基本知识、用途和树结构，接着结合本模块的设计任务，解决存储信息的问题。通过项目中相关源程序代码的设计，学习 XML 的语法规则，如检查 XML 文件是否格式良好以及验证其有效性等，因此更方便用户编辑 XML 文档。

子任务 1 XML 简介

XML 是一种标记语言，是 SGML（Standard Generalized Markup Language，标准通用标记语言）的子集，它是为了允许普通的 SGML 在 Web 上以超文本的方式处理和传输而提出的。XML 提供一套定义标记的规则，它使用标记对一篇文档进行标识，以便于应用程序对文档进行处理。用户可以根据需要定义标记。由于 XML 描述的是数据的结构和语义，而不是格式化，因此将数据内容和显示格式相分离，使 XML 文档具有很强的灵活性，Web 用户所追求的许多先进功能在 XML 环境下更容易实现。XML 是纯 ASCII 码文本，是一种通用的数据格式，可以在不同的计算机平台和不同的计算机程序间方便、平稳地交换数据。除此之外，XML 还具有自描述性、保值性和可扩展性等特点，是 W3C 的推荐标准。

信息卡

SGML 的思想最初是在 IBM 的一个称为 GML 的信息管理项目中产生的，是一种 IBM 格式化文档语言，用于对文档组织结构、各部件及其之间的关系进行描述。

子任务 2 XML 用途

XML 在实际使用过程中发挥着巨大的作用。目前，越来越多的行业开始采用 XML 来实现需要的特定功能。XML 最主要的用途体现在以下几个方面：

1. 数据交换

对于一个应用程序来说，数据交换是最基本的任务。XML 使用自定义标记存储数据信息，而且存储了各标记之间的关系，如父子关系、兄弟关系等，这使得平面文件必须要使用额外的数据来存储信息，可以隐含地保存在 XML 文档的自身结构中。

2. 跨平台应用开发

XML 文档不依赖于任何开发语言，各种开发语言都已经实现了与 XML 的沟通。例如，通过 XML 文档的中间介质作用，可以实现 Java 开发与 C#开发的良好交互。

3. 数据库

XML 文档完全可以作为小型数据库来使用，这样就避免了少量信息必须存储到专业数据库的麻烦。当然，在数据量非常大时，使用 XML 文档来存储数据的成本是非常高的。

4. 配置文件

使用 XML 作为程序配置，具有与面向对象数据结构类似、轻便灵活、容易调试等优点。Java 平台和 . NET 平台均大量地使用了 XML 作为程序的配置文件，并有很多相关的类和支持读写 XML 的配置文件。

子任务 3 XML 树结构

【案例】在绿梦意见征集系统中创建一个存储用户信息的 XML 文档。

实现本案例 User_Info. xml 的代码如下：

```
<? xml version = "1.0" encoding = "GB2312"? >        【1】
<用户信息 >                                          【2】
   <用户 >                                           【3】
        <ID > cyf </ID >                             【4】
        <姓名 >陈晨 </姓名 >
        <部门 >企划部 </部门 >
        <工号 >00001 </工号 >
    </用户 >
</用户信息 >
```

代码详解

【1】XML 声明，用于解析器传递 XML 文档的基本信息，位于 XML 文档的起始部分。“<? xml”和“? >”是声明的开始和结束标记。“version = "1. 0"”表示 XML 规范的版本号。“encoding = "GB2312"”为编码声明，指文档所用到的编码字符。

【2】XML 文档的根元素。

【3】XML 文档根元素的子元素，可为其添加属性，如“<用户 年龄 = " 25" >”。

【4】子元素及其内容。

知识点详解

XML 文档形成一种树结构，它从根开始，然后扩展到枝叶，User_ Info. xml 对应的树结构如图 6-1 所示。

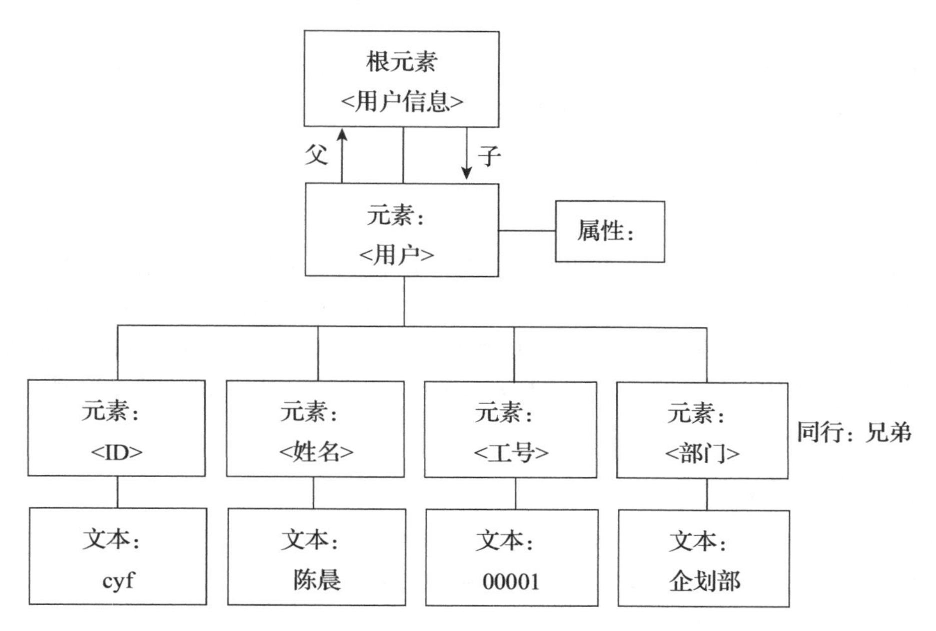

图 6-1 XML 文档的树结构

子任务 4 XML 语法

【案例】 在绿梦意见征集系统中创建用户意见列表的 XML 文档。

实现本案例 User_ Data. xml 的代码如下：

```
<? xml version = "1.0" encoding = "GB2312"? >
<用户意见列表 >                                                    【1】
    <用户 ID = "1" >                                               【2】
        <议题名称 >公司加班补助 </议题名称 >
        <管理员 >刘玉苓 </管理员 >
        <议题序号 >1 </议题序号 >
        <工号 >wx </工号 >
        <姓名 >王鑫 </姓名 >
        <部门 >研发部 </部门 >
        <意见 > <! [CDATA[应该按照国家规定发放加班补助。]] > </意见 >   【3】
        <提交时间 >2014 -1 -4 21:47:32 </提交时间 >
        <管理员回复 >经过领导批示觉得采纳你的意见。 </管理员回复 >
        <回复时间/ >                                               【4】
    </用户 >
</用户意见列表 >
```

代码详解

【1】XML 的根元素，一个 XML 文档根元素必须唯一。

【2】“用户”元素的“ID”属性，属性的取值必须加引号。

【3】CDATA 标记使用“![CDATA [”和“]]>”进行定界，XML 解析器不会试图解析 CDATA 标记中的内容，而是直接完整地显示出来。

【4】元素的空标记。

知识点详解

XML 能够详细描述文件的结构和语意，完全得力于 XML 本身有严谨的语法定义。

XML 是元标记语言，“元标记”就是开发者可以根据自己的需要定义的自己的元素标记，因此 XML 可以在文档中创建、使用新的标记和文法结构。正是这种优点使得用户能够根据自己的特殊需要制定适用于自身的一套标记和文法结构，以便结构化地描述自己领域的信息，从而提供一种处理数据的最佳方式。

1. 元素标记的命名规则

XML 的可扩展性为开发者进行程序开发提供了自由广阔的空间，但并非所有名字都可以作为标记名。作为元素标记名字的字符串必须满足以下要求：

1）名称的开头是字母或下画线。

2）标记的名称中不能有空格。

3）名称的字符串中只能包含英文字母、数字、“_”、“-”、“.”等字符。

4）XML 规范指出，以 xml（任意的大小写字母组合均可）为前缀的标记名是为将来版本的标准化而保留的，所以建议尽量不要使用以 xml 为前缀的命名方式。

标记的命名规则同时也是后面要介绍的属性的命名规则，以及 XML 文档中实体的命名规则。

注 意

如果声明了字符集编码为 GB2312 或 UTF-8（即“encoding="GB2312"”或“encoding="UTF-8"”），则汉字也是可接受的标记名，并且作用等同于字母。

下面的元素标记是合法标记：

<Name> <name> <_name> <cyf_name> <cyf.name>

而下面是非法的元素标记：

<.name> <cyf%name> <cyf*name> <cyf/name>

2. 元素标记的使用规则

1）XML 文档必须有根标记且根标记必须唯一。

2）开始标记和结束标记需要配对使用。

3）标记不能交错使用。

4）空标记指的是标记只有开始没有结束，又称为孤立标记，可写成“<标记/>”的形式。

5）标记对大小写敏感。

6）实体引用。实体相当于内容占位符，用于内容转义，实体的作用主要有：

① 代替一些键盘无法输入的字符。

② 代替一些与 XML 规范保留字相冲突的字符，如“<”和“>”等。

③ 代替大段的重复数据。

④ 代替那些不适合在 XML 文档中出现的数据。

在 XML 文档中，有些字符是特殊字符，已经被赋予了特殊意义。例如，“&”是实体引用的起始符，“<”是标记的界定符，它们是 XML 的保留字符。如果在 XML 文档的文本数据中需要使用这些保留字符，则不能直接使用，需要经过转义，即使用预定义实体。XML 中的预定义实体见表 6-1。

表 6-1 预定义实体

保留字符	代替符号	含义
&	&	和号
<	<	小于号
>	>	大于号
"	"	双引号
'	'	单引号

7）XML 文档中插入注释，需使用“<!--”和“-->”将它们包含起来。此外，使用注释时还需要注意，注释不能出现在声明之前，注释内容中不要出现“--”，注释不能嵌套。

信息卡

XML 文档声明语句“encoding”项是可选的，默认情况下，XML 解析器尝试使用 UTF-8、UTF-16 等 Unicode 编码规则解析文档。

XML 文档声明语句还有一项是“standalone”项，也是可选的，其默认值为“no”，它的值只能是“yes”或“no”，表示 XML 文档的内容是否依赖于外部信息（如外部实体和 DTD 等）。

XML 声明示例如下：

```
<?xml version = "1.0" encoding = "GB2312" standalone = "yes"?>
```

子任务 5 XML 元素

元素是 XML 文档最基本的构成单元，它用于表示 XML 文档的结构和 XML 文档中包含的数据。元素包含开始标记、内容和结束标记。由于区分大小写，因此开始标记和结束标记必须完全匹配。

元素可以包含文本、其他元素、字符引用和字符数据部分，因此可以有 3 种内容的元素：空内容元素、简单内容元素和混合内容元素。

没有内容的元素称为空内容元素，即空元素，如“<用户></用户>”和“<用户/>”都是空元素。空元素也可以承载信息，如“<用户 ID="1">”。简单内容元素即元素内容中只有文本、字符引用和字符数据，没有子元素，如“<工号>wx</工号>”。混合内容元素是元素内容中既有文本字符数据又有子元素的元素，如“<name>姓：<lastname>王</lastname></name>”，<name>元素是一个混合内容元素。

子任务 6　XML 属性

XML 允许为元素设置属性，用来为元素附加一些额外信息，这些信息与元素本身的信息内容有所不同。属性只能包含在开始标记中，一个 XML 可以包含多个属性。在 XML 中，设置属性时应注意以下几点：

1）要符合 XML 的语法格式，属性值要用引号括起来。

2）一个元素不可以拥有相同名称的两个属性，不同的元素可以拥有两个相同名称的属性。

3）不但自定义标记中可以有属性，XML 文档的处理指令中也可以有属性，如 XML 中声明版本信息的 version 属性等。

4）应恰当地选择属性或子元素的表达方式。所有的属性都可以用子元素代替。

注 意

当属性值本身含有单引号时，则用双引号作为属性的定界符；当属性值本身含有双引号，则用单引号作为属性的定界符；当属性中既包含单引号，又包含双引号时，属性值中的引号必须用实体引用方式来表示。

子任务 7　XML 验证

每一种语言都有判断其正确与否的标准，人类的语言存在着一定的语法，语法规定了单词组成句子的规则，一个句子若是违反了语法的规定，则会被判定为不通顺的句子。类似地，一个正确的 XML 文档也要符合一定的规则，这种符合规则的 XML 文档就称其具有良构性（Well-Formed）。

XML 文档具有良构性必须满足以下规则：

1）XML 文档必须以 XML 声明作为开始。

2）每个 XML 文档只能有一个根元素。

3）元素必须有开始和结束标记（空元素除外）。

4）属性的值必须加引号。

5）元素可以嵌套子元素，但是两个元素之间不能有重叠域。

6）实体引用只能是“&”“<”“>”“'”和“"”。

7）各种指令，如注释、处理指令必须正确地编写和放置在文档的正确位置上。

【案例】 Manage_ Info. xml 文档的部分代码如下，如图 6-2 所示。

```
<? xml version = "1.0" encoding = "GB2312"? >
<管理员信息 >
    <管理员 >
        < ID > lyl < /ID >
        <姓名 >刘玉苓 < /姓名 >
        <部门 >人事部 < /部门 >
    < /管理员 >
< /管理员信息 >
```

若修改为：

```
<? xml version = "1.0" encoding = "GB2312"? >
<管理员信息 >
        <管理员 >
            <ID > lyl </ID >
            <姓名 > 刘玉苓 <部门 >
            </姓名 > 人事部 </部门 >
        </管理员 >
</管理员信息 >
```

修改后的文档在元素“姓名”中又包含了元素“部门”的一部分声明，“部门”的结束标记</部门>不在</姓名>之前，从而导致了“部门”不是“姓名”的子元素，产生了重叠部分。

IE 对待处理的 XML 文档会进行良构性检查，只有良构的 XML 文档才能通过 XML 处理器的检查，而对于非良构的 XML 文档，IE 会在该文档发生错误的地方进行标注，如图 6-3 所示。用 IE 6.0 对上例进行检查会发现，IE 将</姓名>视为<部门>的结束标记却发现两个标记名称不匹配，从而导致文档不能通过检查。

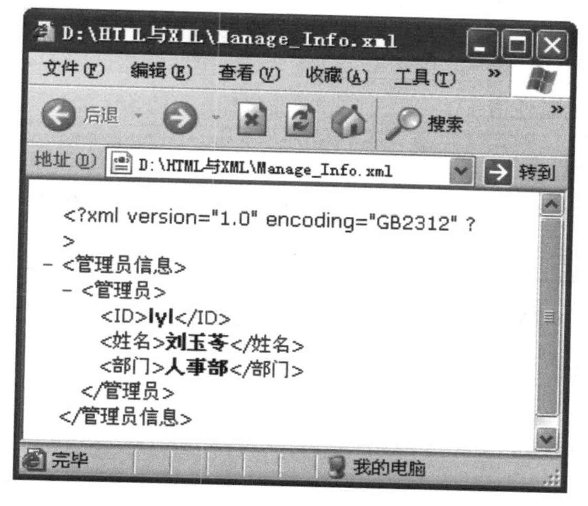

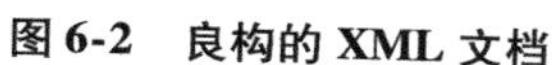

图 6-2　良构的 XML 文档

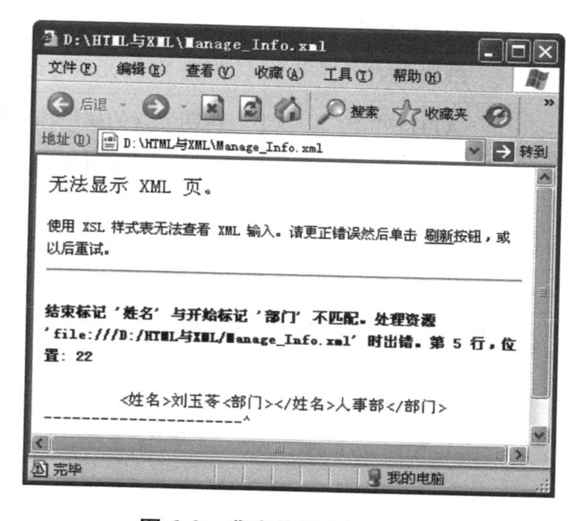

图 6-3　非良构的 XML 文档

XML 文档的有效性是指文档具有一定的格式，它遵循文档类型声明的要求，可以根据文档类型声明（如 DTD 或 Schema）来检查 XML 文档是否与文档类型声明中的格式一致。若一致，则该文档是有效的 XML 文档，否则该文档就不具备有效性。

知识点详解

文档类型定义（DTD），是一类用于定义 XML 文档具体格式的文本，它规定了 XML 文档的数据结构，提供元素、属性的相关控制信息。一个 XML 文档只有符合指定的 DTD 才能称之为一个有效的 XML 文档。

1. 内部 DTD

内部文档类型定义（Internal DTD）用于与特定的 XML 文档相关联，它必须位于这个 XML 文档中。它规定了文档的数据组织方式，文档必须按照 DTD 的约束进行标记才能成为一个具备有效性的文档，否则就算 XML 文档是良构的，但是只要它的组织方式没有按照内部 DTD 的要求，则也不能满足有效性的要求。

内部 DTD 的声明一定要位于文档的 XML 声明之后和第一个元素之前，加入以下的 DTD 语法：

```
<! DOCTYPE 根元素名称[
  DTD 相关声明…
]>
```

除了上述基本语法结构外，第二行中的“DTD 相关声明…”就是要加入元素的声明或属性声明，甚至是实体声明或 NOTATION 声明等。DTD 可以使用到的声明共有表 6-2 中所列的 4 种，声明的格式均以“<!”开始，以“>”结尾。

表 6-2 DTD 声明

DTD 关键词	说　明
ELEMENT	声明 XML 元素的类型
ATTLIST	声明元素的属性和可能的属性值
EMTITY	声明可以重复使用的内容
NOTATION	声明外部的数据和对应的外部处理器，以便 XML 解析器能连接该外部数据到对应的处理器进行处理

【案例】内部 DTD 文件 indtd. xml 的代码如下，XML 文档结果如图 6-4 所示。

```
<? xml version = "1.0" encoding = "GB2312" standalone = "yes"? >
    <! DOCTYPE student[
    <! ELEMENT student (Id,name,tel,address) >
    <! ELEMENT Id (#PCDATA) >
    <! ELEMENT name (#PCDATA) >
    <! ELEMENT tel (#PCDATA) >
    <! ELEMENT address (#PCDATA) >
    ]>
    <student >
    <Id >95001 </Id >
    <name >张宇 </name >
    <tel >0471 -3661125 </tel >
    <address >内蒙古财经大学计算机信息管理学院 </address >
    </student >
```

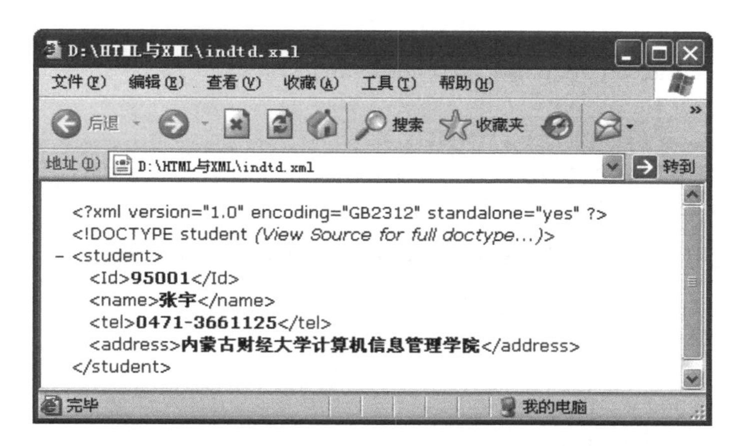

图 6-4　IE 6.0 中查看含有内部 DTD 的 XML 文档结果

注 意

DTD 关键词都必须使用大写。

DTD 所使用的语法和 XML 本身的语法是不同的。

如果 XML 中使用多个元素，则每一个元素都必须在 DTD 中一一声明。

信息卡

在元素的类型声明中，如果声明的数据类型是#PCDATA，则表示该元素的内容是可析的字符数据，不能在元素中包含子元素。

2. 外部 DTD

如果在 XML 文档中调用外部文档类型定义，则这个外部文档的类型定义必定是一个独立的 DTD 文件，而调用的方式可以使用 SYSTEM 参数，以调用私人用的文档类型定义；或以 PUBLIC 参数调用公用的 DTD（如 IEEE 和 ISO 等所制定的 DTD 文件）。以下是两种参数的调用语法：

```
<! DOCTYPE 根元素名称 SYSTEM "DTD 文件" >
<! DOCTYPE 根元素名称 PUBLIC "DTD 文件名" "DTD - URL" >
```

注 意

SYSTEM 参数后面的“DTD 文件”，如果和 XML 文档存在同一个路径，则只输入文件名即可，如果存在不同的路径，则必须以 URL 输入完整的地址。

PUBLIC 参数后面接的是公用 DTD 的文件名，而 DTD-URL 是该 DTD 文件所存放的 URL 地址。

【案例】 以 indtd. xml 为例，将其中有关 DTD 的部分独立出来存为 sys. dtd，然后在 XML 文档中再以 SYSTEM 参数调用此 DTD 文件。

sys. dtd 文件代码如下：

```
<? xml version = "1.0"? >
<! ELEMENT student (Id,name,tel,address) >
<! ELEMENT Id (#PCDATA) >
<! ELEMENT name (#PCDATA) >
<! ELEMENT tel (#PCDATA) >
<! ELEMENT address (#PCDATA) >
```

sysdtd. xml 调用 sys. dtd，代码如下，XML 文档结果如图 6-5 所示。

```
<? xml version = "1.0" encoding = "GB2312" standalone = "no"? >
  <! DOCTYPE student SYSTEM "sys.dtd" >
  <student >
      <Id >95002 </Id >
      <name >王菲 </name >
      <tel >0471 -3661125 </tel >
      <address >内蒙古财经大学计算机信息管理学院 </address >
</student >
```

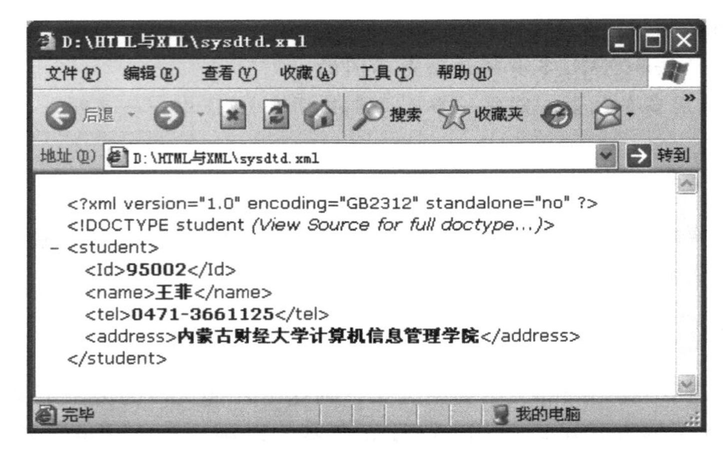

图 6-5 IE 6.0 中查看调用外部 DTD 的 XML 文档结果

Schema 是一种与 DTD 类似的，同样用于定义在各种 XML 文档中使用标记的规范的一个工具。从功能上来讲，Schema 与 DTD 是等效的，但是比后者更具灵活性。由于 DTD 使用了一种特殊的规范来定义使用 XML 标记的规范，因此许多常用的限制不能用 DTD 来表述，人们开始寻求另外的解决方法。微软发展了一套不同于 DTD 的方法来定义 XML 数据类型，这个方法成为了现今 W3C 定义的 Schema 的原型。目前流行的 Schema 定义还有 RELAX 和微软的 XSD 等，但只有 XML Schema 是 W3C 的标准。

1）W3C XML Schema 文档使用 element 来声明元素，其声明的语法格式如下：

```
   <element abstract |block |default |final |fixed |form |id |maxOccurs |minOccurs |
name |nillable |ref |substitutionGroup |type >
      <annotation |simpleType |complexType |unique |key |keyref >
   </element >
```

element 元素的属性及其描述见表 6-3。

表 6-3　element 元素的属性及描述

属性	说　明
abstract	一个指示符，boolean 型，用来指示元素是否可以在实例文档中使用。如果该值为 true，则表示元素不能出现在实例文档中，默认值为 false
block	派生的类型。block 属性防止具有指定派生类型的元素被用于替代该元素
default	指定元素的默认值，只有元素的内容是简单类型时才可应用；元素值没有被指定时，元素会自动设置成此默认值
final	派生的类型。final 属性在 element 元素上设置其默认值
fixed	指定元素的固定值，只有元素的内容是简单类型时才可应用；一旦预定义了固定值，就不能为元素指定其他值了
form	该元素的形式。默认值是 schema 元素的 elementFormDefault 属性的值，form 属性的值将覆盖默认值。属性值必须是“qualified”或“unqualified”，如果该值为“qualified”，则表示所定义的元素将限定在目标命名空间；如果该值为“unqualified”，则表示所定义的元素没有限定在任何命名空间，引用该元素无须加命名空间前缀
id	该元素的 id。id 值必须属于类型 ID，并且在包含该元素的文档中是唯一的
maxOccurs	该元素在包含它的元素中可出现的最多次数，可能值有 1 或更大值或 unbounded，默认值为 1
minOccurs	该元素在包含它的元素中可出现的最少次数，可以设置为 0 ~ maxOccurs 的任意值，默认值为 1
name	用于指定所定义元素的元素名
nillable	一个指示符，boolean 类型，指示是否可以将显示的零值分配给该元素。默认值为 false
ref	用于引用在模式（或由指定命名空间的其他模式）中声明的元素。ref 值必须是限定名，ref 可以包含命名空间的前缀。如果 ref 属性出现，则 simlpleType、complexType、unique、key、keyref 子元素和 block、default、fixed、form、name、nillable、type 属性不能出现
substitutionGroup	可以来替代该元素的名称。该元素必须是具有相同的类型，或从指定元素类型派生的类型。如果引用的元素是全局元素，则可以在任何元素上使用该属性。该值必须是 Qname，为可选项
type	此属性用于指定所定义元素的数据类型，这个数据类型可以是内置的数据类型，也可以是自定义的数据类型

element 元素下子元素的描述见表 6-4。

表 6-4　element 元素下子元素的描述

子元素	说　明
annotation	定义批注
simpleType	定义一个简单类型
complexType	定义一个复杂类型

（续）

子元素	说　明
unique	指定属性或元素值（或属性或元素值的组合）在指定范围内必须是唯一的。该值必须唯一或为零
key	指定属性或元素值（或一组值）必须是指定范围内的键。键的范围为实例文档中的包含元素。键意味着数据在指定范围内应是唯一的、不为零的且始终存在的
keyref	指定属性或元素（或一组值）与指定的 key 或 unique 元素的值相对应

2）W3C XML Schema 文档使用 attribute 来声明属性，其语法格式为：

```
<attribute default |fixed |form |id |name |ref |type |use >
   <annotation |simpleType >
</attribute >
```

attribute 元素的属性及其描述见表 6-5。

表 6-5　attribute 元素的属性及描述

属性	说　明
default	指定属性的默认值
fixed	指定属性的固定值
form	指定属性的格式。默认值是 schema 元素的 elementFormDefault 属性的值，该属性的值将覆盖默认值。属性值必须是“qualified”或“unqualified”
id	该属性的 ID。ID 值必须属于类型 ID，并且在包含该属性的文档中是唯一的
name	用于指定所定义属性的名称
ref	用于引用在架构（或由指定命名空间的其他架构）中声明的属性。ref 值必须是限定名，ref 可以包含命名空间的前缀。Name 和 ref 不能同时出现，并且如果 ref 属性出现，则 simlpleType 子元素和 form、type 属性不能出现
type	用于指定所定义属性的数据类型，这个数据类型可以是内置的数据类型，也可以是自定义的简单数据类型
use	指定属性的使用方式，有效值是 optional（属性是可选的且可以具有任何值）、prohibited（该属性用于其他复杂类型的限制中以禁止使用现有属性）和 required（属性是必需的，并且可以包含该属性的类型定义，运行允许的任何值）

【案例】以 stu. xsd 为例，说明如何使用包含多种元素、属性声明的 Schema 文档，代码如下：

```
<? xml version = "1.0" encoding = "utf -8"? >
<xsd:schema xmlns:xsd = "http://www.w3.org/2001/XMLSchema" >                【1】
   <xsd:element name = "学生" >                                             【2】
     <xsd:complexType >                                                     【3】
        <xsd:annotation >                                                   【4】
          <xsd:documentation >学生信息 </xsd:documentation >
```

```
            </xsd:annotation>
            <xsd:sequence>                                                    【5】
               <xsd:element name="系名" type="系别列表"/>                        【6】
               <xsd:element name="个人信息">                                     【7】
                  <xsd:complexType>
                     <xsd:group ref="个体信息"/>                                 【8】
                  </xsd:complexType>
               </xsd:element>
   </xsd:sequence>
         <xsd:attributeGroup ref="全名"/>                                       【9】
   </xsd:complexType>
   </xsd:element>
   <xsd:simpleType name="系别列表">                                             【10】
         <xsd:restriction base="xsd:string">
            <xsd:enumeration value="中文系"/>
            <xsd:enumeration value="计算机系"/>
            <xsd:enumeration value="数学系"/>
   </xsd:restriction>
     </xsd:simpleType>
        <xsd:attributeGroup name="全名">                                         【11】
        <xsd:attribute name="姓" type="xsd:string" use="required"/>
        <xsd:attribute name="名" type="xsd:string"/>
     </xsd:attributeGroup>
   <xsd:group name="个体信息">                                                  【12】
        <xsd:all>                                                               【13】
          <xsd:element name="身高" default="165cm"/>
          <xsd:element name="体重" type="xsd:integer"/>
          <xsd:element name="年龄" fixed="20"/>
        </xsd:all>
     </xsd:group>
   </xsd:schema>
```

XML 调用 stu. xsd，代码如下：

```
   <?xml version="1.0" encoding="gb2312"?>
   <学生 姓="陈" 名="晨"
        xsi:noNamespaceSchemaLocation="stu.xsd" xmlns:xsi="http://www.w3.
org/2001/XMLSchema-instance">                                                   【14】
   <系名>中文系</系名>
   <个人信息>
              <身高>170cm</身高>
             <体重>140</体重>
             <年龄/>
   </个人信息>
   </学生>
```

代码详解

【1】元素和属性声明部分。

【2】<xsd: element>语句用来定义元素，用 name 属性指定所定义元素的元素名。在此 Schema 文档中，为“学生”元素声明了“系名”和“个人信息”两个子元素。

【3】定义复杂数据类型，复杂数据类型可以包含子元素和属性，也可以包含字符数据内容。

【4】可选项，用来定义批注。<xsd: annotation>元素可以为 Schema 文档添加注释说明，它可以是任何元素的子元素，其子元素是 appinfo 或 document。

【5】sequence 指定元素下的子元素必须严格按声明时的指定次序出现。

【6】“学生”元素的子元素“系名”，其类型为“系别列表”。

【7】“学生”元素的子元素“个人信息”，其是复杂数据类型。

【8】group 元素可以声明一个元素组，此元素组可以供复杂数据类型的元素引用。

【9】attributeGroup 可以声明一个属性组。

【10】“系名”元素的数据类型是自定义的简单数据类型“系别列表”，此数据类型的值为枚举值，即中文系、计算机系、数学系。restriction 子元素用来对数据类型添加限制。

【11】为“学生”元素定义了属性组“全名”，此属性组包括“姓”属性和“名”属性。

【12】“个人信息”元素下有一个元素组“个体信息”，此元素由“身高”“体重”“年龄”3 个子元素组成，其中“身高”元素有默认值 165cm，“体重”元素的数据类型是整型，“年龄”元素有固定值 20。

【13】all 指定元素下的子元素可以按任意顺序出现一次或不出现。

【14】XML 文档通过根元素的 xsi:noNamespaceSchemaLocation 属性来引用 Schema 模式文档，因为该属性来自 W3C 的实例命名空间“http://www.w3.org/2001/XMLSchema-instance”，所以还需要声明此实例命名空间。

子任务 8 XML 验证器

拥有正确语法的 XML 文档被称为“形式良好”的 XML 文档，通过 DTD 验证的 XML 文档是“有效”的 XML 文档。W3C 的 XML 规范声明：如果 XML 文档存在错误，那么程序就不应当继续处理这个文档。理由是 XML 软件应轻巧、快速，并有良好的兼容性。

如果使用 HTML 创建包含大量错误的文档是有可能的（如忘记了某个结束标记）。其中一个主要的原因是 HTML 浏览器相当臃肿，兼容性也很差，并且它们用自己的方式来确定当发现错误时文档该怎样显示。而使用 XML 时，这种情况不应当存在。XML 文档有错误会终止程序的运行。

若想对 XML 进行语法检查，用户可以通过已开发的 XML 验证器或自行创建一个 XML 验证器或通过网上提供的在线 XML 验证器来完成。XML 验证器用于完成对 XML 信息提取以及原始数据库中 XML 标注文件的格式和内容的验证，以保证 XML 文件中数据的一致性和完整性。

下面使用 W3School 提供的在线 XML 验证器说明如何对 XML 文档进行验证。在该 XML 验证器中，在验证器的文本框中输入要验证的 XML 文档，如图 6-6 所示，然后单击“验证”按钮即可进行语法检查，最后弹出如图 6-7 所示的验证结果对话框。

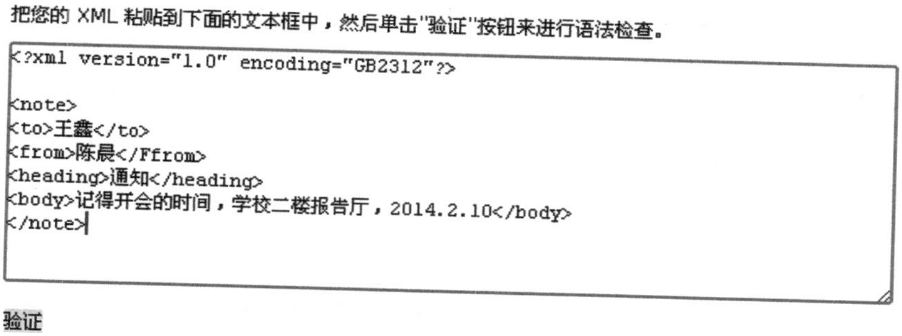

把您的 XML 粘贴到下面的文本框中，然后单击"验证"按钮来进行语法检查。

```
<?xml version="1.0" encoding="GB2312"?>

<note>
<to>王鑫</to>
<from>陈晨</Ffrom>
<heading>通知</heading>
<body>记得开会的时间，学校二楼报告厅，2014.2.10</body>
</note>
```

验证

图 6-6 W3School 提供的在线 XML 验证器

图 6-7 验证结果对话框

也可以把 XML 文档的 URL 地址输入到相应的文本框中，然后单击“验证”按钮，对某个在线的 XML 文件进行语法检查，如图 6-8 所示。

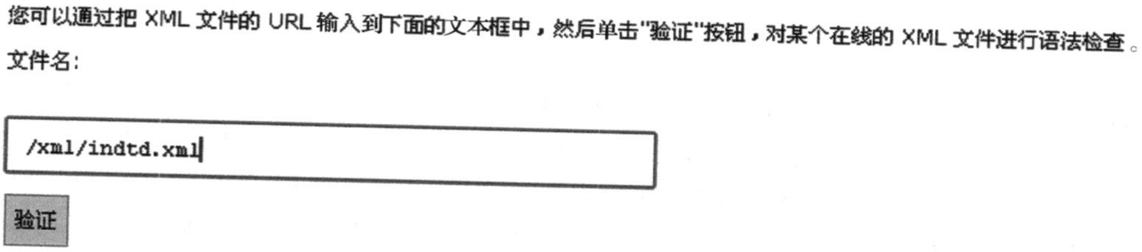

您可以通过把 XML 文件的 URL 输入到下面的文本框中，然后单击"验证"按钮，对某个在线的 XML 文件进行语法检查。

文件名：

/xml/indtd.xml

验证

图 6-8 通过输入 URL 地址验证 XML 文档

注 意

如果返回的错误是“拒绝访问”，则说明用户使用的浏览器安全设置不允许跨域的文件访问。

子任务 9 XML 浏览器

几乎所有的主流浏览器均支持 XML 和 XSLT。

1. Mozilla Firefox

从 1.0.2 版本开始，Firefox 就已经开始支持 XML 和 XSLT（包括 CSS）了。

2. Mozilla

Mozilla 含有用于 XML 解析的 Expat，并支持显示 XML + CSS。Mozilla 同时拥有对

Namespaces 的某些支持。Mozilla 同样可做到对 XSLT 的执行（XSLT implementation）。

3. Netscape

自版本 8 开始，Netscape 开始使用 Mozilla 的引擎，因此它对 XML 和 XSLT 的支持与 Mozilla 是相同的。

4. Opera

自版本 9 开始，Opera 已经拥有对 XML 和 XSLT（以及 CSS）的支持。版本 8 支持 XML + CSS。

5. Internet Explorer

自版本 6.0 开始，Internet Explorer 就开始支持 XML、Namespaces、CSS、XSLT 以及 XPath。

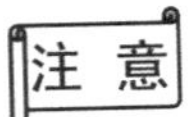

Internet Explorer 5.0 同样拥有对 XML 的支持，但是 XSL 部分与 W3C 的官方标准不兼容。

任务二　显示 XML

本任务主要解决 XML 的显示问题。由于 XML 文档仅描述了数据的结构和语义，并没有包含数据的格式化信息，因此 XML 文档需要用另外的机制来定义 XML 文档的显示格式。XML 文档的显示格式可以由 CSS（层叠样式表）或 XSL（可扩展样式表）来控制。XSLT 是 XSL 最重要的一部分，其主要功能就是转换，它将一个没有形式表现的 XML 内容文档作为一个源树，将其转换为一个有样式信息的结果树。下面通过示例代码，学习 CSS 和 XSLT 的具体使用方法。

子任务 1　XML 和 CSS

【案例】 使用 style.css 样式表呈现文档内容的 XML 代码，使用 IE 打开该 XML 文档，效果如图 6-9 所示。XML 文档部分代码如下：

```
<?xml version="1.0" encoding="utf-8"?>
<?xml-stylesheet href="style.css" type="text/css"?>                    【1】
<book>
    <title>XML 与 CSS 举例</title>
    <author>abc</author>
    <body>
        <chapter>
            <paragraph><keyword>级联样式表</keyword>(Cascading Style Sheet,<
abbr>CSS</abbr>),一般用于控制<keyword>HTML</keyword>和<keyword>XHTML</
keyword>的排版格式,但也可以用于控制 XML 文档在浏览器上的显示效果。</paragraph>
```

```
    </chapter>
  </body>
</book>
```

XML文档中的处理指令指示了CSS文件的路径，应将CSS文档保存到对应的路径上。style.css文档的代码如下：

```
@charset "gb2312";
/*以下规则匹配各元素,注意区分元素大小写*/          【2】
book{                                              【3】
  border:3pt double black;                         【4】
  margin:10pt;
  padding:4pt
}
title{
  text-align:center;                               【5】
  font-size:24pt;
  font-weight:bold;
  font-family:"华文细黑","黑体","宋体",serif;
  color:#660033;
  background:transparent;
}
author{
  visibility:hidden;                               【6】
}
body{
  color:black;                                     【7】
  background:#99ccff;
  padding:4pt;
}
chapter{
  color:black;                                     【8】
  background:white;
  border:1pt dashed #000066;
  padding:7pt 15pt 12pt 30pt;
}
paragraph{
  text-indent:21pt;                                【9】
  font-size:10.5pt;
  line-height:160%;
}
keyword{
  text-decoration:underline;                       【10】
}
abbr{
  font-style:italic;                               【11】
}
book,title,author,body,chapter,paragrath{
  display:block;
}                                                  【12】
```

图 6-9　CSS 格式化 XML 文档后的效果

代码详解

【1】指示浏览器使用 style. css 文件格式化这个 XML 文档。

【2】指定样式表所用的编码字符集为“gb2312”。

【3】CSS 中的注释。

【4】边框：3 磅粗、双线、黑色；在元素（边框）外四周留空：10 磅；在元素（边框）外四周留白：4 磅。

【5】文本居中显示；字体大小：24 磅；粗体；字体：华文细黑、黑体、宋体、serif；颜色：深褐色；背景：透明。

【6】元素的文本内容不可见，但保留所占的位置。

【7】颜色：黑色；背景：浅蓝色；在元素（边框）内四周留白：4 磅。

【8】颜色：黑色；背景：白色；边框：1 磅、虚线、十六进制颜色代码#000066；在元素（边框）内四周留白：上方 7 磅、右方 15 磅、下方 12 磅、左方 30 磅。

【9】首行缩进：21 磅；字体大小：10. 5 磅；行距：160%（1. 6 倍）。

【10】文本装饰：下画线。

【11】文本风格：斜体。

【12】这些元素显示为文本块，前后均换行。

知识点详解

XML 最大的特点在于数据的结构与数据的表示完全无关。在进行数据结构化存储后，如何能很好地在浏览器中显示这些数据呢？CSS 提供了一种简单而实用的方法。

通常有两种方式实现 XML 文档与 CSS 的结合：第 1 种方式是直接使用 CSS 控制 XML 文档各个元素的表现样式；第 2 种方式是使用 XSLT（eXtensible Stylesheet Language Transformation，可扩展样式表语言转换）将 XML 文档转换为 HTML 文档，再结合 CSS 控制转换后所得 HTML 文档的表现样式。

1）要直接使用 CSS 呈现 XML 文档必须在根元素之前添加一条“xml-stylesheet”处理指令，其形式如下：

```
<xml-stylesheet href="CSS 样式表路径" type="text/css"? >
```

2）先使用 XSLT 将 XML 转换成 HTML 文档，再使用 CSS 控制 HTML 文档的表现样式。CSS 控制 HTML 文档显示样式的方式多种多样，可以嵌入 HTML 文件中，也可以单独存为一个文件。

信息卡

处理指令是包含在XML文档中的一些命令性语句，目的是告知XML处理一些信息或执行一定的动作。例如，XML声明就是一种处理指令：

```
<?xml version = "1.0" encoding = "GB2312" standalone = "yes"? >
```

其中，"<?"和"?>"是处理指令开始和结束的界定符号，"xml"是处理指令的命令名字。以上指令是告知XML解析器，该文档遵守XML 1.0规范，应按照XML 1.0的要求检查XML文档。

此外，在大多数情况下，XML使用处理指令将XML文档与XML应用程序联系起来，用来向XML应用程序传递信息。

子任务2 XML XSLT

XSLT是XML最重要的应用技术之一，它的主要作用是抽取XML文档中的信息并将其转换成其他格式的数据。

【案例】使用xsl-ex.xsl文档呈现文档内容的XML代码，结果如图6-10所示。源XML文档代码如下：

```
<? xml version = "1.0" encoding = "GB2312"? >
<? xml - stylesheet type = "text/xsl" href = "xsl - ex.xsl"? >          【1】
<student_info >
<student >
  <name >Ross </name >
  <sex >male </sex >
  <address >New Yoek,America </address >
  <tel >202 -328 2516 </tel >
</student >
<student >
  …
</student >
<student >
  …
</student >
</student_info >
```

调用XSL源代码如下：

```
<? xml version = "1.0" encoding = "GB2312"? >
<html xsl:version = "1.0"
    xmlns:xsl = "http://www.w3.org/1999/XSL/Transform"
    xmlns = "http://www.w3.org/TR/xhtml1/strict" >          【2】
<body style = "font - family:Arial, Helvetica, sans - serif;
```

```
        font-size:12pt;
        background-color:#eeeeee">
  <xsl:for-each select="student_info/student">                          【3】
  <div style="background-color:teal;color:white;padding:4px">           【4】
  <span style="font-weight:bold;color:white">                           【5】
     <xsl:value-of select="name"/>                                      【6】
  </span>
  -
  <xsl:value-of select="sex"/>
  </div>
  <div style="margin-left:20px;margin-bottom:1em;font-size:10pt">
  <xsl:value-of select="address"/>
  <span style="font-style:italic">
  (
  <xsl:value-of select="tel"/>
  )
  </span>
  </div>
  </xsl:for-each>
  </body>
  </html>
```

图 6-10　xsl-ex. xsl 作用于 XML 后的效果图

代码详解

【1】XML 使用“xml-stylesheet”处理指令来访问样式表。type 属性指出使用的是 XSL 类型，href 属性指出 XSL 文档的具体位置。此外还存在几个可选属性：title 用于命名样式表；media 用于指出目标媒体；charset 用于命名与样式相关联的字符集；alternate 可选值为 yes 和 no，默认是 no。

【2】XSL 文件本身就是一份 XML 文档，因此在 XSL 文件的开头，一样有与 XML 文档相同的声明。W3C 为 XSL 定义了很多标记（元素），XSL 文件就是这些标记和 HTML 标记的组合。“xmlns: xsl = "http: // www. w3. org/ 1999/ XSL/ Transform"”这部分主要用于说明该 XSL 样式表

是使用 W3C 所制定的 XSL 规范，设定值就是 XSL 规范所在的 URL 地址。

【3】 <xsl:for-each>可遍历指定节点集中的每个节点，其利用 select 属性来选择节点集。循环执行<xsl:for-each>所包括的内容。

【4】 <div> 可定义文档中的分区或节。

【5】 <span>在行内定义一个区域，也就是一行内可以被<span>划分成好几个区域，从而实现某种特定效果。

【6】 <xsl:value-of>用于提取并输出源 XML 文档中被选择的元素或属性的内容，通过 select 属性来选择源 XML 文档的指定节点，select 属性值是 XPath 表达式。如果是微软的 XSL，则 select 属性可以不出现，表示输出当前路径下的所有节点的值；如果是 W3C 的 XSL 值，则 select 属性必须出现。

知识点详解

XSL 是描述 XML 文档样式信息的一种语言。常用的 XSL 有两个版本：一个是微软公司的基于工作草案的 XSL，其命名空间是 http://www.w3.org/TR/WD-xsl，有些地方简写成“uri:xsl”。这是微软公司最早版本的 XSL，这个版本的 XSL 并不是 W3C 指定的 XSL 标准。现在普遍采用的是 W3C 标准推荐的标准 XSL 1.0，它的命名空间是“http://www.w3.org/1999/XSL/Transform”。IE 6.0 以后的版本默认支持的是该版本。虽然使用 DOM、SAX、XMLPULL 等编程模型也可以处理 XML 文档，将其中的信息抽取出来并转换成其他格式的数据，但如果对每个任务都编写专门程序，将无疑是低效和枯燥的。XSL 则提供了将 XML 文档方便地转换成所需数据形式的新方法。

XSL 技术由 3 部分组成：

1）XML 格式化对象（XSL Formatting Objects，XSL-FO，简称 FO）。XML 格式化对象用于定义如何显示数据。它提供了另一种方式来格式化显示 XML 文档，以及把样式应用到 XML 文档中。格式化对象定义转换后文件中的各个对象的语义和显示方式。

2）XSL 转换（XSLT）。XSL 转换用于将 XML 数据转换成其他形式。它定义如何将一个 XML 文档转换为其他的可供显示或打印的文件格式。最广泛的应用是将 XSL 转换成 HTML 网页。此外，XSL-FO 文档通常也是用 XSL 转换生成的。

3. XPath 技术。XSLT 使用 XPath 来对 XML 文档中的具体部分进行访问和引用。因为 XPath 和 XSLT 的语法规则基本相同，且 XPath 的许多功能就是为 XSLT 服务的，因此很多人将 XPath 作为 XSLT 的一个重要部分进行讲述。

信息卡

XML 从某种意义上来说就是一个层状数据库，具有树形结构。XML 树形结构的节点就是元素及元素的内容。但是，对于 XSL，特性、命名域、处理指令以及注释必须也作为节点看待。而且文档的根节点必须与根（基本）元素区别开来，因此，XSL 处理程序假定 XML 树形结构包含根节点、元素、文本、特性、命名域、处理指令和注释 7 类节点。

XSLT 是 XSL 最重要的一部分。在 XSLT 文档中定义了与 XML 文档中各个逻辑成分相匹配的模板以及匹配转换方式。它可以很好地描述 XML 文档向任何一个其他格式的文档做转换的方法。使用 XSL 定义 XML 文档显示方式的基本思想是：通过定义转换模板，将 XML 源文件转换为带样式信息的可浏览文档。限于目前浏览器的支持能力，大多数情况下转换为一个 HTML

文档进行显示。具体转换过程，既可以在服务器端进行，也可以在客户端进行。

1）服务器端转换模式。在这种模式下，XML 文档被下载到浏览器前先转换成 HTML，然后将 HTML 文件送往客户端进行浏览。

2）客户端转换模式。这种方式是将 XML 和 XSL 文件都传送到客户端，由浏览器实时转换。前提是浏览器必须支持 XML + XSL。

XSL 的工作过程包括树转换和格式化两个步骤。首先执行树转换，也就是根据给定的 XSL 将 XML 源树转换为可以显示的 HTML 结果树。在转换过程中，XSLT 使用 XPath 来定位源文档的某些部分，而这些源文档必须与一个或多个预定义的模板相匹配。当其中一个匹配的源文件部分被找到后，XSLT 将会按照模板要求把这个源文件中相匹配的部分转换到结果文档中，形成结果树。执行完树转换后，再按照 FO 解释结果树，产生一个可以在屏幕上、纸上、语音设备或其他媒体中输出的结果，这个过程称作格式化，其工作过程如图 6-11 所示。

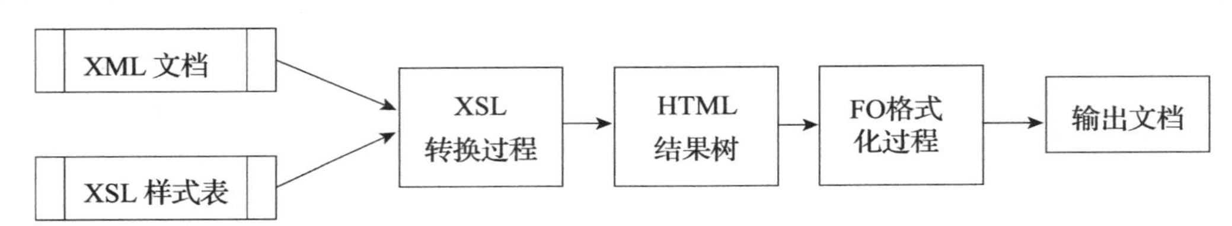

图 6-11　XSL 处理 XML 文档的过程

【案例】 使用模板元素呈现文档内容的 XML 代码，结果如图 6-12 所示。源 XML 文档 xsl-mo. xml 的代码如下：

```
<? xml version = "1.0" encoding = "utf -8"? >
<? xml -stylesheet type = "text/xsl" href = "xsl -mo.xsl"? >    【1】
<root >
        <message >
    <from >Ross </from >
    <to >Mary </to >
    <content >There is smeeting tomorrow. </content >
<  /message >
<  /root >
```

调用 XSL 源代码如下：

```
<? xml version = "1.0" encoding = "UTF -8"? >
<xsl:stylesheet version = "1.0" xmlns:xsl = "http://www.w3.org/1999/XSL/
Transform" >    【2】
<xsl:template match = "root" >    【3】
    <table border = "1" align = "center" >    【4】
        <xsl:apply -templates select = "message"/>    【5】
     </table >
 </xsl:template >
 <xsl:template match = "message" >    【6】
     <tr >
        <td > <xsl:value -of select = "to"/> </td >    【7】
        <td > <xsl:value -of select = "content"/> </td >
```

```
        </tr>
    </xsl:template>
</xsl:stylesheet>
```

图 6-12 模板元素演示效果

代码详解

【1】在 XML 文档中要调用 XSL 样式表，利用该处理指令；href 属性指明 XSL 文件的 URL。

【2】stylesheet 是一个 XSL 文档的根元素，它包含了一个 XSL 文档的所有信息，它属于名称空间 “http://www.w3.org/1999/XSL/Transform”，因此需要进行名称空间声明，并且指定名称空间的前缀为 xsl。属性 version 指出了所用 XSL 的版本，一定要指定 version 属性，这样 XML 处理器才能知道使用的具体的 XSL 信息。

【3】利用 template 元素创建第一个模板，使用 match 属性指出了它对应于整个根元素 root。

【4】定义表格。

【5】使用 apply-templates 元素来指定对于 root 的子元素 message 应用模板，处理器就会搜索整个 XSL 文档，看看有没有与 message 相匹配的已定义的模板。

【6】结果，找到第二个模板，它刚好匹配了 message 元素。

【7】在第二个模板中，利用 value-of 元素，只规定了选取 message 元素的两个元素 to 和 content，而没有选择 from 元素，因此在显示结果中，不会出现 from 元素的值。

知识点详解

模板用于规定附加于 XML 源文档上的转换方式，它类似于一个容器，用于存放一些样式信息，这些样式信息是作用于源树上的各种节点，并且可以自由地规定哪一种模板作用于哪一个节点，哪一个节点需要出现，哪一个节点不需要出现。经过转换的结果树，它的各个节点的关系与源树可以不同。

在 XSL 的各个元素中，xsl:template 可以用于定义模板，它的语法规则如下：

```
<xsl:template 属性值对>
…
</xsl:template>
```

属性值对方面，template 有以下 4 个属性。

1）match：指定该模板样式与源 XML 文档的何种元素相匹配，如果模板是最上层模板，则 match 属性的值应该为 “/”，即表示根节点。

2）name：用于给模板起名，使得每个模板都对应有自己的名字，从而使 apply-templates 元素可以根据需要来指定使用的模板名称。

3）mode：用于确定处理方式，并将它与一个具有匹配值的 apply-templates 元素相匹配。

4）priority：用于在相同的匹配间指定优先级。

与模板相关的元素中，另外一个最重要的 XSL 元素就是 xsl:apply-templates。它要求 XML 处理器处理相关的模板信息，是针对具体的 template 元素，根据模板的具体转换要求转换 template 元素指定的 XML 中具体元素的子元素。apply-templates 元素包含两个属性：select 属性用于指定需要处理的元素，如果没有指定 select 属性的值，则处理器会按照 XML 中元素出现的顺序处理当前节点的模板；mode 属性用于确定处理方式并选择那些只有一个匹配值的 template 元素。

信息卡

XSL 定义了两个默认的模板规则，在所有的样式表中都隐性地包括这两个规则：

第一个默认规则应用于任何类型的元素节点或根节点，定义如下：

```
<xsl:template match="*|/">
<xsl:apply-templates/>
</xsl:template>
```

“*|/”是“任何元素的节点或根节点”的缩写形式，其目的就是要确保所有的元素即使没有受到隐性规则的影响，也都按递归的方式处理。

第二个默认规则的定义如下：

```
<xsl:template match="text()">
<xsl:value-of select="."/>
</xsl:template>
```

这一规则匹配所有的文本节点，并输出文本节点的值。本规则确保最少输出一个元素的文本，即使没有任何规则明确地与此文本匹配。

XSLT 文档的根元素可以是 transform 或 stylesheet，根元素的子元素称为“顶层元素”，有一些元素必须处于顶层元素的位置，XSLT 的顶层元素按重要程度列出，具体见表 6-6。

表 6-6　XSLT 的顶层元素

名称	说　　明
template	声明模板，控制 XSL 转换流程及输出内容
output	声明 XSL 转换输出方式及相关配置
import	从外部 XSLT 文档导入模板，所导入模板具有较低的优先级
include	声明包含外部 XSLT 文档的模板，所包含模板的优先级和当前文档的模板相同
param	声明全局参数，在转换时，可以从 XSL 处理器传入全局参数的值
variable	声明全局变量
key	索引一系列元素，以便使用 key 函数快速定位 XML 节点
attribute-set	声明一组属性，可重复使用于输出元素
preserve-space	声明需要保持空白的元素列表

（续）

名称	说　　明
strip-space	声明需要修剪空白的列表元素
decima-format	声明 format-number 函数所用的十进制数值格式
namespace-alias	声明名称空间别名
character-map	XSLT 2.0：声明字符映射规则列表（将列表中的字符映射成对应字符串）
function	XSLT 2.0：声明用于 XPath 的自定义函数
import-schema	XSLT 2.0：导入外部架构（Schema）的类型，以供与架构类型相关的 XPath 函数使用

顶层元素下的元素由下面各表分别列出。各元素的详细说明可参照 W3C 的相关手册。

XSLT 中控制流程的元素见表 6-7。

表 6-7　XSLT 中控制流程的元素

名称	说　　明
apply-template	应用模板，处理匹配指定 XPath 的节点集
for-each	使用内嵌模板，处理匹配指定 XPath 的节点集
call-template	调用模板，处理当前节点
apply-imports	调用通过 import 元素导入的模板（这些模板被当前 XSL 中较高优先级的模板覆盖）
choose	根据条件执行处理（包含 when 或 otherwise 元素）
	when：指定 choose 中的一个条件
	otherwise：指定不满足任何 when 条件时的默认指令
if	指定条件匹配模板
sort	排序节点集
with-param	声明 call-template 调用模板或 apply-template 应用模板时的参数
for-each-group	XSLT 2.0：以 XPath 匹配指定节点集并分组，对每组节点应用内嵌模板
next-match	XSLT 2.0：调用被当前模板重载，具有较低优先级的模板（与 apply-imports 元素相似，但同时考虑当前样式表中被覆盖的其他低优先级模板，而不是仅考虑导入的模板）
perform-sort	XSLT 2.0：返回已排序的 XPath 2.0 序列
sequence	XSLT 2.0：生成 XPath 2.0 序列

XSLT 中向结果输出内容的元素见表 6-8。

表 6-8　XSLT 中向结果输出内容的元素

名称	说　　明
value-of	执行 XPath 求值，输出文本内容
number	输出指定格式的数字
copy-of	复制当前节点到输出结果，包括其属性及后代节点

（续）

名称	说　　明
copy	复制当前节点到输出结果，不包括其属性及后代节点
text	输出文本内容（不能包含任何子节点）
element	输出指定名称的元素
attribute	输出指定名称的属性
comment	输出注释
processing-instruction	输出处理指令
result-document	XSLT 2.0：生成指定名称的新文档，可用于在一次 XSL 转换过程中输出多个目标文档（与指定名称的 output 元素匹配）
document	XSLT 2．0：生成临时的文档的节点，可用于检验其中的节点是否符合架构
namespace	XSLT 2.0：创建名称空间声明节点
analyze-string	XSLT 2-0：使用正则表达式分析节点文本值，根据匹配结果替换文本

XSLT 中类似编程语言的参数和变量元素见表 6-9。

表 6-9　XSLT 中类似编程语言的参数和变量元素

名称	说　　明
param	声明模板的参数
variable	声明局部变量

XSLT 中用于提高 XSLT 兼容性的 fallback 元素，以及用于调试 XSLT 的 message 元素，具体见表 6-10。

表 6-10　XSLT 中的 fallback 元素和 message 元素

名称	说　　明
fallback	指定当 XSLT 处理器不能执行指定转换操作时的处理办法
message	输出信息（可同时终止 XSL 转换过程）

任务三　客户端 XML

本任务解决在客户端对 XML 文档的转换问题。XSLT 设计目的之一就是使一种格式到另一种格式的转换成为可能，同时支持不同类型的浏览器以及不同的用户需求。前面已讲解了如何使用 XSLT 将某个 XML 文档转换为 HTML 文档，即向 XML 文档添加 XSL 样式表，并通过浏览器完成转换。虽然这种方法的效果很好，但在 XML 文档中包含样式表引用也不总是令人满意（例如，在无法识别 XSLT 的浏览器中这种方法就无法奏效）。更通用的方法是使用 JavaScript 来完成转换。通过使用 JavaScript，可以进行浏览器确认测试，根据浏览器和使用者的需求来使用不同的样式表。

现在 XML 最广泛的应用之一就是 XHTML，实际上也就是 W3C 在 XML 中实现的 HTML 4.0。XHTML 是真正的 XML 应用，也就意味着 XHTML 文档是结构完整且合法的 XML 文档。可以通过使用 XSLT 将某个 XML 文档转换为 XHTML 文档，然后通过浏览器进行显示。

使用 XHTML 有两大优势。首先，HTML 预定义了所有的元素和属性，根本就不能改变，除非使用 XHTML。因为 XHTML 是真正的 XML，所以可以用自己的元素来扩展它。另一大优势在于，XHTML 支持在 XML 和 HTML 之间提供一个桥梁，就 HTML 设计者来说，无须改变就可以在现在的浏览器中显示 XHTML 文档。

子任务 1　客户端 XML 简介

在客户端浏览器中使用 XSLT 把 XML 文件转换为 HTML 或 XHTML 文档。其中，要创建 XML 解析器的实例来完成转换，即要创建一段使用 XML 解析器来进行转化的 JavaScript。注意，JavaScript 解决方案无法工作于没有 XML 解析器的浏览器。

子任务 2　客户端 XML 的作用

通过客户端的浏览器对 XML 文档进行转换从而完成对 XML 的处理，其中使用 XSLT 完成转换，但在 XML 文档中不包含对 XSLT 的引用，即 XML 文件可使用多个不同的 XSL 样式表来进行转换。浏览器端的 XSLT 转换可能会成为未来浏览器所执行的主要任务之一。

子任务 3　客户端 XML 的处理过程

【案例】 客户端 XML 的处理过程。两个文件是前面任务中已讲过的 XML 文档 xsl-mo. xml，及其引用的 XSL 样式表 xsl-mo. xsl。此处修改 xsl-mo. xml 文档，将里面对 xsl-mo. xsl 的引用删除。在浏览器中要把 XML 转换为 XHTML，下面是用于在客户端把 XML 文件转换为 XHTML 的源代码：

```
<?xml version="1.0"?>
<!DOCTYPE html PUBLIC ".//W3C//DTD XHTML 1.0 Transitional//EN"
"http://www.w3.org/TR/xhtml1/DTD/xhtml1-Transitional.dtd">
<html xmlns:xsl="http://www.w3.org/1999/xhtml" xml:lang="en" lang="en">   【1】
<html>
<body>
<script type="text/javascript">
                                                                          【2】
 var xml = new ActiveXObject("Microsoft.XMLDOM")                          【3】
 xml.async = false
 xml.load("xsl-mo.xml")
 var xsl = new ActiveXObject("Microsoft.XMLDOM")                          【4】
 xsl.async = false
 xsl.load("xsl-mo.xsl")
 document.write(xml.transformNode(xsl))                                   【5】
```

```
</script>
</body>
</html>
```

代码详解

【1】XHTML 声明部分。<!DOCTYPE>表明文档元素是 html。注意，在 XHTML 中所有的元素（<!DOCTYPE>元素除外）都是小写的。

【2】在 HTML 页面中插入一段 JavaScript。

【3】加载 XML 文档。创建 XML 解析器的一个实例，然后把 XML 文档载入内存。

【4】加载 XSL 文档。创建 XML 解析器的另一个实例，然后把这个 XSL 文档载入内存。

【5】使用 XSL 转换了 XML 文档，并在浏览器中把结果作为 XHTML 文档显示。

XHTML 文档以扩展名为 .html 来存储，以保证浏览器按 HTML 来处理这个文档。

任务四　服务器端 XML

本任务解决在服务器端对 XML 文档的转换问题。由于并非所有的浏览器都支持 XSLT，因此另一种解决方案是在服务器上完成 XML 到 XHTML 的转换。XSLT 的另一设计目标就是使数据在服务器上从一种格式转换到另一种格式成为可能，并向所有类型的浏览器返回可读的数据。

子任务 1　服务器端 XML 的处理过程

由于 JavaScript 解决方案无法工作于没有 XML 解析器的浏览器上，因此为了让 XML 数据适用于任何类型的浏览器，必须在服务器上对 XML 文档进行转换，然后将其作为 XHMTL 发送到用户浏览器上。XML 文件可使用多个不同的 XSL 样式表来进行转换。

【案例】服务器端 XML 的处理过程。两个文件是前面任务中的 XML 文档 xsl-mo. xml，及其引用的 XSL 样式表 xsl-mo. xsl。此处修改 xsl-mo. xml 文档，将里面对 xsl-mo. xsl 的引用删除。下面是用于在服务器端把 XML 文件转换为 XHTML 的源代码：

```
<%
 set xml = Server.CreateObject("Microsoft.XMLDOM")                    【1】
 xml.async = false
 xml.load(Server.MapPath("xsl-mo.xml"))
 set xsl = Server.CreateObject("Microsoft.XMLDOM")                    【2】
 xsl.async = false
 xsl.load(Server.MapPath("xsl-mo.xol"))
 Response.Write(xml.transformNode(xsl))                               【3】
%>
```

代码详解

【1】加载 XML 文档。创建 XML 解析器的一个实例，然后把 XML 文档载入内存。
【2】加载 XSL 文档。创建 XML 解析器的另一个实例，然后把这个 XSL 文档载入内存。
【3】使用 XSL 转换 XML 文档，并把结果作为 XHTML 文档发送到用户的浏览器中。

子任务 2 可以结合 XML 使用的服务器端语言

当前常用的可以结合 XML 使用的服务器端语言有 ASP、JSP、PHP 和 Perl。

ASP 是一个 Web 服务器端的开发环境，采用的脚本语言是 VBScript 和 JavaScript，只能运行于微软的服务器产品 IIS 上。PHP 是一种跨平台的服务器端的嵌入式脚本语言，它大量地借用 C、Java 和 Perl 语言的语法，并耦合 PHP 自己的特性，可在 Windows、UNIX、Linux 的 Web 服务器上正常运行，还支持 IIS、Apache 等通用 Web 服务器。JSP 是 Sun 公司推出的新一代站点开发语言，几乎可以运行于所有平台，JSP 以跨平台、支持线程、安全性高等优点一直得到程序员的青睐。JSP 使用的脚本语言就是 Java，因此 Java 能够完成的功能，JSP 同样也能完成。Perl 语言曾一度是服务器方编程的唯一工具，也是 CGI 编程的基础。Perl 借取了 C、sed、awk、shell scripting 以及很多其他程序语言的特性，其中最重要的特性是其内部集成了正则表达式的功能，以及巨大的第三方代码库 CPAN。Perl 已经彻底地应用了 XML。

任务五 XML JavaScript

本任务主要解决 JavaScript 对 XML 操作的问题，主要是 JavaScript 对 XML DOM 等的操作问题。但用户所编写 XML 文档中的数据要能让应用程序使用，就必须将这个 XML 文档解析（使用 XML 解析器），解析后的 XML 文档会产生一个树状逻辑结构在内存中，此树状逻辑结构和原有的 XML 文档完全对应，XML 应用程序就是根据这个树状逻辑结构来处理或应用其中的数据的。本任务还使用 XMLHttpRequest 对象，其可以同步或异步返回 Web 服务器的响应，可以在不向服务器提交整个页面的情况下，实现局部更新网页，并且能以文本或一个 DOM 文档的形式返回内容。

子任务 1 XMLHttpRequest 简介

XMLHttpRequest 对象是 AJAX 的 Web 应用程序架构的一项关键功能。AJAX（Asynchronous JavaScript And XML）是一种在浏览器运行的技术。AJAX 的 XMLHttpRequest 对象可以同步或异步地返回 Web 服务器的响应。另外，XMLHttpRequest 对象可以在不重新加载页面的情况下与 Web 服务器交换数据，即在不重新加载页面的情况下更新页面；在页面已加载后从服务器请求数据；在页面已加载后从服务器接收数据；在后台向服务器发送数据等。

子任务 2　XML 解析器

一个 XML 文档必须先经过 XML 解析器的解析，然后 XML 文档中的数据才能被进一步地处理和应用。

XML 解析器又称为 XML 处理器，它能以 XML 的标准规范对 XML 文件进行解析，是介于 XML 应用程序之间的低级软件工具。如果 XML 文件有结构上的错误，或语法上的错误，则解析器会返回错误信息。XML 文件编写者可以针对错误一一修改该文件，直到没有错误为止。目前常用的浏览器都内建了供读取和操作 XML 的 XML 解析器。解析器把 XML 载入内存，然后把它转换为可通过 JavaScript 访问的 XML DOM 对象。

微软的 XML 解析器与其他浏览器中的解析器之间，存在一些差异。微软的解析器支持 XML 文件和 XML 字符串（文本）的加载，而其他浏览器则使用单独的解析器。不过，所有的解析器都包含遍历 XML 树、访问插入及删除节点（元素）及其属性的函数。

【案例】下面的代码片段把 XML 文档解析到 XML DOM 对象中：

```
if (window.XMLHttpRequest)                                              【1】
{  //code for IE7 +, Firefox, Chrome, Opera, Safari
    xmlhttp = new XMLHttpRequest();
}
else
{  //code for IE6, IE5
    xmlhttp = new ActiveXObject("Microsoft.XMLHTTP");
}
xmlhttp.open("GET","xx.xml",false);                                     【2】
xmlhttp.send();                                                         【3】
xmlDoc = xmlhttp.responseXML;                                           【4】
```

代码详解

【1】根据浏览器类型的不同，创建相应的 XMLHttpRequest 对象。

【2】通过 open 方法初始化 HTTP 请求参数。async 的参数是 false，说明请求是同步的。

【3】发送 HTTP 请求，使用传递给 open 方法的参数，以及传递给该方法的可选请求。

【4】对请求的响应，解析为 XML 并作为 Document 对象返回。

知识点详解

1. 通过微软的 XML 解析器来加载 XML

微软的 XML 解析器内建于 Internet Explorer 5 以及更高的版本中。下面的 JavaScript 代码把一个 XML 文档载入到解析器中：

```
//创建一个空的微软 XML 文档对象
var xmlDoc = new ActiveXObject("Microsoft.XMLDOM");
//关闭异步加载,这样确保在文档完全加载之前解析器不会继续脚本的执行
xmlDoc.async = "false";
//告知解析器加载名为"note.xml" 的 XML 文档,此处 xx.xml 指代某 XML 文档
xmlDoc.load("xx.xml");
```

2. 在 Firefox 及其他浏览器中的 XML 解析器

下面的 JavaScript 代码把 XML 文档（note. xml）载入解析器：

```
//创建一个空的 XML 文档对象
var xmlDoc = document.implementation.createDocument("","",null);
//关闭异步加载,这样确保在文档完全加载之前解析器不会继续脚本的执行
xmlDoc.async = "false";
//告知解析器加载名为“note.xml”的 XML 文档。此处 xx.xml 指代某 XML 文档
xmlDoc.load("xx.xml");
```

3. 解析 XML 字符串

下面的 JavaScript 代码把 XML 字符串解析到 XML DOM 对象中（把字符串 txt 载入解析器）：

```
txt = "<bookstore><book>";
txt = txt + "<title>Everyday Italian</title>";
txt = txt + "<author>Giada De Laurentiis</author>";
txt = txt + "<year>2005</year>";
txt = txt + "</book></bookstore>";
if (window.DOMParser)                                          【1】
{
    parser = new DOMParser();
    xmlDoc = parser.parseFromString(txt,"text/xml");
}
else
{
    xmlDoc = new ActiveXObject("Microsoft.XMLDOM");            【2】
    xmlDoc.async = "false";
    xmlDoc.loadXML(txt);
}
```

代码详解

【1】除 IE 外，其他浏览器通过 DOMParser 解析 XML 标记来创建一个文档。DOMParser 对象解析 XML 文档并返回一个 XML Document 对象。要使用 DOMParser，要先使用不带参数的构造函数来实例化它，然后调用其 parseFromString 方法。

【2】XMLHttpRequest 对象也可以解析 XML 文档。Internet Explorer 使用 loadXML 方法来解析 XML 字符串。

子任务 3 XML DOM

XML DOM 对 XML 开发人员而言很重要，最基本的 XML 开发经常使用它。简单地说，XML DOM 就是一组对象的集合，通过操纵这些对象，程序员能操纵 XML 数据，利用

XML DOM 中的对象，可以对 XML 文档进行读取、遍历、更新、添加和删除等操作。程序设计者可以利用 VBScript 或 JavaScript 程序代码，在浏览器或服务器端建立所要的 XML DOM 对象。

XML DOM 把 XML 文档视为一种树结构，这种树结构被称为节点树。通过这棵树可以访问所有的节点，可以修改或删除其中的内容，也可以创建新的节点。

【案例】 建立一个 XML DOM 对象，然后加载绿梦意见征集系统中的 User_Info. xml，接着从该 XML 文档中找出节点名称为“用户”的节点，并将对应的节点名称和子节点中的内容一一显示出来。xml-dom. html 文件代码如下，显示效果如图 6-13 所示。

```
<html>
<head>
<meta http-equiv="Content-Type" content="text/html" charset=
"gb2312"/>
<title>XML DOM</title>
</head>
<body>
<center>
<p><b>
<font size="5">XML DOM 显示指定节点“用户”范例</font>
</b></p>
<hr>
<table border="1">
<tr>
<td>节点名称</td><td>ID</td><td>姓名</td><td>工号</td><td>部门
</td>
</tr>
<script language="JavaScript">                                    【1】
    var xmlDOM=new ActiveXObject("Microsoft.XMLDOM")              【2】
    xmlDOM.async="false"                                          【3】
    xmlDOM.load("User_Info.xml")                                  【4】
    var objNode=xmlDOM.documentElement.childNodes                 【5】
    for(var i=0;i<objNode.length;i++)                             【6】
    {
    document.write("<tr><td>"+objNode.item(i).nodeName+"</td>")  【7】
        var child=objNode.item(i).childNodes
        for(var j=0;j<child.length;j++)
            document.write("<td>"+child.item(j).text+"</td>")     【8】
        document.write("</tr>")
}
</script>
</table>
</center>
</body>
</html>
```

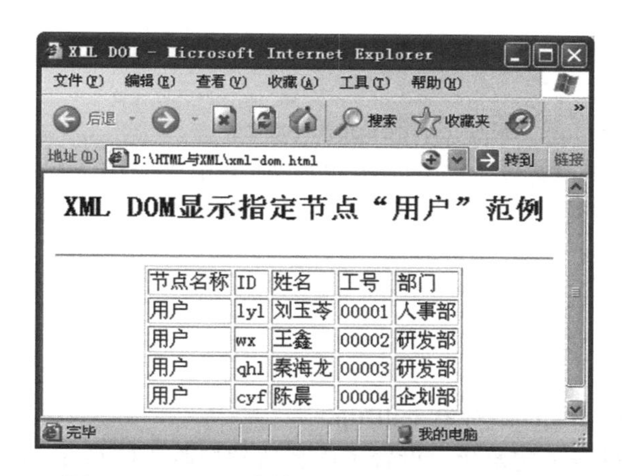

图 6-13 IE 6.0 中的 xml-dom. html 文件效果

代码详解

【1】通过 <script> 标记中的 language 属性指定所使用的脚本语言为 JavaScript。

【2】建立一个 XML DOM 对象。

【3】设置 XML 解析器先暂停执行，直到 XML 文档完全被加载。

【4】加载所要的 XML 文档到 XML DOM 对象中。

【5】childNodes 属性返回一个 NodeList 对象，以包含目前节点的所有子节点；定义变量 objNode 对其进行存储。

【6】NodeList 对象只有一个属性，即 length，此属性返回该 NodeList 对象中所含的节点数目。

【7】nodeName 属性用来返回节点名称。

【8】text 属性用来返回目前节点的所有 XML 内容和其所有后裔节点。

子任务 4 XMLHttpRequest 应用

XMLHttpRequest 对象得到了所有现代浏览器较好的支持，IE 7 +、Firefox、Chrome、Safari 以及 Opera 都内建了 XMLHttpRequest 对象。不同的浏览器创建 XMLHttpRequest 的方法是有差异的。IE 使用 ActiveXObject，而其他的浏览器使用名为 XMLHttpRequest 的 JavaScript 内建对象。以 IE 为例，创建 XMLHttpRequest 对象的代码如下：

```
xmlhttp = new ActiveXObject("Microsoft.XMLHTTP");
```

【案例】 使用 XMLHttpRequest 对象异步地将客户端的 XML 数据上传到服务器端，xml-http. jsp 文件部分代码如下：

```
function update(){
    var xmlHttp = new ActiveXObject("Microsoft.XMLHTTP");          【1】
    xmlHttp.Open("POST","update.jsp",true);                          【2】
    xmlHttp.setRequestHeader("Content-Type","text/xml");             【3】
    xmlHttp.Send(xmldso.xml);                                        【4】
    xmlHttp. onreadystatechange = function()                         【5】
    {
```

```
        if(xmlHttp.readyState = =4)                                         【6】
        {
            var root = xmlHttp.responseXml;
            result.innerText = root.documentElemment.text;
        }
    }
}
```

代码详解

【1】创建了 XMLHttpRequest 对象 xmlHttp。

【2】用 Open 方法进行了初始化，设置了服务器端接收主体是 update. jsp，采用异步的传输方式。

【3】设置所发送文档的类型是 text/ xml 类型。

【4】将 xmldso 数据岛的 XML 数据发送到服务器端，由服务器端的 update. sp 文件接收处理。

【5】用户不用等待服务器的响应，可以继续进行其他操作。用户做其他操作时，AJAX 在不断监视 XMLHttpRequest 对象 readyState 的状态属性，一旦有变化就会触发 onreadystatechange 事件句柄，调用事件处理函数 function( )。

【6】在 function 函数里，首先判断 readyState 状态属性值是否已到 4（表示接收完成），如果已等于 4 了，则通过 responseXml 方法接收服务器的响应，此响应内容是 XML 格式。接着从接收的服务器传送过来的 XML 数据里提取根元素的文本值，此值应该是“数据已成功写入数据库”的提示信息，此文本值将传送给 result 层对象，并显示出来。

知识点详解

下面具体介绍 XMLHttpRequest 对象的使用方法。

1. XMLHttpRequest 对象的属性

（1）readyState

此属性反映了 HTTP 请求的状态。当一个 XMLHttpRequest 对象初次创建时，这个属性的值从 0 开始，直到接收到完整的 HTTP 响应，这个值增加到 4。表 6-11 所示为 HTTP 请求的 5 个状态及其名称和描述。

表 6-11　HTTP 请求的 5 个状态及其名称和描述

状态	名称	描　述
0	Uninitialized	初始化状态。XMLHttpRequest 对象已创建或已被 abort 方法重置
1	Open	open 方法已调用，但是 send 方法未调用，请求还没有被发送
2	Sent	send 方法已调用，HTTP 请求已发送到 Web 服务器，未接收到响应
3	Receiving	所有响应头部都已经接收到。响应体开始接收但未完成
4	Loaded	HTTP 响应已经完全接收

readyState 的值不会递减，除非一个请求在处理过程中调用了方法 abort( ) 或 open( )。每次这个属性的值增加时，都会触发 onreadystatechange 事件句柄。

（2） responseText

responseText 属性值是当前接收到的服务器的响应体（不包括头部），或如果还没有接收到数据，则是空字符串。如果 readyState 小于 3，则这个属性就是一个空字符串。当 readyState 为 3 时，这个属性返回目前已经接收的响应部分。如果 readyState 为 4，则这个属性保存了完整的响应体。

（3） responseXML

responseXML 属性值是当前接收到的服务器的响应体，响应被解析为 XML，并作为 Document 对象返回。

（4） status

status 是由服务器返回的 HTTP 状态代码，如 200 表示成功，而 404 表示“Not Found”错误。当 readyState 小于 3 时读取这一属性会导致一个异常。

（5） statusText

statusText 属性是用名称指定了请求的 HTTP 的状态代码，而不是数字。也就是说，当状态为 200 时它是“OK”，当状态为 404 时它是“Not Found”。

2. onreadystatechange 事件句柄

onreadystatechange 事件句柄用于设置每次 readyState 属性改变的时候调用的事件句柄函数。当 readyState 为 3 时，它也可能调用多次。

3. XMLHttpRequest 对象的方法

（1） XMLHttpRequest. open( )

该方法用于初始化 HTTP 请求参数，但并不发送请求，其语法格式如下：

```
open(method, url, async, username, password)
```

1）method：用于请求的 HTTP 方法，值包括 GET、POST 和 HEAD。

2）url：用于指定在服务器上接收数据的文件路径。因为安全需要，所以要求这个 URL 与包含脚本的文本具有相同的主机名和端口。

3）async：用于选择同步或异步地执行传输。如果这个参数是 false，则请求是同步的，后续对 send( ) 的调用将阻塞，直到响应完全接收。如果这个参数是 true 或省略，则请求是异步的，且通常需要一个 onreadystatechange 事件句柄。

4）username 和 password：这两个参数是可选的，为 URL 所需的授权提供认证资格。如果指定了，则它们会覆盖 URL 自己指定的任何认证资格。

（2） XMLHttpRequest. send( )

该方法用于发送一个 HTTP 请求，它使用 open 方法来初始化请求参数，包括指定接收数据的主体和选择同步或异步传输，其语法格式如下：

```
send(body)
```

body 参数指定了需要发送的数据，它可以是字符串或 Document 对象。这个参数可以为 null。

一旦请求发布了，send 方法把 readyState 设置为 2，并触发 onreadystatechange 事件句柄。

如果是同步传输，则这个方法会阻塞程序并不会立即返回，直到 readyState 为 4 且服务器的响应被完全接收。如果是异步传输，则 send 方法将立即返回，并且服务器响应将在一个后台线程中处理。

（3） XMLHttpRequest. setRequestHeader( )

此方法是向一个打开但未发送的请求设置或添加一个 HTTP 请求，其语法格式如下：

```
setRequestHeader(name, value)
```

1）name：头部的名称。这个参数不应该包括空白、冒号或换行。

2）value：是头部的值。这个参数不应该包括换行。

setRequestHeader 方法指定了一个 HTTP 请求的头部，它应该包含在后续 send 方法所发布的请求中。例如，“xmlHttp. setRequestHeader("Content-Type" ,"text/ xml")” 是用在 HTTP 请求的头部，设置文档类型是 text/ xml 类型。这个方法只有当 readyState 为 1 时才能调用，例如，调用了 open( )之后，但在调用 send( )之前。

信息卡

XML 数据岛是指存在于 HTML 页面中的 XML 数据，就是使用 <xml> 标签在 HTML 文档中嵌入 XML 数据。它将 HTML 和 XML 两种技术直接结合。数据岛是一种数据显示技术。XML 除了可以使用 CSS 或 XSL 来控制数据显示以外，还可以使用数据岛通过数据绑定的方法把 XML 中的数据显示出来。数据岛也是一种数据传递技术。Web 服务器与客户机之间的数据传递方式有 3 种：HTML 页面、XML 文档和 XML 数据岛。

子任务 5　XML to HTML

虽然在 HTML 文件中可以利用数据岛的方式插入 XML 文档，就 Web 浏览器而言，对于在 HTML 中的 XML 元素，系统将其内容视为 XML 码，至于要显示该 XML 文档的所有内容，通常必须以 HTML 的 <table> 标签来显示，此外还必须利用该标签的 datasrc 和 datafld 两个属性：

1）datasrc：此属性利用井号（#）和对应的 ID 值来指定连接一个数据岛。

2）datafld：连接一个 XML 元素到表格。

【案例】在以下的 HTML 文件中，将直接应用数据岛的技巧直接在 HTML 网页中插入 XML 文档，并利用 <table> 标签来显示 XML 文档的所有内容。indata. html 文件部分代码如下，显示效果如图 6-14 所示。

```
<html>
<head>
<meta http-equiv="Content-Type" content="text/html; charset=utf-8" />
<title>在 HTML 中显示 XML 文档</title>
</head>
<body>
<h1 align="center" style="color:blue">在 HTML 中显示 XML 文档</h1>
```

```
<hr size="5" width="80% ">
<XML ID="xmlconf">                                                  【1】
<? xml version="1.0" encoding="gb2312"? >
<用户信息>
    <用户>
        <ID>cyf</ID>
        <姓名>陈晨</姓名>
        <部门>企划部</部门>
        <工号>00004</工号>
    </用户>
</用户信息>
</XML>
<center>
<table datasrc="#xmlconf" border="1">                               【2】
<thead>
<th>ID</th><th>姓名</th><th>部门</th><th>工号</th>
</thead>
<tr>
<td align="center"><div datafld="ID"></div></td>                   【3】
<td><div datafld="姓名"></div></td>
<td><div datafld="部门"></div></td>
<td><div datafld="工号"></div></td>
</tr>
</table>
</center>
</body>
</html>
```

图 6-14 IE 6.0 中的 indata.html 文件效果

代码详解

【1】HTML 文档中所加入的数据岛，其 ID 属性为“xmlconf”。

【2】以 <table> 标记读取数据岛中的数据。用 datasrc 属性来指定连接一个数据岛。

【3】通过 datafld 属性连接一个 XML 元素到表格。

除了使用数据岛，还可以通过 XMLHttpRequest 对象在 HTML 中显示 XML 数据。

【案例】 通过 XMLHttpRequest 对象在 HTML 中显示 XML 数据。本例遍历一个 XML 文档（绿梦意见征集系统中的 User_Info. xml），然后把每个“用户”元素显示为一个 HTML 表格行。xml-htm. html 文件代码如下：

```
<html>
<body>
<script type="text/javascript">
  if (window.XMLHttpRequest)                                          【1】
  {
     xmlhttp=new XMLHttpRequest();
  }
  else
  {
     xmlhttp=new ActiveXObject("Microsoft.XMLHTTP");                  【2】
  }
  xmlhttp.open("GET","User_Info.xml",false);
  xmlhttp.send();
  xmlDoc=xmlhttp.responseXML;
  document.write("<table border=1'>");                               【3】
  var x=xmlDoc.getElementsByTagName("用户");                          【4】
  for (i=0;i<x.length;i++)                                            【5】
  {
     document.write("<tr><td>");
     document.write(x[i].getElementsByTagName("姓名")[0].childNodes[0].
nodeValue);
     document.write("</td><td>");
     document.write(x[i].getElementsByTagName("部门")[0].childNodes[0].
nodeValue);
     document.write("</td></tr>");
  }
  document.write("</table>");                                         【6】
</script>
</body>
</html>
```

代码详解

【1】测试 window. XMLHttpRequest 对象是否可用。在新版本的 IE 7 +、Firefox、Mozilla、Chrome 、Opera 以及 Safari 浏览器中，该对象是可用的。如果可用，则用它创建一个新对象。

【2】如果不可用，则检测 window. ActiveXObject 是否可用。在 IE 5. 0 和 IE6. 0 中该对象是可用的。如果可用，则使用它来创建一个新对象。

【3】创建一个 HTML 表格。

【4】使用 getElementsByTagName 方法来获得所有 XML 的“用户”节点。
【5】针对每个“用户”节点，把“姓名”和“部门”中的数据显示为表格数据。
【6】用 </ table> 标签来结束表格。

子任务6 XML 应用程序

【案例】演示由 HTML 和 JavaScript 构建的一个小型 XML 应用程序。XML 文档使用绿梦意见征集系统中的 User_ Info. xml。

1）加载 XML 文档，在如下代码执行后，xmlDoc 成为一个 XML DOM 对象，可由 JavaScript 访问。

```
if (window.XMLHttpRequest)
{  //code for IE7 +, Firefox, Chrome, Opera, Safari
   xmlhttp = new XMLHttpRequest();
}
else
{  //code for IE6, IE5
  xmlhttp = new ActiveXObject("Microsoft.XMLHTTP");
}
xmlhttp.open("GET","User_Info.xml",false);
xmlhttp.send();
xmlDoc = xmlhttp.responseXML;
```

2）在任意 HTML 元素中显示 XML 数据，以下代码从第一个“用户”元素中获得 XML 数据，然后在“id = "showC"”的 HTML 元素中显示数据：

```
x = xmlDoc.getElementsByTagName("用户");
i = 0;
function displayC()
{
    id = (x[i].getElementsByTagName("ID")[0].childNodes[0].nodeValue);
    name = (x[i].getElementsByTagName("姓名")[0].childNodes[0].nodeValue);
    num = (x[i].getElementsByTagName("工号")[0].childNodes[0].nodeValue);
    dep = (x[i].getElementsByTagName("部门")[0].childNodes[0].nodeValue);
    txt = "ID:" + id + "<br />姓名:" + name + "<br />工号:" + num + "<br />部
门:" + dep;
    document.getElementById("showC").innerHTML = txt;
}
```

HTML 的 body 元素包含一个 onload 事件属性，它的作用是在页面已经加载时调用 display 函数。body 元素中还包含了供接受 XML 数据的“div id = "show"”元素：

```
<div id = "show" > </div >
< /body >
```

本例只能显示 XML 文档中第一个“用户”元素中的数据。为了导航到数据的下一行，需要使用更多的代码。

3）添加导航脚本。为了向该示例中添加导航（功能），需要创建 next 和 previous 两个函数，代码如下：

```
function next()
{
    if (i<x.length-1)
    {    i++;
        displayC();
    }
}
function previous()
{
    if (i>0)
    {    i--;
        displayC();
    }
}
```

next 函数确保已到达最后一个“用户”元素后不显示任何信息；previous 函数确保已到达第一个“用户”元素后不显示任何信息。

通过单击“next”按钮和“previous”按钮来调用 next 函数和 previous 函数，代码如下：

```
<input type="button" onclick="previous()" value="previous"/>
<input type="button" onclick="next()" value="next"/>
```

最后，通过浏览器显示。

学材小结

理论知识

一、选择题

1）下列关于 XML 的说法不正确的是（　　）。

A. XML 是元标记语言

B. XML 语言和 HTML 语言的语法基本相同，只是重新定义了一套新的标记

C. XML 可用于嵌入式系统

D. XML 遵循严格的语法要求

2）以下不是 XML 创建的标记语言是（　　）。

A. MusicML　　B. WML　　C. HTML　　D. SVG

3）以下（　　）不属于 XML 的用途。

A. 用于交换数据　　B. 用于共享数据

C. 用于存储数据　　D. 用于格式化数据

4）XML 文档中最简单的声明语句是（　　）。

A. <?xml version="1.0"?>

B. <?xml?>

C. <?xml version="1.0" encoding="utf-8"?>

D. <?xml version="1.0" standalone="yes"?>

5）下列语句正确的是（ ）。

A. <book><title>XML 教程</book></title>

B. <title>XML 教程</Title>

C. <?xml version="1.0" encoding="gb2312"?>

D. <title<!—下面是图书信息-->>XML 教程</title>

6）使用外部 DTD，在 XML 文档声明中，standalone 的值为（ ）。

A. yes　　B. no　　C. 0　　D. 1

7）在 XML Schema 中，sequence 元素的用途是（ ）。

A. 只用于注释目的

B. 它强制元素按任意顺序出现一次

C. 它强制属性值按特定顺序出现

D. 它强制在一个数据类型中的元素按特定顺序出现

8）关于 XSL，下列说法错误的是（ ）。

A. XSLT 是一种把 HTML 转换为 XML 的语言

B. XPath 是一种定义节点路径的语言

C. XSL FO 是一种定义 XML 显示格式化对象的语言

D. XSL 是基于 XML 规范的一种新的标记语言

9）关于 XML DOM，下列说法错误的是（ ）。

A. XML DOM 对 XML 开发人员而言很重要，最基本的 XML 开发经常要使用它

B. XML DOM 就是一组对象的集合，通过操纵这些对象，程序员能操纵 XML 数据

C. 使用 XML DOM 处理 XML 文档，无法避免无结束标记或不正确的嵌套等语法错误

D. XML DOM 处理 XML 文档，可以简化对文档的操作

10）以下标记中，当在 HTML 中引入 XML 文档时不需要用到的是（ ）。

A. src　　B. datasrc　　C. datafld　　D. class

11）不可以结合 XML 使用的服务器端语言是（ ）。

A. ASP　　B. VB　　C. JSP　　D. PHP

12）XMLHttpRequest 对象的属性 readyState 取值为 4 时，表示（ ）。

A. 初始化状态

B. open 方法已调用，但是 send 方法未调用

C. HTTP 响应已经完全接收

D. 所有响应头部都已经接收到，响应体开始接收但未完成

二、填空题

1）XML 和 HTML 都是________语言，它们都源于________，XML 是________的子集。

2）XML 文档的扩展名为________。

3）________可定义合法的 XML 文档构建模型。它使用一系列合法的元素来定义文档的结构，可以用来验证一个 XML 文档的有效性。

4）2001 年 5 月 2 日，________成为了 W3C 的正式推荐标准，也可以用来约束 XML 文档结构和验证 XML 文档的有效性。

5）为 XML 文档提供格式控制信息的是样式表，而适用于 XML 文档的样式表语言有________和________。________是专门为 XML 设计的样式表语言，它采用的是 XML 语法，它的优势在于可以用于转换，包括可以把 XML 文档转换为________格式。

6）________是为显示和打印 XML，而从 XSL 规范中独立出来的规范。

7）________是用于 XML 的标准对象模型和用于 XML 的标准编程接口，它是中立于平台和语言的。

8）________最基本的功能就是检查文档格式是否良好，即是否符合 XML 的基本要求。

9）________是包含在 XML 文档中的一些命令性语句，目的是告知 XML 处理一些信息或执行一定的动作。

10）________是 XML 文档最基本的构成单元，它用于表示 XML 文档的结构和 XML 文档中包含的数据。

11）一个 XML 文档只能有一个文档类型声明，其以________开始，以________结束。

12）________对象是 AJAX 的 Web 应用程序架构的一项关键功能。

13）________事件句柄用于设置每次 readyState 属性改变时调用的事件句柄函数。

14）在数据量一般、用户较少、性能要求不高的环境下可以把________当作数据库来使用。

15）XSL 由 3 部分组成：________、________和________。

实训任务

XML DOM 的应用。

【实训目的】

学会使用 XML DOM 的方法和属性。

【实训内容】

存取指定的 XML 元素，处理 XML 元素的属性，新增一个 XML 元素和删除一个 XML 元素。

【实训步骤】

步骤 1 存取指定的 XML 元素。

步骤 2 处理 XML 元素的属性。在 XML 文档中，属性占有很重要的地位。利用 XML DOM 对象所提供的方法和属性，同样可以处理 XML 元素的属性。下面先修改 User_ Info. xml 文档，将其中的“姓名”子元素改成属性，并将该 XML 文档另存为 User_ Info2. xml，代码如下：

```
<?xml version="1.0" encoding="GB2312"? >
<用户信息>
    <用户 姓名="刘何正">
        <ID>lyl</ID>
        <工号>00001</工号>
        <部门>人事部</部门>
    </用户>
    <用户 姓名="付天">
        <ID>wx</ID>
        <工号>00002</工号>
```

```
        <部门>研发部</部门>
    </用户>
    <用户 姓名="陈陆">
        <ID>qhl</ID>
        <工号>00003</工号>
        <部门>研发部</部门>
    </用户>
    <用户 姓名="李昊天">
        <ID>cyf</ID>
        <工号>00004</工号>
<部门>企划部</部门>
    </用户>
</用户信息>
```

至于 xml-dom2. html 范例同样是建立一个 XML DOM 对象，然后加载 User_ Info2. xml 文档，最后将该文档中的所有数据包含元素的属性全部显示出来，代码如下：

```
<html>
<head>
<meta http-equiv="content-Language" content="en-us">
<meta http-equiv="Content-Type" content="text/html; charset=gb2312"
/>
<meta name="GENERATOR" content="Microsoft FrontPage 4.0">
<meta name="ProgId" content="FrontPage.Editor.Document">
<title>XML DOM 显示节点及节点属性</title>
</head>
<body>
<center>
<p><b>
<font size="5">XML DOM 显示节点及节点属性</font>
</b></p>
<hr>
<table border="1">
<tr>
<td>节点名称</td>
<td>姓名</td>
<td>ID</td>
<td>部门</td>
</tr>
<script language="javascript">
 var xmlDOM = ______________________________ //建立一个 XML DOM 对象
 xmlDOM.async = ______ //设置 XML 解析器先暂停
 xmlDOM.load("__________") //加载所要的 XML 文档到 XML DOM 对象中
 var objNode = __________________________ //返回一个 NodeList 对象,以包含目前
节点的所有子节点
 for(var i=0;i<objNode.length;i++)
```

```
    {
    document.write("<tr><td>"+objNode.item(i).nodeName+"</td>")
    document.write("<td>"+ ______________________________ +"</td>")//返回指定名称的属性值
    document.write("<td>"+objNode.item(i).firstChild.text+"</td>")
    document.write("<td>"+objNode.item(i).lastChild.text+"</td></tr>")
  }
</script>
</table>
</center>
</body>
</html>
```

步骤 3 新增 XML 元素。

利用 XML DOM 对象，除了可以存取现有 XML 文档的元素和属性外，还可以新增元素节点到节点树中。在接下来的 xml-dom3. html 中，将在 User_ Info. xml 中加入一个“用户”元素，并显示所有的数据到网页中。

注 意

本范例所作的处理并没有将数据写回到原有的 XML 文档中，如果要存回，则必须使用 save 方法。xml-dom3. html 代码如下：

```
<html>
<head>
<meta http - equiv = "Content - Type" content = "text/html" charset = "gb2312"/>
<title>DOM 加入新节点</title>
</head>
<body>
<center>
<p><b>
<font size="5">XML DOM 加入新节点范例</font>
</b></p>
<hr>
<table border="1">
<tr>
<td>节点名称</td><td>ID</td><td>姓名</td><td>工号</td><td>部门</td>
</tr>
<script language="JavaScript">
  //在根节点之下加入新的节点
  var xmlDOM=new ActiveXObject("Microsoft.XMLDOM")
  xmlDOM.async="false"
  xmlDOM.load("User_Info.xml")
  var curNode= ______________________________ //新增节点
  var newNode=xmlDOM.createElement("用户")
  curNode.appendChild(newNode)
```

```
    //在"用户"节点下加入 ID、姓名、工号、部门节点及相应 Text 节点
    //例如,添加 ID = "cy",姓名 = "陈勇",工号 = "00005",部门 = "财务部"的用户记录
    var newNode = xmlDOM.createElement("ID")
    curNode = curNode.lastChild
    curNode.appendChild(newNode)
    var newText = xmlDOM.createTextNode("cy")
    curNode.lastChild.appendChild(newText)
    var newNode = ________________________________
    curNode.appendChild(newNode)
    var newText = __________________________________
    curNode.lastChild.appendChild(newText)
    var newNode = __________________________________
    curNode.appendChild(newNode)
    var newText = ____________________________________
    curNode.lastChild.appendChild(newText)
    var newNode = __________________________________
    curNode.appendChild(newNode)
    var newText = __________________________________
    curNode.lastChild.appendChild(newText)
    //以表格方式显示加入节点后的结果
    var objNode = xmlDOM.documentElement.childNodes
    for(var i =0;i <objNode.length;i ++)
    {
      document.write("<tr><td>" +objNode.item(i).nodeName + "</td>")
      var child = objNode.item(i).childNodes
      for(var j =0;j <child.length;j ++)
          document.write("<td>" +child.item(j).text + "</td>")
      document.write("</tr>")
    }
  </script>
  </table>
  </center>
  </body>
  </html>
```

步骤 4 删除 XML 元素。

在 xml-dom4. html 中，同样是建立一个 XML DOM 对象，然后加载 User_ Info. xml 文档，接着找出“用户”元素中子元素“ID”取值为“lyl”的节点，并删除，代码如下：

```
  <html>
  <head>
  <meta http-equiv = "Content-Type" content = "text/html" charset = "
gb2312"/>
  <title>XML DOM</title>
  </head>
  <body>
  <center>
```

```
<p><b>
<font size="5">XML DOM 删除节点范例</font>
</b></p>
<hr>
<table border="1">
<tr>
<td>节点名称</td><td>ID</td><td>姓名</td><td>工号</td><td>部门
</td>
</tr>
<script language="JavaScript">
  //在根节点下删除 ID="lyl"的节点
  var xmlDOM=new ActiveXObject("Microsoft.XMLDOM")
  xmlDOM.async="false"
  xmlDOM.load("User_Info.xml")
  var delNode=xmlDOM.documentElement
  var dNode=xmlDOM.documentElement.childNodes
  for(var i=0;i<dNode.length;i++)
  {
      var child=dNode.item(i).childNodes
      if(child.item(0).text="lyl")
      {
          ______________________________//删除节点
          break
      }
  }
  var objNode=xmlDOM.documentElement.childNodes
  for(var i=0;i<objNode.length;i++)
  {
      document.write("<tr><td>"+objNode.item(i).nodeName+"</td>")
      var child=objNode.item(i).childNodes
      for(var j=0;j<child.length;j++)
      document.write("<td>"+child.item(j).text+"</td>")
      document.write("</tr>")
  }
</script>
</table>
</center>
</body>
</html>
```

拓展练习

XML网页编程实验。针对给定的一个XML文档，用Tomcat+JDK+JSP+数据岛技术编写一个B/S架构的应用程序，要求在客户端实现留言的显示、添加、删除、修改等操作，最后在服务器端保存XML文档。

模块七 JSP 读写 XML 数据

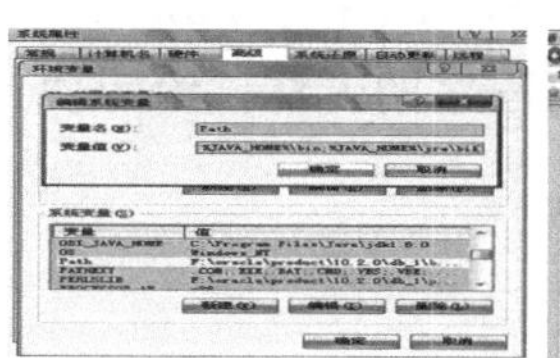

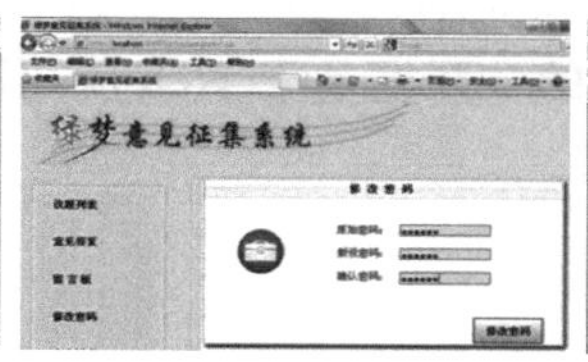

本模块导读

JDOM 是一个开源项目，它基于树型结构，利用纯 Java 的技术对 XML 文档实现解析、创建、处理和序列化以及多种操作。JDOM 的处理方式是采用与 DOM 类似的树操作，是用 Java 语言读、写、操作 XML 的新 API 函数（并且是一个开源的 API）。JDOM 直接为 Java 编程服务，它利用更强有力的 Java 语言的诸多特性（方法重载、集合概念以及映射），把 SAX（Simple API for XML）和 DOM 的功能有效地结合起来。

在 Web 开发中，XML 作为一种通用数据交换工具，其作用非常重要，针对 XML 文档的操作亦成为常事，相关 XML 文件的处理组件便不断出现，DOM 和 SAX 是常用的两种。它们虽然都能实现对 XML 文档的操作，但缺陷也很明显。例如，DOM 是用 IDL 定义的跨语言 API，只限于所有编程语言都能提供的特性和类，这样既不能充分利用 Java，也不符合 Java 的最佳做法、命名规则和编码标准。另外，DOM 通过在内存中建立一个 XML 元素树实现对 XML 数据的访问，其缺点是维护一个树形数据结构需占用大量的内存资源。SAX 面向标签采用回调的方式访问 XML，无须建立树，内存占用少，缺点是 SAX 只能进行顺序检索，不支持随机访问文件，很少被单独使用。为解决以上问题，JDOM 作为一种新的 XML 文档处理组件出现。JDOM 采用纯 Java 技术实现对 XML 文档的分析、建立、处理和序列化。与 DOM 相似，JDOM 将 XML 文档表示为树，包括元素、属性、处理指令、说明等，树的数据可以来自 Java 程序中的直接量、计算结果或数据库之类的非 XML 库。JDOM 可将 DOM Document 对象转换成 JDOM Document 对象，从而将 DOM 程序的输出导向 JDOM 程序的输入；JDOM 既能读入 DOM 或 SAX 的数据，也能输出 DOM 和 SAX 可接收的格式。

本模块主要介绍 JDOM 的内部逻辑结构及特性、JDOM 的常用类及解析 XML 文件的常用方法等。

通过本模块的学习和实训，学生应掌握使用 JDOM 解析 XML 文件的方法，实现对 XML 文件的读、写、修改和删除等操作。

本模块要点

- 配置 Java 运行环境
- 掌握 JDOM 的结构、常用类及方法
- 掌握利用 JDOM 读 XML 文件
- 掌握利用 JDOM 写入 XML 文件
- 掌握利用 JDOM 删除 XML 文件
- 掌握利用 JDOM 修改 XML 文件

任务一　JSP 简介

JSP（Java Server Pages）是由 Sun 公司发布的用于开发动态 Web 应用的一项技术。它以其简单易学和跨平台的特性，在众多动态 Web 应用程序设计语言中异军突起，在短短几年中已经形成了一套完整的规范，并广泛地应用于电子商务等各个领域中。在国内，JSP 也得到了比较广泛的重视，越来越多的动态网站开始采用 JSP 技术。

JSP 规范是 Web 服务器、应用服务器、交易系统以及开发工具供应商间广泛合作的结果。Sun 开发出这个规范来整合和平衡已经存在的对 Java 编程环境（如 Java Servlet 和 JavaBeans）进行支持的技术和工具，其结果是产生了一种新的、开发基于 Web 应用程序的方法，给予使用基于组件应用逻辑的页面设计者以强大的功能。

任务二　JSP 读写 XML 数据

子任务 1　开发和运行环境配置

本模块将介绍用 JSP 读写 XML 数据，包括应用 JDOM 和 JSP 技术开发 XML 应用所需要的一些相关软件，以及一些相关参数的设置。

开发和运行环境配置的步骤如下：

步骤 1 JDK 环境变量配置。

JDK 分为三个版本：J2SE 标准版、J2EE 企业版和 J2ME 微缩版，这里使用 J2SE，下载网址为 www. java. sun. com。这里以 JDK 1. 6. 0 为例。

安装好 JDK 后，通过“我的电脑”→“高级”属性添加如下 3 个环境：

1）JAVA_ HOME 设置为“C:\Program Files\Java\jdk1. 6. 0”。

2）CLASSPATH 设置为“.;% JAVA_HOME% \lib\dt. jar;% JAVA_HOME%\lib \tools. jar”（要加“.”表示当前路径）。

3）Path 设置为“% JAVA_HOME% \bin;% JAVA_HOME%\jre \bin”。

具体设置界面如图 7-1 所示，以 Path 的设置为例。

图 7-1　环境变量配置（Path）

步骤 2 Tomcat 配置。

安装配置好 JDK 后，安装 Tomcat 应用服务器，这里安装 Tomcat 7.0，完成对 JSP 代码的解析。

步骤 3 获得与安装 JDOM。

由于目前 JDOM 并没有包含在 JDK 中，因此使用前必须手工下载与设置 JDOM 的环境，可以在 http:// www. jdom. org 中下载 JDOM 的最新版本。这里下载的是 JDOM 1.1。下载 jdom-1.1. zip 文件后解压缩，JDOM 的 jar 文件就是 build 目录下的文件 jdom. jar，将上述文件复制到 jdk 1.6.0 目录的 jre/ lib/ ext 目录下。同时将 jdom. jar 复制到 Tomcat 7.0\LIB 目录下。

信息卡

JDOM 简介

JSP 解析 XML 的方法主要包括 4 种：DOM、SAX、DOM4J、JDOM。其中，JDOM 为解析 XML 使用较多的方法。它是一个开源项目，基于树型结构，利用纯 Java 的技术对 XML 文档实现解析、创建、处理和序列化以及多种操作。JDOM 的处理方式是采用与 DOM 类似的树操作，用 Java 语言读、写、操作 XML 的新 API 函数（并且是一个开源的 API)。JDOM 直接为 Java 编程服务，它利用更为强有力的 Java 语言的诸多特性（方法重载、集合概念以及映射，把 SAX 和 DOM 的功能有效地结合起来。JDOM 是在类似于 Apache 协议的许可下，作为一个开放源代码项目被研发出来，以弥补 DOM 及 SAX 在实际应用中的不足。

子任务 2　插入数据

【案例】 在意见征集系统中新增议题。

步骤 1 打开 Dreamweaver CS6，新建 JSP 文件 fbyt. jsp，该文件主要用来定义提交与议题相关的信息表单，提交的目标文件为 add_ yiti. jsp，代码如下：

```
<form name = "form1" method = "post" action = "add_yiti.jsp" >
    <table width = "517" border = "0" cellspacing = "0" cellpadding = "0" >
        <tr >
            <td width = "105" height = "41" align = "right" class = "style2" >
发  布  人 < strong > : < /strong > < /td >
            <td width = "412" class = "style5" > < select name = "manage" >
             < option selected = "selected" > < %  =UserName %  > < /option >
            < /select > < /td >
        < /tr >
        < tr >
            < td height = "37" align = "right" class = "style2" >部   
  门 < strong > : < /strong > < /td >
             < td class = "style5" > < select id = "bumen" name = "bumen"  title
= "部门选择" >
            < option value = " < %  =BuMen%  >" > < %  =BuMen%  > < /option >
```

```
            </select></td>
          </tr>
          <tr>
            <td height="33" align="right" class="style2">议题序号<strong
>:</strong></td>
            <td class="style5"><input name="ytxh" type="text" size="20"
 onblur=IsNum(this)/></td>
          </tr>
          <tr>
            <td height="34" align="right" class="style2">议   
  题<strong>:</strong></td>
             <td class="style5"><input name="ytmc" type="text" size="
50"/></td>
          </tr>
          <tr>
             <td height="24" align="right" valign="top"><span class="
style2">议题介绍<strong>:</strong></span></td>
                <td><span class="style5">
                 <textarea name="ytnr" cols="50" rows="10" class="input_
login1"></textarea>
                </span></td>
          </tr>
          <tr>
              <td height="24" colspan="2" align="center"><input name="
submit" type="submit" class="bt" value="发布议题"/>
                <input name="reset" type="reset" class="bt" value="重新填写"
/></td>
        </tr>
      </table>
    </form>
```

步骤 2 打开 Dreamweaver CS6，新建 JSP 文件 add_yiti.jsp。

步骤 3 在编辑窗口打开 add_yiti.jsp，切换到代码视图，实现该案例的代码如下：

```
//JDOM 解析 XML 文件需要导入的包
<%@ page import="org.jdom.*"%>
<%@ page import="org.jdom.input.*"%>
<%@ page import="org.jdom.output.*"%>
<%@ page import="org.jdom.xpath.XPath"%>
<%
  //获得所布置议题的相关内容
  String bh=(String)session.getAttribute("usercode");
  String manage=(String)request.getParameter("manage");
```

```
String bumen = (String)request.getParameter("bumen");
String ytxh = (String)request.getParameter("ytxh");
String ytmc = (String)request.getParameter("ytmc");
String ytnr = (String)request.getParameter("ytnr");
String zy_bjsj = (String)request.getParameter("bjsj");
String xmlpath = application.getRealPath("/") + "XML_DATA\\Work.xml";   【1】
DateTime DT = new DateTime(); //构造一个 DateTime 对象
TestUser test = new TestUser(); //构造一个测试对象 test
int yes =0;
String stringid;
try {
    SAXBuilder sb = new SAXBuilder();                                     【2】
    Document doc = sb.build(new FileInputStream(xmlpath));                【3】
    Element root = doc.getRootElement();                                  【4】
    List sub = root.getChildren();                                        【5】
    if (sub.size() ==0) //测试根元素是否具有子元素
    {
        stringid = "1";
    }else{
        List lista = XPath.selectNodes(root,"/议题列表/议题[last()]");
                                                                          【6】
        Element sid = (Element) lista.get(0);
        String id = sid.getAttributeValue("ID");
        int intid = Integer.parseInt(string id); //将得到的 id 值转换成数值型
数据
     int id = intid +1;  //id 值增加 1
     string id = Integer.toString(id); //再将 id 转换成字符型数据
     }
    Element zy = new Element("议题");                                      【7】
    zy.setAttribute("ID",stringid);                                       【8】
    zy.addContent(new Element("管理员").addContent(manage).setAttribute
("编号",bh));                                                              【9】
     zy.addContent(new Element("部门").addContent(bumen));                【10】
     zy.addContent(new Element("议题序号").addContent(ytxh));             【11】
     zy.addContent(new Element("议题名称").addContent(ytmc));             【12】
     zy.addContent(new Element("议题内容").addContent(new CDATA("XX").
setText(ytnr)));                                                          【13】
    zy.addContent(new Element("发布时间").addContent(DT.getDatetime()));   【14】
    root.addContent(zy);                                                  【15】
    Format format = Format.getPrettyFormat();
    format.setIndent("  ");                                               【16】
    format.setEncoding("GB2312");                                         【17】
    XMLOutputter outter = new XMLOutputter(format);                       【18】
    outter.output(doc, new FileOutputStream(xmlpath));                    【19】
    yes =1;  //设定成功添加数据的测试值
```

```
        }
        catch (Exception e) {
                yes = -2;
                System.err.println(e.getMessage());
                e.printStackTrace();
        }
    % >
```

代码详解

【1】设定写入文件的路径，并完成提交议题相关信息的写入，具体写入到 XML_ DATA 目录的 Work. xml 文件中。

【2】建立一个 SAXBuilder 解析器，用 SAX 解析器从文件中构造文档。

【3】构造一个 Document 对象，读入 XML 文件中的内容。

【4】获得读入 XML 文件的根元素。

【5】获得根元素的所有子元素集合。

【6】得到最后的 ID 值（采用 XPath 技术，定位在最后一个学生议题列表元素上）。

【7】为“议题列表”元素添加子元素“议题”。

【8】为“议题”元素设置 ID 属性。

【9】为“议题”元素添加子元素“管理员”，并设置属性“编号”。

【10】为“议题”元素添加子元素“部门”。

【11】为“议题”元素添加子元素“议题序号”。

【12】为“议题”元素添加子元素“议题名称”。

【13】为“议题”元素添加子元素“议题内容”，以 CDATA 类型进行添加。

【14】为“议题”元素添加子元素“管理员”。

【15】将“议题”元素加入根元素中。

【16】设置文件输出格式，XML 文件的缩进为 3 个空格。

【17】设置 XML 文件的字符为 GB2312。

【18】将数据保存到 XML 文档中，建立输出流。

【19】将文档输回到 XML 文件中。

步骤 4 系统运行后通过表单添加，提交后添加议题相关信息到 Work. xml 文件中，具体代码如下：

```
<? xml version = "1.0" encoding = "GB2312"? >
<议题列表 >
  <议题 ID = "1" >
     <管理员 编号 = "lyl" >刘玉苓 </管理员 >
     <部门 >人事部 </部门 >
     <议题序号 >1 </议题序号 >
     <议题名称 >公司加班补助 </议题名称 >
     <议题内容 > <! [CDATA[公司加班补助]] > </议题内容 >
```

```
        <发布时间>2014-1-4 21:43:30</发布时间>
    </议题>
</议题列表>
```

信息卡

JDOM处理XML文档的大致过程如下：

1）用简单无变元构造函数构造一个org.jdom.input.SAXBuilder对象。SAXBuilder用SAX解析器从文件中构造文档。SAXBuilder侦听SAX事件并从内存中建立一个相应的文档。这种方式非常快（基本上和SAX一样快）这个构造器检查XML数据源，但当请求时才对它解析，例如，文档的属性在不访问时是不需要解析的。构造器仍在发展，可以通过SQL查询和其他的数据格式来够造JDOM文档。所以，一旦进到内存中，文档就和建造它的工具没有关系了。

2）用建立器的build方法从Reader、InputStream、URL、File或包含系统ID的字符串中建立Document对象。

3）如果读取文档遇到问题，则抛出IOException，如果建立文档遇到问题，则抛出JDOMException。

4）否则用Document类、Element类和其他JDOM类的方法在文档中建立导航。

子任务3　修改数据

【**案例**】在意见征集系统中为用户修改密码。

步骤1　文件结构设计，本任务主要实现修改普通用户及管理员的密码。普通用户信息主要记录在文件User_UserData.xml中，管理员用户信息记录在文件Tea_UserData.xml中。通过修改上述两个文件对密码进行修改，其中普通用户type为1，管理员type为2，密码都经过MD5加密。

1）普通用户信息文件User_UserData.xml代码如下：

```
<?xml version="1.0" encoding="GB2312"? >
<UserList>
    <User>
        <ID>lyl1</ID>
        <PassWord>96e79218965eb72c92a549dd5a330112</PassWord>
        <Type>1</Type>
    </User>
    <User>
        <ID>lyl2</ID>
        <PassWord>96e79218965eb72c92a549dd5a330112</PassWord>
        <Type>1</Type>
    </User>
</UserList>
```

2）管理员信息文件 Tea_UserData. xml 代码如下：

```
<UserList>
  <User>
        <ID>qhl</ID>
        <PassWord>96e79218965eb72c92a549dd5a330112</PassWord>
        <Type>2</Type>
    </User>
    <User>
        <ID>wangxin</ID>
        <PassWord>96e79218965eb72c92a549dd5a330112</PassWord>
        <Type>2</Type>
    </User>
</UserList>
```

步骤 2 打开 Dreamweaver CS6，新建 Java 文件 EditPassword. class，该文件主要用来修改指定用户的密码，具体代码如下：

```
package yujie;
import java.io.FileInputStream;
import java.io.FileOutputStream;
import java.io.PrintStream;
import java.util.List;
//JDOM 解析 XML 文件需要导入的包
import org.jdom.Document;
import org.jdom.Element;
import org.jdom.input.SAXBuilder;
import org.jdom.output.XMLOutputter;
  public class EditPassword                                          【1】
  {
     public int editPass(String XMLpath, String user, String pass, String
newpass, String type)                                                【2】
     {
        int intCount = 0;
        try
        {
          SAXBuilder sb = new SAXBuilder();                          【3】
          Document doc = sb.build(new FileInputStream(XMLpath));     【4】
          Element root = doc.getRootElement();                       【5】
          List stu = root.getChildren();                             【6】
          for (int i = 0; i < stu.size(); i++)
          {
            Element xs = (Element)stu.get(i);
            If ((xs.getChildText("ID").equals(user)) && (xs.getChildText("
PassWord").equals(pass)) && (xs.getChildText("Type").equals(type)))
            {
```

```
            Element pw = xs.getChild("PassWord");                                    【7】
            pw.setText(newpass);                                                     【8】
            XMLOutputter outter = new XMLOutputter();
            outter.output(doc, new FileOutputStream(XMLpath));
            return 1;
          }
          intCount = -1;
        }
      }
      catch (Exception e)
      {
        intCount = -2;
        System.err.println(e.getMessage());
        e.printStackTrace();
      }
      return intCount;
    }
  }
```

代码详解

【1】创建类 EditPassword。
【2】创建方法 editPass（），用来实现密码修改，返回值为 int 类型。
【3】建立一个 SAXBuilder 解析器，用 SAX 解析器从文件中构造文档。
【4】构造一个 Document 对象，读入 XML 文件的内容。
【5】获得读入 XML 文件的根元素。
【6】获得根元素的所有子元素集合。
【7】获得“PassWord”元素的第一个子节点。
【8】为“PassWord”元素设置子节点。

信息卡

元素与节点

元素继承自节点，因此元素也一定是一个节点，其类型为“元素节点”（ELEMENT_NODE）。元素是一个范围的概念，必须是含有完整信息的节点才是一个“元素节点”。例如，“<Name>Eric</Name>”就是一个“元素节点”。

节点本身是一个抽象的概念，元素节点、属性节点甚至纯文本都可以看成是一个节点，但纯文本不是“元素节点”。例如，“<Name>Eric</Name>”中的“Eric”就是一个节点，同时也是“<Name>Eric</Name>”这个元素节点的子节点，所以在程序中通过 getFirstChild 方法才能获取到该节点对象。

步骤 3 打开 Dreamweaver CS6，新建 JSP 文件 editpass.jsp，该文件用于前台用户操作，文件内容主要为修改密码的表单，代码如下：

```
<form  name = "editpass" action = "editpassOK.jsp" METHOD = "POST" onSubmit = "
return check()" >                                                          【1】
  <table width = "424" border = "0" align = "center" cellpadding = "0" cellspacing
= "0" >
    <tr >
        <td width = "145" height = "213" > <img src = "../img/pass.jpg" width = "
145" height = "213" > </td >
        <td width = "279" colspan = "3" valign = "middle" background = "../img/
pass1.jpg" > <p class = "style4" > 修 改 密 码 </p >
            < table width = "248" height = "158" border = "0" cellpadding = "0"
cellspacing = "0" >
            <tr >
                <td width = "83" height = "31" align = "center" valign = "bottom" > <
span class = "style7" >原始密码 </span > <span class = "style4" > : </span > </td >
                <td width = "165" valign = "bottom" > <input name = "password" type = "
password" class = "input_login" size = "15" > </td >                        【2】
            </tr >
            <tr >
                <td height = "42" align = "center" class = "style5" > <font size = "2"
class = "style7" >新设密码 </font > <font size = "2" class = "style7" > : </font > </
td >
                <td > <input  id = "newpass" name = "newpass" type = "password" class
= "input_login" size = "15" > </td >                                        【3】
            </tr >
            <tr >
                <td height = "37" align = "center" valign = "top" class = "style5" > <
font size = "2" class = "style7" >确认密码 </font > <font size = "2" class = "style7"
> : </font > </td >
                <td valign = "top" > <input id = "renewpass" name = "repass" type = "
password" class = "input_login" size = "15" > </td >
            </tr >
            <tr >
                <td height = "18" >  </td >
                <td align = "right" valign = "bottom" > <span class = "style5" >
                </span > </td >
              </tr >
              <tr >
                <td height = "30" >  </td >
                <td align = "right" valign = "bottom" > <span class = "style5" >
                    < input name = "Submit" type = "submit" class = "btn1_mouseout"
value = "修改密码" >
                </span > </td >
              </tr >
            </table >
```

```
</td>
</tr>
</table>
</form>
```

代码详解

【1】表单提交到后台逻辑处理 JSP 文件 editpassOK. jsp 中。
【2】定义原始密码表单，名称为“password”。
【3】定义新设密码表单，名称为“newpass”。

步骤 4 打开 Dreamweaver CS6，新建 JSP 文件 editpassOK. jsp，该文件用于后台业务逻辑处理，响应前台用户密码修改，代码如下：

```
<%@ page contentType="text/html; charset=GBK" %>
<%@ page session="true" %>
<%@ page import="yujie.*"%>                                                    【1】
<%  request.setCharacterEncoding("GB2312");%>                                   【2】
<html>
<body>
<%
    String userid=(String)session.getAttribute("usercode");
    String usertype=(String)session.getAttribute("usertype");
    String old_pass=(String)request.getParameter("password");                  【3】
    String new_pass=(String)request.getParameter("newpass");                   【4】
    MD5string MD5 =new MD5string();
    old_pass=MD5 .getmd5string(old_pass);                                      【5】
    new_pass=MD5 .getmd5string(new_pass);
    EditPassword editok=new EditPassword();                                    【6】
    String xmlpath = application. getRealPath ( "/ ") + " XML _ DATA \ \User _
UserData.xml";                                                                 【7】
    if (usertype.equals("2")){
        xmlpath=application.getRealPath("/")+"XML_DATA\\Tea_UserData.xml";【8】
    }
    int data=editok.editPass(xmlpath,userid,old_pass,new_pass,usertype);      【9】
    if (data==1){
        out.print("<script language = javascript'>alert("密码修改成功"); </
script>");
    }
    else{
      response.sendRedirect("../error/editpassNo.jsp");
    }
  %>
</body>
</html>
```

代码详解

【1】引入 EditPassword 类。

【2】设置请求的字符集为 GBK。

【3】获取前台页面原始密码信息。

【4】获取前台页面新设密码信息。

【5】将前台页面中明文密码进行 MD5 加密。

【6】使用 EditPassword 类创建一个名为 editok 的对象。

【7】设定写入文件的路径，并完成密码信息的写入，普通用户写到 XML_ DATA 目录的 User_UserData. xml 文件中。

【8】设定密码信息写入文件的路径，管理员用户写到 XML_DATA 目录的 Tea_UserData. xml 文件中。

【9】调用 EditPassword 类的 editPass 方法，实现用户密码的修改。

步骤 5 启动 Tomcat，打开浏览器并输入地址"http:// localhost:8080/ yjzjxt"，输入用户信息，登录进入后，运行效果如图 7-2 和图 7-3 所示。

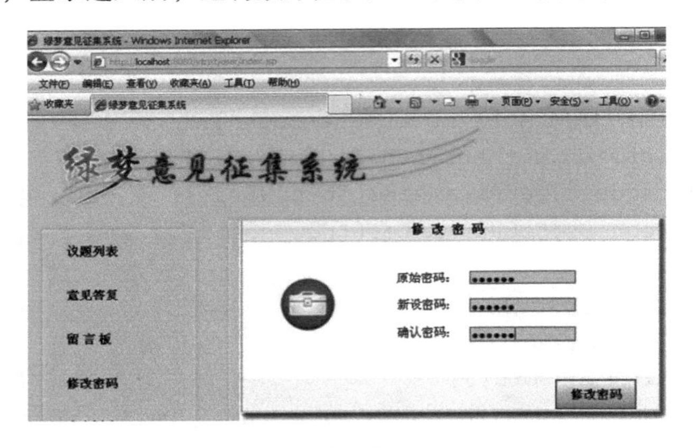

图 7-2　密码修改页面

图 7-3　密码修改成功

子任务 4　删除数据

【案例】 在意见征集系统中删除已发表的议题。

步骤 1 打开 Dreamweaver CS6，新建 JSP 文件 del. jsp，该文件用于后台业务逻辑处理，响应前台用户议题删除操作，代码如下：

```
//JDOM 解析 XML 文件需要导入的包
<%@ page import = "org.jdom.Document"% >
<%@ page import = "org.jdom.Element"% >
<%@ page import = "org.jdom.input.SAXBuilder"% >
<%@ page import = "java.io.* " % >
```

```
<%@ page import = "java.util.List"% >
<%@ page import = "org.jdom.xpath.XPath"% >
<%@ page import = "org.jdom.output.* "% >
<html>
<body>
<%
  String userid = request.getParameter("id");
  SAXBuilder sb = new SAXBuilder();                                              【1】
  String xmlpath = application.getRealPath("/") + "XML_DATA\\Work.xml";          【2】
  Document doc = sb.build(new FileInputStream(xmlpath));                         【3】
  Element root = doc.getRootElement();                                           【4】
  List lista = XPath.selectNodes(root,"/议题列表/议题[@ ID = " +userid + "]");    【5】
  Element xs = (Element) lista.get(0);                                           【6】
  root.removeContent(xs);                                                        【7】
  //设置文件输出格式
  Format format = Format.getPrettyFormat();
  format.setIndent("   ");
  format.setEncoding("GB2312");
  //将数据保存到 XML 文档中
  XMLOutputter outter = new XMLOutputter(format);  //建立输出流                  【8】
  outter.output(doc, new FileOutputStream(xmlpath));  //将文档输回到 XML 文件中【9】
  response.sendRedirect("zy_list.jsp");
% >
</body>
</html>
```

代码详解

【1】建立一个 SAXBuilder 解析器，用 SAX 解析器从文件中构造文档。

【2】设定存放议题 XML 文件的路径，具体存放在 XML_ DATA 目录下的 Work. xml 文件中。

【3】构造一个 Document 对象，读入 XML 文件的内容。

【4】获得读入 XML 文件的根元素。

【5】采用 XPath 技术，定位在指定 ID 的议题列表元素上。

【6】得到第一个子元素的子元素。

【7】删除元素节点及文本内容。

【8】将数据保存到 XML 文档中，建立输出流。

【9】将文档输回到 XML 文件中。

步骤 2 启动 Tomcat，打开浏览器并输入地址 “http:// localhost:8080/ yjzjxt”，输入管理员用户信息，登录进入后，单击 “删除” 即可删除议题，运行效果如图 7-4 ~ 图 7-7 所示。

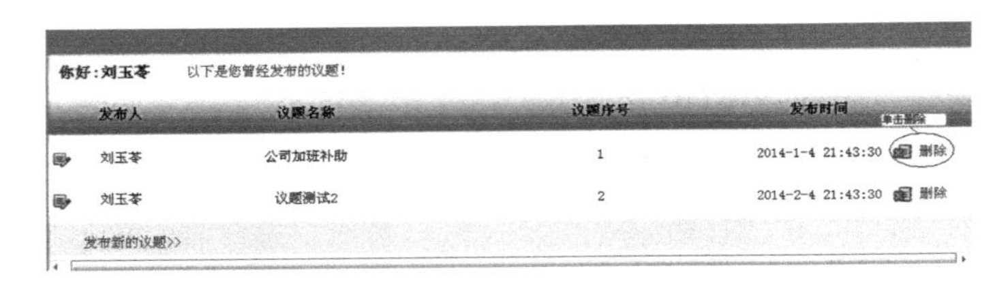

图 7-4 删除议题

图 7-5 删除成功

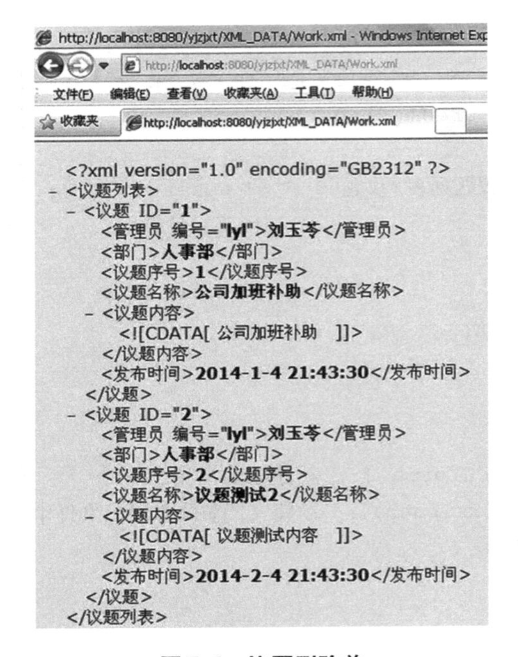

图 7-6 议题删除前

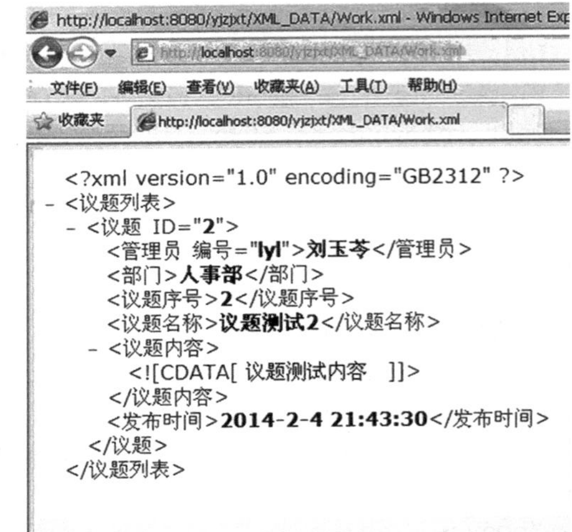

图 7-7 议题删除后

子任务 5 查询数据

【案例】 在意见征集系统中显示议题列表。

步骤 1 议题存放文件结构设计，意见征集系统中的议题主要存放在 Work. xml 文件中，议题列表主要通过查询 Work. xml 文件获得。以下代码是 Work. xml 文件中的内容：

```
<? xml version = "1.0" encoding = "GB2312"? >
<议题列表 >
  <议题 ID = "1" >
     <管理员 编号 = "lyl" >刘玉苓 < /管理员 >
     <部门 >人事部 < /部门 >
     <议题序号 >1 < /议题序号 >
        <议题名称 >公司加班补助 < /议题名称 >
        <议题内容 > < ! [CDATA[公司加班补助]] > < /议题内容 >
        <发布时间 >2014 -1 -4 21:43:30 < /发布时间 >
     < /议题 >
< /议题列表 >
```

步骤 2 打开 Dreamweaver CS6，新建 JSP 文件 yt_ list. jsp，该文件用于响应前台用户查询议题操作，以列表的形式显示议题，代码如下：

```
<%@ page contentType="text/html; charset=gb2312" %> <! --指定本页文字
编码为 GBK -- >
<%@ page session="true" %> <! --设置 session 有效 -- >
<%@ page import="yujie.*" %>
<%  request.setCharacterEncoding("gb2312");%>
//JDOM 解析 XML 文件需要导入的包
<%@ page import="org.jdom.*"%>
<%@ page import="org.jdom.input.*"%>
<%@ page import="java.io.*"%>
<html>
<body>
<table width="808" border="0" cellspacing="0" cellpadding="0">
  <tr>
    <td width="46" height="41" background="../img/mail_bj_title.jpg">
    </td>
    <td width="98" align="center" background="../img/mail_bj_title.jpg"
   class="style1">发布人</td>
    <td width="403" align="center" background="../img/mail_bj_title.jpg"
   class="style1">议题名称</td>
    <td width="403" align="center" background="../img/mail_bj_title.jpg"
   class="style1">议题序号</td>
    <td width="168" align="center" background="../img/mail_bj_title.jpg"
   class="style1">发布时间</td>
    <td colspan="2" background="../img/mail_bj_title.jpg"> </td>
  </tr>
<%
  SAXBuilder sb = new SAXBuilder();                                    【1】
  Document doc = sb.build(new FileInputStream(application.getRealPath("/")
+"XML_DATA\Work.xml"));                                                【2】
  Element root = doc.getRootElement();                                 【3】
  java.util.List stu = root.getChildren();                             【4】
  for(int i=0;i<stu.size();i++){
    Element xs = (Element)stu.get(i);
    String ID=xs.getAttributeValue("ID");
    if (xs.getChildText("管理员").equals(UserName)){
%>
    <tr>
     <td height="38" align="center" valign="middle" background="../img/
mail_bj_list.jpg"><img src="../img/zy.jpg" width="20" height="22"></td>
     <td align="center" background="../img/mail_bj_list.jpg" class="
style5"><%=xs.getChildText("管理员")%></td>                            【5】
```

```
<td align = "center" background = "../img/mail_bj_list.jpg" class = "style5" > <% =xs.getChildText("议题名称") % > </td>                    【6】
<td align = "center" background = "../img/mail_bj_list.jpg" class = "style5" > <% =xs.getChildText("议题序号") % > </td>                    【7】
<td align = "center" background = "../img/mail_bj_list.jpg" class = "style5" > <% =xs.getChildText("发布时间") % > </td>                    【8】
<td width = "27" align = "left" valign = "middle" background = "../img/mail_bj_list.jpg" > <img src = "../img/sc.jpg" width = "22" height = "17" border = "0" usemap = "#Map2" title = "删除" > </td>
<td width = "66" align = "left" valign = "middle" background = "../img/mail_bj_list.jpg" > <span class = "STYLE6" > <a href = "del.jsp? id = <% =ID% > " >删除</a > </span > </td>
    </tr >
  <% }}% >
  </table >
  </body >
  </html >
```

代码详解

【1】建立一个 SAXBuilder 解析器，用 SAX 解析器从文件中构造文档。

【2】设定存放议题 XML 文件的路径，具体存放在 XML_DATA 目录下的 Work. xml 文件中，并构造一个 Document 对象，读入 XML 文件的内容。

【3】获得读入 XML 文件的根元素。

【4】获得根元素的所有子元素集合。

【5】获得“议题”的子元素“管理员”的文本内容。

【6】获得“议题”的子元素“议题名称”的文本内容。

【7】获得“议题”的子元素“议题序号”的文本内容。

【8】获得“议题”的子元素“发布时间”的文本内容。

步骤 3 启动 Tomcat，打开浏览器并输入地址“http:// localhost:8080/ yjzjxt”，输入用户信息，登录进入后，运行效果如图 7-8 所示。

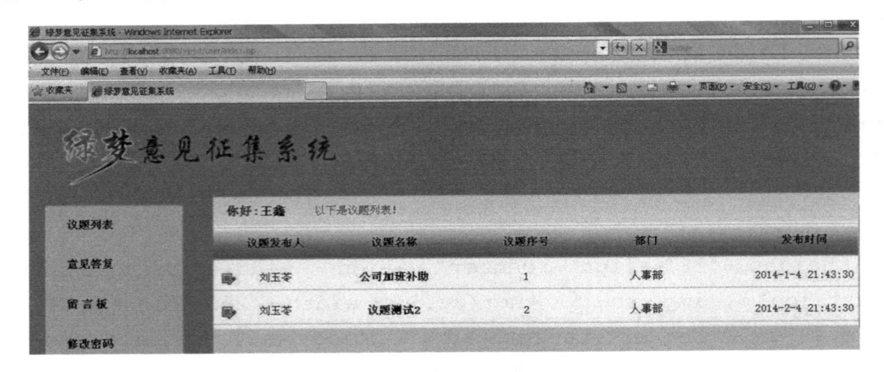

图 7-8　议题列表

知识点详解

1. JDOM 的内部逻辑结构

JDOM 的内部逻辑结构基本上与 DOM 的相同，如具有 Document、Element、Comment 等文档节点类型，其中每一个 JDOM 文档都必须有一个 Document 节点，并且为节点树的根节点。该根节点可以有子节点或叶子节点，如 Comment 和 Text 等。JDOM 文档中的每一个节点类型均对应格式良好的 XML 文档中的每一个元素。

2. JDOM 的设计原则

第一条并且是最重要的一条就是 JDOM 的 API 函数被设计成对 Java 程序员来说是简单易懂的。其他的 XML 解析函数被设计成语言通用的（在 Java，C++，甚至是 JavaScript 中支持相同的 API 函数）。JDOM 利用了 Java 的优秀的特征，如方法重载、回收机制和后台处理等。为了能够简单易用，这些函数不得不以程序员喜欢的形式来描绘 XML 文档，如 XML 内容“<element>This is my text content</element>”。在一些 API 中，元素的文本内容仅被当作是一个元素的子节点。从技术角度来说，这个设计需要下面的代码才能访问到元素的内容：

```
String content = element.getFirstChild().getValue();
```

而在 JDOM 中可以使用一种更简单易用的方法来取得元素的内容：

```
String text = element.getText();
```

第二条原则是 JDOM 应该是快速的和轻量级的。调入和执行文档应该快速，内存的消耗应该尽量小。

3. JDOM 的特性

（1）DOM 和 SAX 的特性概述

已经有了 DOM 和 SAX，那么，还需要 JDOM 吗？已经有了存在的标准，为什么还要发明一个新的呢？答案是 JDOM 解决了现有标准解决不了的问题。DOM 完全在内存中描述一个元素树。它是一个大的 API，被设计操作几乎所有可能的 XML 任务。它也必须有相同的 API 去支持不同的语言。因为这些限制，对那些习惯使用 Java 的特征，如方法重载、简单的 SET 和 GET 方法的 Java 程序员来说，就很不习惯。DOM 还需要大量的内存和较高的主频，这使它很难和许多轻量级的 Web 应用一起工作。SAX 没有在内存中建立一个元素树，它用事件的方式来描述。例如，它报告每个读到的开始标记和结束标记。这种处理方式使它成为一个轻量级的快速读取的 API。然而，这种事件处理方式对服务器端的 Java 程序员来说不够直观；SAX 也不支持修改 XML 文档和随机读取，JDOM 试图组合 DOM 和 SAX 的优点，它被设计成一个可以在小内存上快速执行的轻量级 API。JDOM 也支持随机读取整个文档，但是令人惊奇的是，它并不需要把整个文档都读到内存中。这个 API 支持未来的当需要时才读入信息的次轻量级操作。此外，JDOM 通过标准的构造器和 set 方法支持 XML 文档的修改。

SAX 与 DOM 的对比见表 7-1。

表 7-1　SAX 与 DOM 的对比

SAX	DOM
顺序读入文档并产生相应事件，可以处理任何大小的 XML 文档	在内存中创建文档树，不适用于处理大型的 XML 文档
只能对文档按顺序解析一遍，不支持对文档的随意访问	可以随意访问文档树的任何部分，没有次数限制
只能读取 XML 文档的内容，但不能修改	可以随意修改文档树，从而修改 XML 文档
开发上比较复杂，需要自己来实现事件处理器	易于理解，易于开发
对开发人员而言更灵活，可以用 SAX 创建自己的 XML 对象模型	会自动生成 DOM 规范的文档树

（2）JDOM 的优点

根据 JDOM 的文档声明，便能明显地看出应用 JDOM 的优势所在。JDOM 文档声明为"JDOM 引用了 20/80 原则，即使用 20% 的精力解决 80% 的 Java/XML 问题"。JDOM 是用 Java 开发并为 Java 提供服务的，它沿用了 Java 代码的规范和类库。在众多编程语言中，Java 是使用 XML 的优秀平台，XML 又是 Java 应用的优秀数据表示方法。JDOM API 是纯 Java API，对于 Java 开发人员来说更容易上手；JDOM API 比 DOM 所提供的方法更为直观，同时还简化了与 XML 的交互，比使用 DOM 更快。

（3）JDOM 与 SAX 和 DOM 的比较

SAX 不足之处主要在于 SAX 没有文档修改、随机访问以及输出的功能，而对于 DOM 来说，Java 程序员在使用时来用起来总觉得不太方便。DOM 的缺点主要是来自于由于 Dom 是一个接口定义语言（IDL），它的任务是在不同语言实现中的一个最低的通用标准，并不是为 Java 特别设计的。JDOM 可以和已有的 XML 技术如 SAX 和 DOM 相互协作。然而，它并不是简单的从这些 API 中提取出一些。JDOM 从这些已存在的技术中吸收了好的方面，自己建立了一套新的类和接口；JDOM 可以读入 SAX 或是 DOM 的内容，也可以输出 SAX 或 DOM 可以接收的格式。这个能力可以使 JDOM 很好地和已有的用 SAX 或 DOM 建立的系统之间整合。JDOM 既有 SAX 在速度和性能上的优势，也跟 DOM 一样将文档读入内存，从整体上解析 XML 文档，特别是它提供的操作数据节点的方法比 DOM 还要简洁。

4. JDOM 的组成

JDOM 的组成主要包含表 7-2 中列出的几个包。

表 7-2　JDOM 的组成

名　称	说　明
org. jdom	包含了所有 XML 文档要求的 Java 类
org. jdom. adapters	包含了与 DOM 适配的 Java 类
org. jdom. filter	包含了 XML 文档的过滤器类
org. jdom. input	包含了读取 XML 文档的类
org. jdom. output	包含了写入 XML 文档的类
org. jdom. transform	包含了将 JDOM XML 文档接口转换为其他 XML 文档接口的类
org. jdom. xpath	包含了对 XML 文档 XPath 操作的类

JDOM 类说明主要包含表 7-3 中列出的几个类。

表 7-3　JDOM 类说明

序号	包名	类　名	功　　能
1	org. jdom	Attribute CDATA Coment DocType Document Element EntityRef Namespace ProscessingInstruction Text	这个包里的类是解析 XML 文件后所要用到的所有数据类型。这些类均是访问和操作 JDOM 文档所必需的。可以利用这些类创建、遍历、修改 JDOM 文档。其中，Attribute 类表示了一个 XML 文件元素中属性的各个操作；Document 类定义了一个 XML 文件的各种操作，用户可以使用它所提供的方法类存取根元素及存取处理命令文件层次的相关信息
2	org. JDOM. transform	JDOMSource JDOMResult	解析 XML 文件用于 xslt 格式转换
3	org. JDOM. input	SAXBuilder DOMBuilder ResultSetBuilder	输入类，用于 XML 文档的创建，用来建立一个 JDOM 结构树
4	org. JDOM. output	XMLOutputter SAXOutputter DomOutputter JTreeOutputter	输出类，用于文档转换输出，用于处理 JDOM 树的 DOM 树形式、XML 文档形式输出和打印等。

5. JDOM 主要方法说明

JDOM 中有几十个类，每个类有许多方法，表 7-4 列出了常用的几个类的主要方法。

表 7-4　JDOM 方法

类　名	方　法	说　　明
Document	Document( )	创建一个空 XML 文档
	Document(Element rootElement)	根据根节点创建一个 XML 文档
SAXBuilder	Build( )	实现从 DOM 文档类创建出 JDOM 的文档
	SAXBuilder( )	建立一个 SAXBuilder 解析器
DOMBuilder	DOMBuilder( )	建立一个 DOMBuilder 解析器
	Build( )	实现从 DOM 文档类创建出 JDOM 的文档
XMLOutputter	XMLOutputter( )	按照默认格式创建一个 XMLOutputter
	Output( )	用于 JDOM 文档的输出

（续）

类　名	方　法	说　　明
Element	getRootElement( )	获得根元素
	getChildren( )	获得所有子元素的一个 list
	getChildren(" name")	获得指定名称子元素的 list
	getChild(" name")	获得指定名称的第一个子元素
	getChildText( )	获得子元素的文本内容
	getText( )	获得元素的文本内容
	getChildText(" name")	获得指定名称子元素的文本内容
	getContent( )	获得元素完整内容的一个 list
	isRootElement( )	判断当前元素是否是根元素
	removeContent( )	删除所有节点及内容
	addContent(java. lang. String str)	为元素添加文本内容
Element	Element addContent (int index, java. util. Collection newContent)	在指定索引内容集中插入内容
	clone( )	克隆一个指定元素
	setAttribute (Attribute attribute)	设置一个元素的属性值
	setContent (java. util. Collection newContent)	设置指定元素的文本内容
	setName (java. lang. String name)	设置一个元素的名称
	setText(java. lang. String text)	设置一个元素的文本内容
XPath	newInstance(String xpath)	创建 XPath 对象
	selectNodes(Object context)	根据 XPath 语句返回一组节点（list 对象）
	selectSingleNode(Object context)	根据一个 XPath 语句返回符合条件的第一个节点(Object 类型)

JDOM 用于解析 XML 的主要方法见表 7-5。

表 7-5　JDOM 常用方法

方　法	说　　明
getNodeValue	返回节点值字符串
setNodeValue	为节点设置值
getNodeType	返回节点的类型
getParentNode	返回当前节点所在层次的父节点
getChildNodes	返回当前节点的所有子节点
getFirstChild	返回当前节点的第一个子节点

（续）

方 法	说 明
getLastChild	返回当前节点的最后一个子节点
previousSibling	当前节点同一层次的上一个节点
nextSibling	当前节点同一层次的下一个节点
getAttributes	按节点名称访问节点属性
getOwnerDocument	返回对当前节点所属 XML 文档的引用
appendChild	为当前节点添加一个子节点，添加位置为子节点列表的末尾
removeChild	删除一个子节点

信息卡

JDOM 的 Element 构造函数（以及它的其他函数）会检查元素是否合法。而它的 add/remove 方法会检查树结构，检查内容如下：

1）在任何树中是否有回环节点。

2）是否只有一个根节点。

3）是否有一致的命名空间。

学材小结

理论知识

一、选择题

1）以下不属于 JDK 的版本的是（　　）。

A. J2SE　　B. J2EE　　C. J2NE　　D. J2ME

2）JSP 解析 XML 的方法不包括（　　）。

A. DOM　　B. XDOM　　C. JDOM　　D. SAX

3）JDOM 的组成包包括（　　）。

A. org. jdom. filter　　B. org. jdom. input

C. org. jdom. xpath　　D. org. jdom. adapters

4）JDOM 不支持的数据类型有（　　）。

A. Attribute　　B. Class　　C. CDATA　　D. Text

5）以下属于 DOM 的特点的是（　　）。

A. 顺序读入文档并产生相应事件，可以处理任何大小的 XML 文档

B. 只能读取 XML 文档的内容，但不能修改

C. 可以随意访问文档树的任何部分，没有次数限制

D. 开发比较复杂，需要自己来实现事件处理器

6）JDOM 的特点包括（　　）。

A. 支持修改 XML 文档和随机读取

B. 在内存中描述一个元素树

C. 既有 SAX 在速度和性能上的优势，又跟 DOM 一样能将文档读入内存

D. 不支持对文档的随意访问

7）JDOM 解析 XML 文件，用于 XSLT 格式转换的类是（　　）。

A. EntityRef　　B. JDOMSource　　C. CDATA　　D. Namespace

8）JDOM 解析 XML 文件，以下不用于文档创建工作的类是（　　）。

A. SAXBuilder　　B. DocType　　C. DOMBuilder　　D. ResultSetBuilder

9）JDOM 解析 XML 文件，用于文档转换输出的类包括（　　）。

A. XMLOutputter　　B. SAXOutputter　　C. DomOutputter　　D. JTreeOutputter

10）属于 Document 类的操作方法是（　　）。

A. getdocument( )　　B. setdocument( )　　C. document( )　　D. is document( )

11）Element 类中用于获得根元素的方法是（　　）。

A. getChild( )　　B. getChildren( )　　C. getRootElement( )　D. getText( )

12）用于建立一个 SAXBuilder 解析器的方法是（　　）。

A. getSAXBuilder( )　　B. SAXBuilder( )

C. setSAXBuilder( )　　D. new SAXBuilder( )

二、填空题

1）创建一个 JSP 文档的开始标签是________；结束标签是________。

2）JDOM 文档必须有一个________节点，并且为节点树的根节点。

3）JDOM 中的________包含了所有的 XML 文档要求的 Java 类。

4）DOMBuilder 类中的________方法实现从 DOM 文档类创建出 JDOM 的文档。

5）Element 类中的________方法实现获得子元素的文本内容，________方法实现获得元素的文本内容。

6）JSP 解析 XML 文件的方法主要包括 4 种，即________、________、________、________。

7）JDOM 的内部逻辑结构具有________、________、________等文档节点类型。

8）JDOM 是用________开发并为________提供服务的。

9）JDOM 的 Element 类中的 add/ remove 方法会检查树结构，检查内容包括：________________、________________、________________。

10）Element 类中的________方法用于设置一个元素的属性值，________方法用于设置一个元素的文本内容。

实训任务

创建用户，并将用户信息写入到 XML 文件中。

【实训目的】

通过编写 JSP，利用 JDOM 读、写 XML 文件。

【实训内容】

编写前端 JSP 页面响应新增用户的操作，后台 JSP 页面处理用户业务逻辑。

【实训步骤】

步骤 1 打开 Dreamweaver CS6，新建 JSP 文件 user_add. jsp，该文件用于响应前台管理员

添加用户操作，在该页面中主要定义用户添加表单，代码如下：

```
<%@ page contentType="text/html; charset=gb2312" %>
<% request.setCharacterEncoding("gb2312");%>
<%@ page session="true" %>  <!--设置 session 有效-->
<%@ page import="yujie.*" %>
<%@ page import="org.jdom.*"%>
<%@ page import="org.jdom.input.*"%>
<%@ page import="java.io.*"%>
<html>
<body>
<table width="655" border="0" align="center" cellpadding="0"
cellspacing="0">
  <tr align="left" valign="top">
    <td height="47" colspan="3" align="center" valign="middle" background
="../img/list1.jpg"><span class="style4">添加新用户</span></td>
  </tr>
  <tr align="left" valign="top">
    <td width="16" background="../img/list2.jpg"></td>
    <td width="621" align="center" valign="top">
    <form name="form1" method="post" action="user_addok.jsp">
      <table width="517" border="0" cellspacing="0" cellpadding="0">
    <tr>
      <td width="105" height="41" align="right" class="style2">用户名<
strong>:</strong></td>
      <td width="412" class="style5"><input name="ID" type="text" id="
      ID" size="20"  onblur=IsCha(this) />*唯一且只能是字母或数字</td>
    </tr>
    <tr>
      <td height="37" align="right" class="style2"><strong>密 
 码:</strong></td>
      <td class="style5"><input name="password" type="password" id="
password" size="20"  onblur=IsCha(this) /></td>
    </tr>
    <tr>
      <td height="37" align="right" class="style2">工  号<
strong>:</strong></td>
      <td class="style5"> <input name="gonghao" type="text" size="20"
onblur=IsNum(this) /> *只能是数字</td>
    </tr>
    <tr>
      <td height="33" align="right" class="style2">姓  名<
strong>:</strong></td>
      <td class="style5"><input name="xingming" type="text" size="20"/>
</td>
```

```
        </tr>
        <tr>
          <td height = "34" align = "right" class = "style2" >部   门 <
strong >: </strong > </td >
          <td class = "style5" > <select name = "bumen" id = "bumen" >
            <option value = "" >请选择部门 </option >
            <option value = "人事部" >人事部 </option >
            <option value = "企划部" >企划部 </option >
            <option value = "财务部" >财务部 </option >
            <option value = "研发部" >研发部 </option >
          </select > </td >
        </tr >
        <tr >
          <td height = "24" colspan = "2" align = "center" > <input name = "submit"
type = "submit"  class = "bt" value = "添加" />
            <input name = "reset" type = "reset" class = "bt" value = "重新填写" /> </
td >
          </tr >
            </table >
          </form >
      <td width = "18" background = "../img/list3.jpg" >  </td >
      </tr >
      <tr align = "left" >
        <td height = "20" colspan = "3" background = "../img/list4.jpg" > 
        </td >
      </tr >
    </table >
    </body >
    </html >
```

步骤 2 在 user_add.jsp 页面中添加表单，添加用户页面如图 7-9 所示。

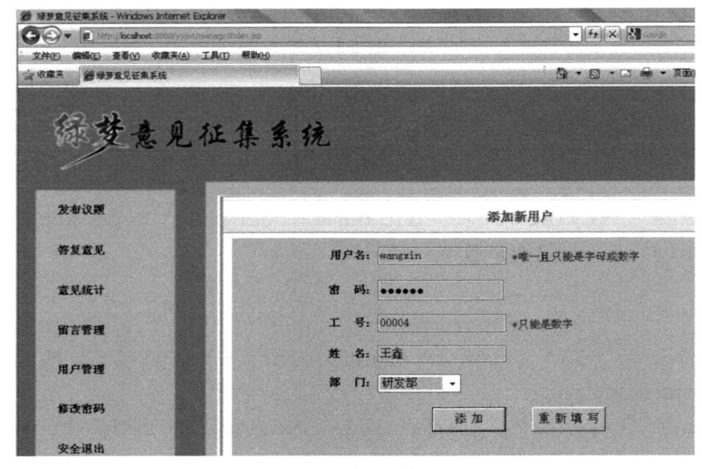

图 7-9　添加用户页面

步骤 3 新建 JSP 文件 user_addok. jsp，该文件用于后台业务逻辑处理。在该页面中主要利用 JDOM 添加用户到 User_Info. xml 和 User_UserData. xml 文件中，其中 User_Info. xml 文件用于存放用户与基本信息，User_UserData. xml 文件用于存放用户密码信息，代码如下：

```
<%@ page contentType="text/html; charset=gb2312" %>
<%@ page import="yujie.*"% >
<% request.setCharacterEncoding("GB2312");% >
<%@ page import="org.jdom.*"% >
<%@ page import="org.jdom.input.*"% >
<%@ page import="java.io.*"% >
<%@ page import="org.jdom.output.*"% >
<%@ page import="java.util.List"% >
<%@ page import="org.jdom.xpath.XPath"% >
<%
  //获得所布置议题的相关内容
  String ID=(String)request.getParameter("ID");
  String password=(String)request.getParameter("password");
  String gonghao=(String)request.getParameter("gonghao");
  String xingming=(String)request.getParameter("xingming");
  String bumen=(String)request.getParameter("bumen");
  //设定存放用户信息 User_Info.xml 文件的路径,具体存放在 XML_DATA 目录中
  String xmlpath=____________________________________;
  //设定存放用户密码信息 User_InfoData.xml 文件的路径,具体存放在 XML_DATA 目录中
  String xmlpath1=____________________________________;
  DateTime DT=new DateTime();//构造一个 DateTime 对象
  TestUser test=new TestUser();//构造一个测试对象 test
  String ok=test.getUser(xmlpath,ID);
  if (ok.equals("yes")){
    out.print("<script>alert('Sorry! 该用户已经存在!');document.location='
user_add.jsp';</script>");
  }else{
    int yes =0;
    String stringid;
    try {
      ____________________;//建立 SAXBuilder 解析器
      Document doc  =____________________;//构造一个 Document,读入 XML 文件的内容
      Element root  =____________________;//得到根元素
      List sub=____________________;//获得根元素的所有子元素集合
      List lista =XPath.selectNodes(root,"/用户信息/用户[last()]");
      //为"用户信息"元素添加子元素"用户"
       Element zy  = new Element("用户");
       ________________________________________;//为"用户"元素添加 ID
       ________________________________________;//为"用户"元素添加姓名
       ________________________________________;//为"用户"元素添加工号
       ________________________________________;//为"用户"元素添加部门
       root.addContent(zy);//将"用户"元素加入到根元素中
```

```
   //设置文件输出格式
        Format format = Format.getPrettyFormat();
        ____________________;//设置文件输出格式，XML 文件的缩进为 3 个空格
        ____________________; //设置 XML 文件的字符为 gb2312
          //将数据保存到 XML 文档中
        XMLOutputter outter =____________________;    //建立输出流
        outter.output(doc, new FileOutputStream(xmlpath));  //将文档输回到 XML
文件中
        SAXBuilder sb1 = new SAXBuilder();//建立解析器
        Document doc1 =____________________;//构造一个 Document,读入 XML 文件的内容
        Element root1 = doc1.getRootElement();//得到根元素
        List sub1 =root1.getChildren();//获得根元素的所有子元素集合
        List lista1 =XPath.selectNodes(root1,"/UserList/User[last()]");
        //为"UserList"元素添加子元素"User"
        MD5string MD5 =new MD5string();
        String pass_word =MD5.getmd5string(password);
         Element zy1 = new Element("User");
        //zy1.setAttribute("ID",stringid1);
        ________________________________________;//为"User"元素添加 ID
        ________________________________________;//为"User"元素添加密码
        ________________________________________;//为"User"元素添加用户类型
        root1.addContent(zy1);//将"User"元素加入到根元素中
        //设置文件输出格式
        Format format1 = Format.getPrettyFormat();
        ____________________;//设置文件输出格式，XML 文件的缩进为 3 个空格
        ____________________; //设置 XML 文件的字符为 gb2312
        //将数据保存到 XML 文档中
        XMLOutputter outter1 =____________________;    //建立输出流
        outter1.output(doc1, new FileOutputStream(xmlpath1));  //将文档输回到
XML 文件中
        yes =1;//设定成功添加数据的测试值
    }
    catch (Exception e) {
        yes = -2;
        System.err.println(e.getMessage());
        e.printStackTrace();
    }
    if (yes ==1){
      out.print("<script>alert('OK! useradd success!');document.location ='
user_list.jsp';</script>");
    }else{
      response.sendRedirect("../error/input_data_error.html");
    }
  }
%>
```

步骤 4 保存 JSP 文件，启动 Tomcat 后打开浏览器并输入地址“http:// localhost:8080/yjzjxt”，输入用户信息，登录进入后添加用户，运行效果如图 7-10 ~ 图 7-14 所示。

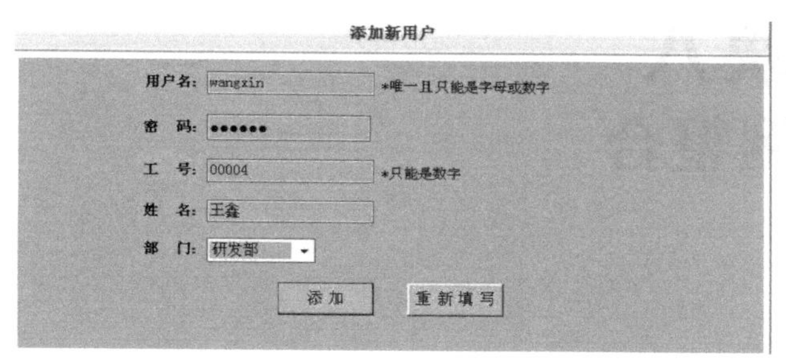

图 7-10 用户添加页面

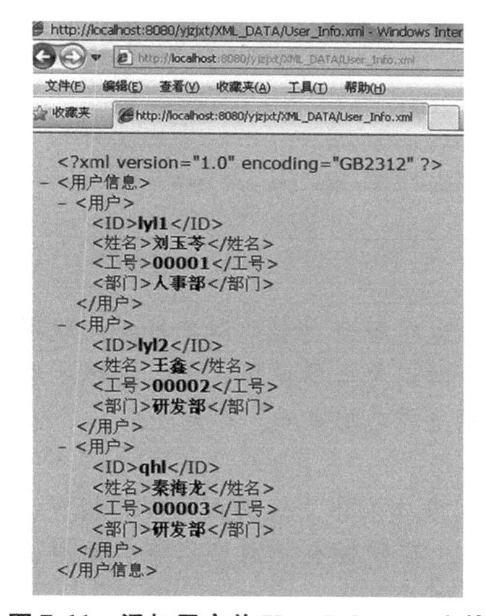

图 7-11 添加用户前 User-Info. xml 文件

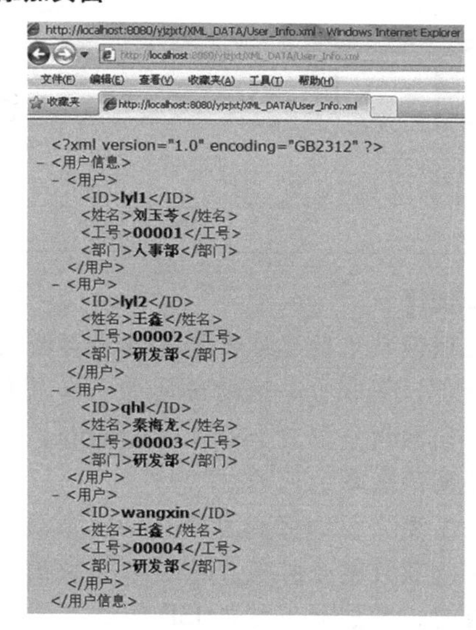

图 7-12 添加用户后 User-Info. xml 文件

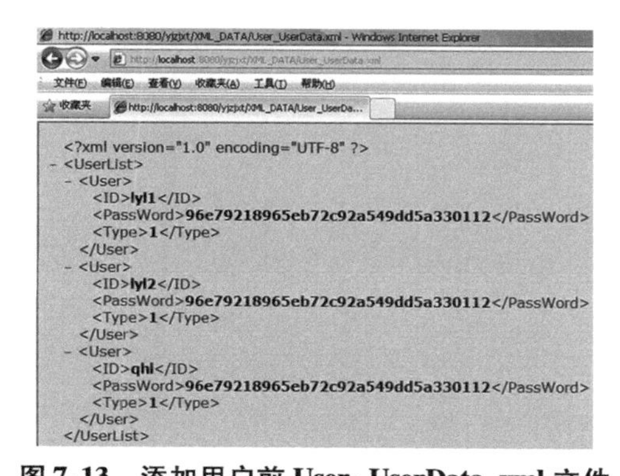

图 7-13 添加用户前 User- UserData. xml 文件

图 7-14 添加用户后 User- UserData. xml 文件

拓展练习

编写前台用户注册页面及后台业务逻辑处理代码，利用 JDOM 实现用户注册功能。

模块八
案例整合

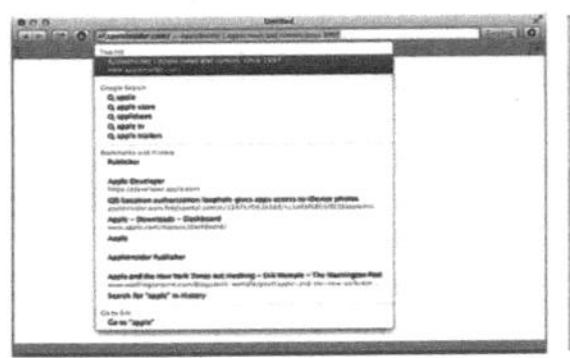

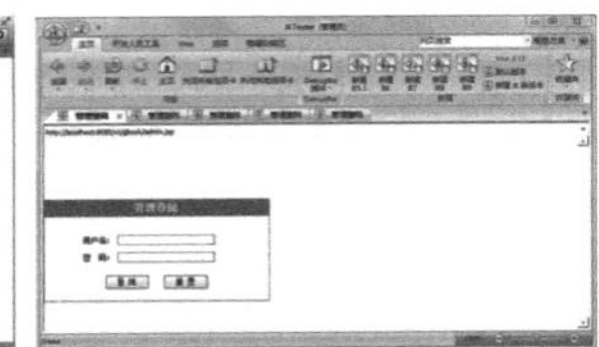

本模块导读

随着互联网技术的迅速发展，各种各样的浏览器也在不断出现；浏览器是互联网产品客户端的核心软件，同时也是网站访问的必备软件。对不同浏览器的使用，都会出现一些不同的现象，因为不同的浏览器对Java、Java Script、ActiveX的支持各有差异。即使是同一厂家的浏览器，也会存在不同的版本的问题。

本模块主要介绍如何利用IE Tester来测试不同IE版本对本系统页面的支持情况。此外，介绍如何将系统项目整合打包。通过本模块的学习，学生应掌握有关浏览器兼容性测试的基本概念和简单应用，掌握如何打包JSP项目。

本模块要点

- 主流浏览器
- 浏览器兼容性测试
- 打包JSP项目

任务一　浏览器兼容性测试

子任务1　常用浏览器介绍

浏览器是指可以显示网页服务器或文件系统的HTML文件内容，并让用户与这些文件进行交互的一种软件。网页浏览器主要通过HTTP与网页服务器交互并获取网页，这些网页由URL指定，文件格式通常为HTML，并由MIME在HTTP中指明。一个网页中可以包含多个文档，每个文档都是分别从服务器获取的。大部分的浏览器本身支持除了HTML之外的广泛的格式，如JPEG、PNG、GIF等图像格式，并且能够扩展支持众多的插件（plug-ins）。另外，许多浏览器还支持其他的URL类型及其相应的协议，如FTP、Gopher、HTTPS（HTTP的加密版本）。HTTP内容类型和URL协议规范允许网页设计者在网页中嵌入图像、动画、视频、声音、流媒体等。个人计算机上常见的网页浏览器包括微软的Internet Explorer、Mozilla的Firefox、Apple的Safari、Google的Chrome以及其他如Opera、GreenBrowser、360安全浏览器、搜狗高速浏览器、傲游浏览器、百度浏览器、腾讯QQ浏览器等。浏览器是最常使用到的客户端程序，下面简单介绍几个常用的浏览器。

1. Internet Explorer

Internet Explorer简称IE，是美国微软公司（Microsoft）推出的一款网页浏览器。它采用的排版引擎（俗称内核）名为Trident。每一次新的IE版本发布也标志着Trident内核版本号的提升。

Trident引擎被设计成一个软件组件（模块），使得其他软件开发人员能很容易地将网页浏览的功能加到他们自行开发的应用程序里。微软提出了一个称为组件对象模型（COM）的软件接口架构，供其他支持的组件对象模型开发环境的应用程序存取及编辑网页。例如，由C++或.NET所撰写的程序可以加入浏览器控件里，并透过Trident引擎存取当前显示在浏览器上的网页内容及网页的各种元素的值，从浏览器控件触发的事件也可被程序捕获并进行处理。Trident引擎所提供的所有函数均存放在动态链接库mshtml.dll中。

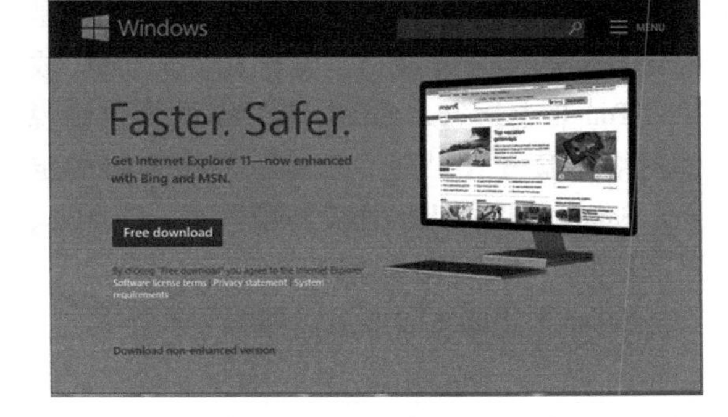

图8-1　IE 10.0的主界面窗口

IE 10.0的主界面窗口如图8-1所示。

最初的几个IE版本均以软件包的形式单独为相应的Windows操作系统提供选择安装。从IE 4开始，IE集成在Windows操作系统中作为默认浏览器（IE 9除外，并未在任何Windows系统中集成）。而且事实上Windows系统的某些功能也需要IE的支持，如果IE出现故障，那么

Windows 系统也会出现莫名其妙的问题。

除了作为 Windows 系统的默认浏览器外，IE 也曾支持过苹果的 Mac OS 和 UNIX 以及很多桌面操作系统，不过 2013 年后仅支持 Windows 系统。

此外，IE 在相应的 Windows 系统中支持升级或平级，但不可降级。

2. Firefox

Firefox 的中文名为“火狐”，是一个开源网页浏览器，使用 Gecko 引擎（非 IE 内核），支持多种操作系统，如 Windows、Mac 和 Linux。Firefox 由 Mozilla 基金会与社区数百个志愿者开发，早期源代码以 GPL/ LGPL/ MPL 3 种授权方式发布，自 2012 年 1 月 3 日起改用兼容 GPL 的 MPL 2.0 授权发布。

根据 2013 年 8 月浏览器统计数据，Firefox 在全球网页浏览器市占率 76% ~81%，用户数在各网页浏览器中排名第三，全球估计有 6 450万位用户。Win 8 版的 Firefox 在 2014 年 1 月发布。

Firefox 26.0 的主界面窗口如图 8-2 所示。

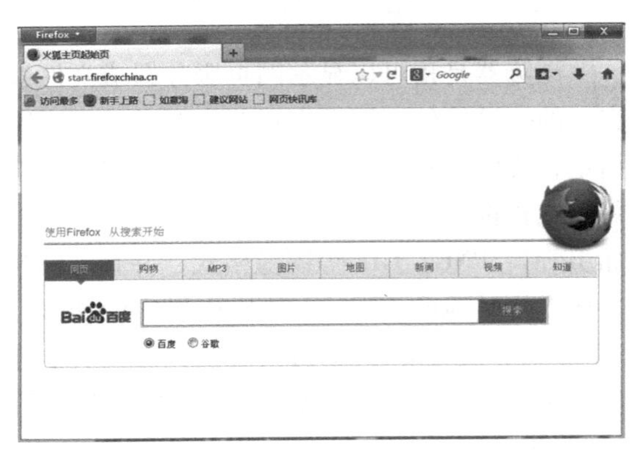

图 8-2　Firefox 26.0 的主界面窗口

3. Safari

Safari 是苹果计算机的操作系统 Mac OS X 中的浏览器，用来取代之前的 Internet Explorer for Mac。Safari 使用了 KDE 的 KHTML 作为浏览器的计算核心。该浏览器也支持 Windows 平台，但是与运行在 Mac OS X 上的 Safari 相比，有些功能出现丢失。Safari 也是 iPhone 手机、iPod Touch、iPad 平板电脑中 iOS 系统指定的默认浏览器。

Safari 既是一款浏览器、一个平台，也是对锐意创新的公开邀请。无论在 Mac、PC 或 iPod Touch 上运行，Safari 都可提供极致愉悦的网络体验方式，更不断地改写浏览器的定义。Safari 能以惊人的速度渲染网页，与 Mac、PC 及 iPod Touch 完美兼容。

Safari 5.0 的主界面窗口如图 8-3 所示。

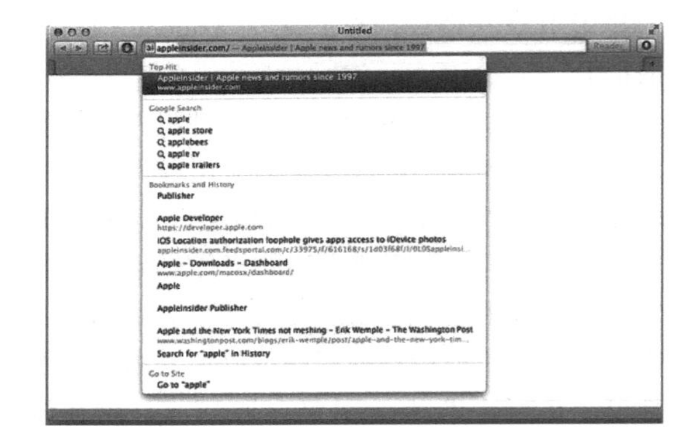

图 8-3　Safari 5.0 的主界面窗口

子任务 2　浏览器兼容性测试

现在常见的浏览器大概有一百多种，因此做网站开发时也应制定有针对性的策略来进行网站的浏览器兼容测试，尤其是网页设计出来的静态网页更要做浏览器的兼容性测试，从而保证网站具有更好的用户体验性。首先，对一些特殊项目，可以指定某一类型的浏览器（包括版本），这些都必须在需求规格说明书中指明，针对这些指明的浏览器必须进行兼容性测试。其次，考虑到大部分项目是不能指定浏览器的，因此针对这样的项目，必须先对主流浏览器（含版本）的兼容性进行测试，然后对非主流浏览器（含版本）进行测试，尽量保证浏览器兼容性测试的完整，最好是能够兼容多种内核的浏览器（如 IE 内核、谷歌浏览器内核、火狐浏览器内核等）。

为了实现网站与用户的良好交互性，在浏览器兼容性测试的过程中，还可以考虑使用一些软件进行配合测试，更能提高网站的兼容性，达到更好的交互性与用户体验性。以下总结了一些在网站开发过程中对浏览器兼容性的测试方法。

近年来，已经有很多基于 Web 的服务，让开发人员和设计人员能快速、高效地进行浏览器测试工作，下面介绍以下 6 种不同的方法。

1. Browserlab 在线测试

Browserlab 是由 Adobe 提供的一项免费服务，允许用户在线基于目前 Windows 和 Mac 平台的主流浏览器测试自己的网站。用户可以通过这个网站查看到自己的主题在各个浏览器中的不同表现，从而很方便地测试网站的浏览器兼容性。目前支持 IE 6、IE 9、Chrome 18.0、Safari 5.1-oSX。如果使用 Browserlab 服务，则必须有 一个 Adobe 的账号。这是一个很不错的服务，用户可以利用它很方便地对比自己的 WordPress 主题在各个浏览器之中的不同表现。

2. Browsershots 在线测试

Browsershots 可以返回用户的主题在不同浏览器中的测试结果截图，并允许用户下载中型图像的截图。它可支持的浏览器确实很多，横跨 3 个操作系统版本的浏览器——Linux、Mac 和 Windows）。Browsershots 同时提供免费和付费服务，但免费的服务是相当缓慢的，所以并不推荐使用。

3. Browserling 在线测试

Browserling 允许用户在线测试老的和最新版本的 5 个最常用的浏览器（如 IE、Firefox、Safari、Opera 等），但用户一次只能查看一个浏览器，每次查询用户也可以改变浏览器的分辨率。特别提一下，未注册的用户查询完自己的网站后，其保留 3min。如果用户想继续查看，则需重新查询，注册用户保留 5min。

4. IE Tester

IE Tester 是一个免费的 IE 浏览器测试应用程序，主界面如图 8-4 所示，其运行在 Windows XP 和 Windows 7 系统上。它允许用户跨 IE 5.5 以上至 IE 10 测试网站。这个应该是国内使用最多的一款 IE 浏览器测试平台了。IE Tester 是非常有用的，因为 Windows 不允许多个版本的 IE 浏览器安装在同一个的操作系统上。但是，IE Tester 并不能在 Mac OS 上运行，但它可以通过虚拟机运行。

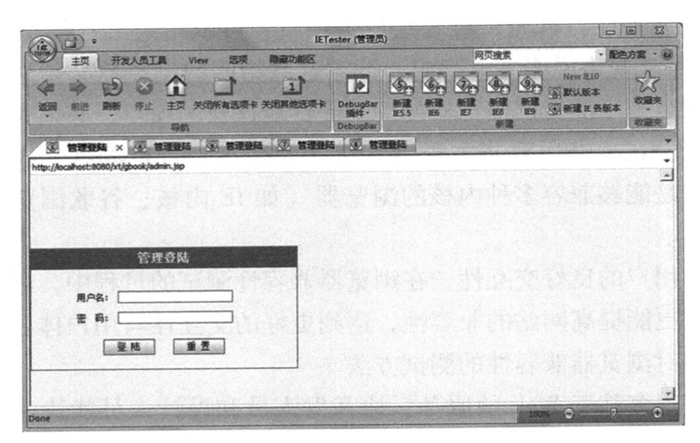

图 8-4 IE Tester 主界面

5. Browsera 在线测试

Browsera 能将测试结果并排显示，突出在每个浏览器上网站的差异，且测试完成后，它能提供每个浏览器的 JavaScript 错误的收集报告。

6. TestiPhone 在线测试

如果用户的网站有一个针对移动设备的版本，则可以使用 TestiPhone 检查该网站在如 iPhone 等设备上的运行情况。

以上 6 款跨浏览器测试 WordPress 主题的方法中，最常用的是使用 IE Test 测试 IE 浏览器以及使用 Browserlab 测试 chrome 浏览器。

【案例】用 IE Tester 测试绿梦意见征集系统在不同 IE 浏览器中的兼容性。

步骤 1 测试 admin. jsp 页面在 IE 5. 5 中的显示效果，在“主页”选项卡“新建”面板中单击“新建 IE 5. 5”按钮，如图 8-5 所示。

图 8-5 在 IE Tester 中新建 IE 5. 5 窗体

在打开的地址栏中输入页面所在地址“http:// localhost:8080/ xt/ gbook/ admin. jsp”，看到如图8-6所示的页面。

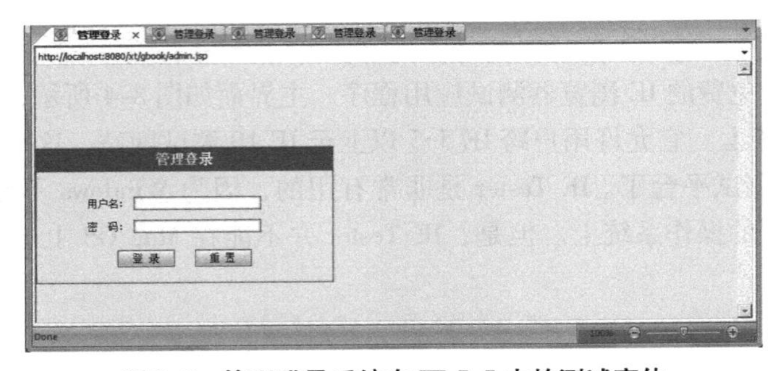

图 8-6 管理登录系统在 IE 5. 5 中的测试窗体

步骤 2 测试 admin. jsp 页面在 IE 6 中的显示效果。

在“主页”选项卡“新建”面板中单击“新建 IE 6”按钮，在打开的地址栏中输入页面所在地址“http:// localhost:8080/ xt/ gbook/ admin. jsp”，看到如图 8-7 所示的页面。

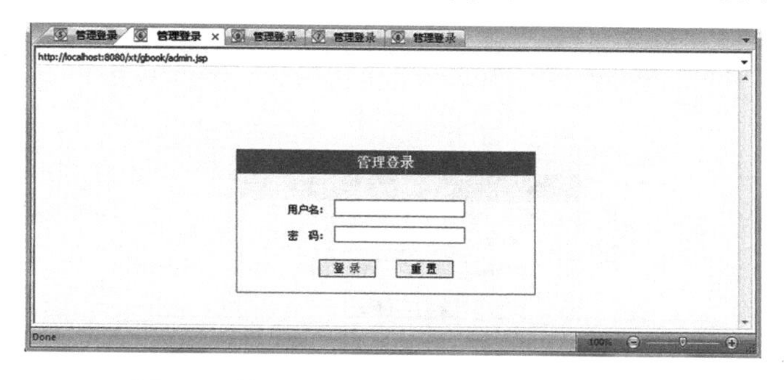

图 8-7　管理登录系统在 IE 6 中的测试窗体

步骤 3 测试 admin. jsp 页面在 IE 7 中的显示效果。

在“主页”选项卡“新建”面板中单击“新建 IE 7”按钮，在打开的地址栏中输入页面所在地址“http:// localhost:8080/ xt/ gbook/ admin. jsp,”看到如图 8-8 所示的页面。

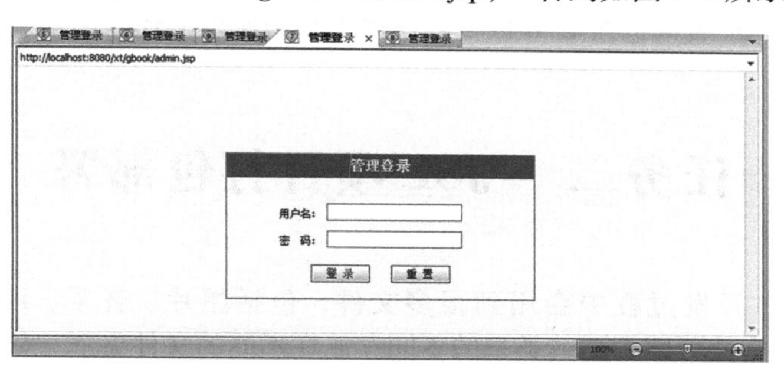

图 8-8　管理登录系统在 IE 7 中的测试窗体

步骤 4 测试 admin. jsp 页面在 IE 8 中的显示效果。

在“主页”选项卡“新建”面板中单击“新建 IE 8”按钮，在打开的地址栏中输入页面所在地址“http:// localhost:8080/ xt/ gbook/ admin. jsp”，看到如图 8-9 所示的页面。

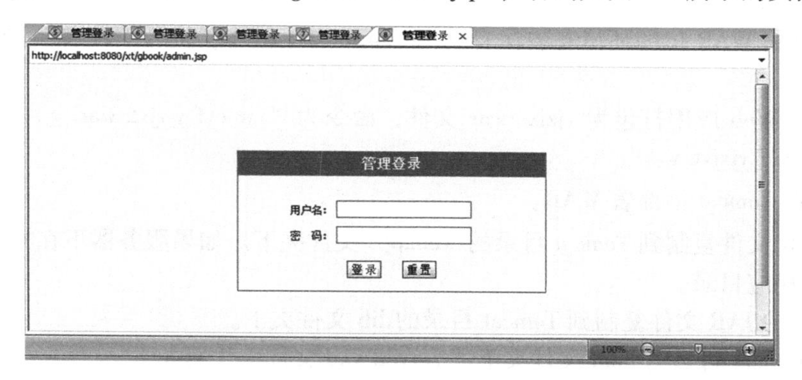

图 8-9　管理登录系统在 IE 8 中的测试窗体

步骤 5 测试 admin. jsp 页面在 IE 9 中的显示效果。

在“主页”选项卡“新建”面板中单击“新建 IE 9”按钮，在打开的地址栏中输入页面所在地址“http:// localhost:8080/ xt/ gbook/ admin. jsp,”看到如图 8-10 所示的页面。

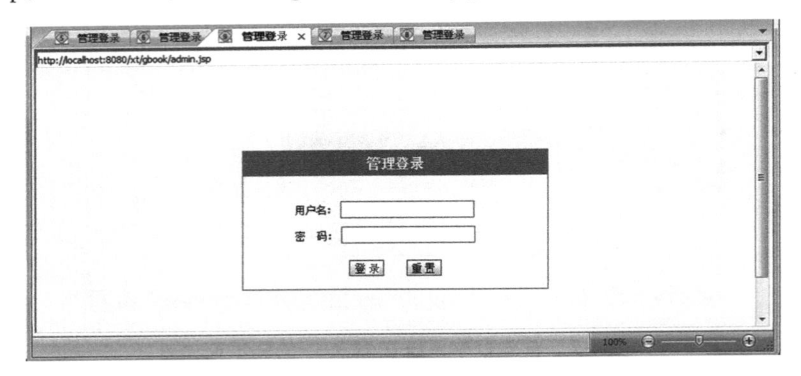

图 8-10　管理登录系统在 IE 9 中的测试窗体

通过以上测试可以发现，IE 5. 5 中显示的页面与其他页面不同，这是因为 IE 5. 5 对 CSS 技术并不完全支持，而 IE 6 以上的版本支持较好。而目前所用的主流操作系统均为 Windows XP 及以上版本。对应的 IE 版本也在 IE 6 以上，所以无须做额外的代码调整。

任务二　JSP 项目打包部署

Web 应用程序在开发过程中会用到很多文件，包括图片、音乐、HTML、JSP、Servlet、CSS、XML 等，这些文件可以根据其类型的不同存放在不同的文件夹下。如果一个 Web 应用程序的规模比较大，文件和文件夹很多，那么把它部署到其他服务器就很不方便。为了部署方便，可以把 Web 应用程序打包成 Web 归档（WAR）文件，就像把 Java 类文件打包成 JAR 文件一样。利用 WAR 文件，可以把 Web 应用程序的所有文件集中在一起进行发布。

本任务把意见征集系统项目打包成 WAR 文件，并把它部署到 Tomat 服务器中。

步骤 1 打包。

1）要求制作 WAR 包的环境安装在 j2sdk－1. 4. 2 以上版本，进入“工程”应用的根目录，如 c：/ yjzjxt。

2）把整个 Web 应用打包为 yjzjxt. war 文件，命令为“jar cvf yjzjxt. war ＊. ＊”，相应的解包命令为“jar xvf yjzjxt. war”。

步骤 2 在 Tomcat 中部署 WAR。

1）将 WAR 文件复制到 Tomcat 目录的\webapps 文件夹下。如果服务器不在本地，则需要上传到服务器的相应目录。

2）将必要的 JAR 文件复制到 Tomcat 目录的\lib 文件夹下。

3）修改 Tomcat 目录的\conf 文件夹下的 server. xml 文件，代码如下：

```
<! -- Tomcat Manager Context -- >   <Context path = "/manager" docBase = "
manager" debug = "0"privileged = "true"/>
```

将这段代码中的“ <Context path = "/ manager" docBase = "manager" debug = "0" privileged = "true"/> ”复制一下并修改为 path = " WAR 路径", docBase = "自己的 WAR 的文件名"。

4）修改完毕并保存，启动 Tomcat。

知识点详解

WAR 文件和 JAR 文件

一个 WAR 文件就是一个 Web 应用程序，它压缩了整个 Web 应用程序。创建 WAR 文件的命令与创建 JAR 文件的命令一样，都使用了 JAR 命令创建。

将打包好的 WAR 文件放到 Tomcat 的%CATALINA_HOME%\webapps 目录下，在 Tomcat 启动时，会自动解压这个 WAR 文件，按照打包前的目录层次结构生成与 WAR 文件的文件名同名的目录以及下面的子目录和文件。

在建立 WAR 文件之前，需要建立正确的 Web 应用程序的目录层次结构（如在 MyEclipse 中创建 Web Project 时会自动创建）。

1）建立 WEB-INF 子目录，并在该目录下建立 classes 与 lib 两个子目录。

2）将 Servlet 和 JavaBean 编译后放到 WEB-INF\classes 目录下，将 Web 应用程序所使用的 Java 类库文件（JAR 文件）放到 WEB-INF 目录下。

3）建立 web.xml 文件，放到 WEB-INF 目录下。

4）将 JSP、HTML、图片、音乐、CSS 等其他文件放到应用程序的根目录或其子目录下。

这样建立正确的目录层次结构后，才可以开始建立 WAR 文件。

虽然 WAR 文件与 JAR 文件格式一样，并且都是使用 JAR 命令创建的，但是二者还是有本质区别的。JAR 文件的目的是把类和相关的资源封装到压缩的归档文件中，而 WAR 文件则代表一个 Web 应用程序，它可以包括 Servlet、HTML、JavaBean、JSP 以及组成 Web 应用程序的其他资源，如 CSS、图片、音乐等，而不仅是类的归档文件。

学材小结

理论知识

1）常见的浏览器有哪些？

2）进行浏览器兼容性测试常用的软件有哪些？

附　录

附录 A　HTML 标签

标签	描　　述
<! --…-- >	定义注释
<! DOCTYPE >	定义文档类型
<a>	定义锚
<abbr>	定义缩写
<acronym>	定义只取首字母的缩写
<address>	定义文档作者或拥有者的联系信息
<applet>	定义嵌入的 applet（不建议使用）
<area>	定义图像映射内部的区域
<article>（new）	定义文章
<aside>（new）	定义页面内容以外的内容
<audio>（new）	定义声音内容
<b>	定义粗体字
<base>	定义页面中所有链接的默认地址或默认目标
<basefont>	定义页面中文本的默认字体、颜色或尺寸（不建议使用）
<bdi>（new）	定义文本的文本方向，使其脱离其周围文本的方向设置
<bdo>	定义文字方向
<big>	定义大号文本
<blockquote>	定义长的引用
<body>	定义文档的主体
 	定义简单的折行
<button>	定义按钮（push button）
<canvas>（new）	定义图形
<caption>	定义表格标题
<center>	定义居中文本（不建议使用）
<cite>	定义引用（citation）
<code>	定义计算机代码文本
<col>	定义表格中一个或多个列的属性值

（续）

标签	描　述
<colgroup>	定义表格中供格式化的列组
<command>（new）	定义命令按钮
<datalist>	定义下拉列表
<dd>	定义列表中项目的描述
<del>	定义被删除的文本
<details>（new）	定义元素的细节
<dir>	定义目录列表（不建议使用）
<div>	定义文档中的节
<dfn>	定义定义项目
<dialog>（new）	定义对话框或窗口
<dl>	定义列表
<dt>	定义列表中的项目
<em>	定义强调文本
<embed>	定义外部交互内容或插件
<fieldset>	定义围绕表单中元素的边框
<figcaption>（new）	定义 figure 元素的标题
<figure>（new）	定义媒介内容的分组，以及它们的标题
<font>	定义文字的字体、尺寸和颜色（不建议使用）
<footer>（new）	定义 section 或 page 的页脚
<form>	定义供用户输入的 HTML 表单
<frame>	定义框架集的窗口或框架
<frameset>	定义框架集
<h1> ~ <h6>	定义 HTML 标题
<head>	定义关于文档的信息
<header>（new）	定义 section 或 page 的页眉
<hr>	定义水平线
<html>	定义 HTML 文档
<i>	定义斜体字
<iframe>	定义内联框架
<img>	定义图像
<input>	定义输入控件

（续）

标签	描　　述
<ins>	定义被插入的文本
<isindex>	定义与文档相关的可搜索索引（不建议使用）
<kbd>	定义键盘文本
<keygen>（new）	定义生成密钥
<label>	定义 input 元素的标注
<legend>	定义 fieldset 元素的标题
<li>	定义列表的项目
<link>	定义文档与外部资源的关系
<map>	定义图像映射
<mark>（new）	定义有记号的文本
<menu>	定义菜单列表
<meta>	定义关于 HTML 文档的元信息
<meter>（new）	定义预定义范围内的度量
<nav>（new）	定义导航链接
<noframes>	定义针对不支持框架的用户的替代内容
<noscript>	定义针对不支持客户端脚本的用户的替代内容
<object>	定义内嵌对象
<ol>	定义有序列表
<optgroup>	定义选择列表中相关选项的组合
<option>	定义选择列表中的选项
<output>（new）	定义输出的一些类型
<p>	定义段落
<param>	定义对象的参数
<pre>	定义预格式文本
<progress>（new）	定义任何类型的任务的进度
<q>	定义短的引用
<rp>（new）	定义若浏览器不支持则 ruby 元素显示的内容
<rt>（new）	定义 ruby 注释的解释
<ruby>（new）	定义 ruby 注释
<s>	定义加删除线的文本（不建议使用）
<samp>	定义计算机代码样本

（续）

标签	描　　述
<script>	定义客户端脚本
<section>（new）	定义 section
<select>	定义选择列表（下拉列表框）
<small>	定义小号文本
<source>（new）	定义媒介源
<span>	定义文档中的节
<strike>	定义加删除线文本（不建议使用）
<strong>	定义强调文本
<style>	定义文档的样式信息
<sub>	定义下标文本
<summary>（new）	为 details 元素定义可见的标题
<sup>	定义上标文本
<table>	定义表格
<tbody>	定义表格中的主体内容
<td>	定义表格中的单元
<textarea>	定义多行的文本输入控件
<tfoot>	定义表格中的表注内容（脚注）
<th>	定义表格中的表头单元格
<thead>	定义表格中的表头内容
<time>（new）	定义日期/时间
<title>	定义文档的标题
<tr>	定义表格中的行
<track>（new）	定义用在媒体播放器中的文本轨道
<tt>	定义打字机文本
<u>	定义下画线文本（不建议使用）
<ul>	定义无序列表
<var>	定义文本的变量部分
<video>（new）	定义视频
<wbr>（new）	定义视频
<xmp>	定义预格式文本（不建议使用）

注：标签按字母顺序排列，其中 new 表示的是 HTML 5 中的新标签。

附录 B　CSS 属性

表 B-1　CSS3 动画属性（Animation）

属性	描　　述	CSS
@ keyframes	规定动画	3
animation	所有动画属性的简写属性，除了 animation-play-state 属性	3
animation-name	规定 @ keyframes 动画的名称	3
animation-duration	规定动画完成一个周期所花费的 s 秒或 ms	3
animation-timing-function	规定动画的速度曲线	3
animation-delay	规定动画何时开始	3
animation-iteration-count	规定动画被播放的次数	3
animation-direction	规定动画是否在下一周期逆向地播放	3
animation-play-state	规定动画是否正在运行或暂停	3
animation-fill-mode	规定对象动画时间之外的状态	3

表 B-2　CSS 背景属性（Background）

属性	描　　述	CSS
background	在一个声明中设置所有的背景属性	1
background-attachment	设置背景图像是否固定或随着页面的其余部分滚动	1
background-color	设置元素的背景颜色	1
background-image	设置元素的背景图像	1
background-position	设置背景图像的开始位置	1
background-repeat	设置是否及如何重复背景图像	1
background-clip	规定背景的绘制区域	3
background-origin	规定背景图片的定位区域	3
background-size	规定背景图片的尺寸	3

表 B-3　CSS 边框属性（Border 和 Outline）

属性	描　　述	CSS
border	在一个声明中设置所有的边框属性	1
border-bottom	在一个声明中设置所有的下边框属性	1
border-bottom-color	设置下边框的颜色	2
border-bottom-style	设置下边框的样式	2
border-bottom-width	设置下边框的宽度	1

（续）

属性	描　述	CSS
border-color	设置 4 条边框的颜色	1
border-left	在一个声明中设置所有的左边框属性	1
border-left-color	设置左边框的颜色	2
border-left-style	设置左边框的样式	2
border-left-width	设置左边框的宽度	1
border-right	在一个声明中设置所有的右边框属性	1
border-right-color	设置右边框的颜色	2
border-right-style	设置右边框的样式	2
border-right-width	设置右边框的宽度	1
border-style	设置 4 条边框的样式	1
border-top	在一个声明中设置所有的上边框属性	1
border-top-color	设置上边框的颜色	2
border-top-style	设置上边框的样式	2
border-top-width	设置上边框的宽度	1
border-width	设置 4 条边框的宽度	1
outline	在一个声明中设置所有的轮廓属性	2
outline-color	设置轮廓的颜色	2
outline-style	设置轮廓的样式	2
outline-width	设置轮廓的宽度	2
border-bottom-left-radius	定义边框左下角的形状	3
border-bottom-right-radius	定义边框右下角的形状	3
border-image	简写属性，设置所有 border-image-* 属性	3
border-image-outset	规定边框图像区域超出边框的量	3
border-image-repeat	图像边框是否应平铺（repeated）、铺满（rounded）或拉伸（stretched）	3
border-image-slice	规定图像边框的向内偏移	3
border-image-source	规定用作边框的图片	3
border-image-width	规定图片边框的宽度	3
border-radius	简写属性，设置所有 4 个 border-*-radius 属性	3
border-top-left-radius	定义边框左上角的形状	3
border-top-right-radius	定义边框右下角的形状	3
box-decoration-break	规定行内元素被折行	3
box-shadow	向方框中添加一个或多个阴影	3

表 B-4　Box 属性

属性	描　　述	CSS
overflow-x	如果内容溢出了元素内容区域，则是否对内容的左/ 右边缘进行裁剪	3
overflow-y	如果内容溢出了元素内容区域，则是否对内容的上/ 下边缘进行裁剪	3
overflow-style	规定溢出元素的首选滚动方法	3
rotation	围绕由 rotation-point 属性定义的点对元素进行旋转	3
rotation-point	定义距离上左边框边缘的偏移点	3

表 B-5　Color 属性

属性	描　　述	CSS
color-profile	允许使用源的颜色配置文件的默认以外的规范	3
opacity	规定书签的级别	3
rendering-intent	允许使用颜色配置文件渲染意图的默认以外的规范	3

表 B-6　Content for Paged Media 属性

属性	描　　述	CSS
bookmark-label	规定书签的标记	3
bookmark-level	规定书签的级别	3
bookmark-target	规定书签链接的目标	3
float-offset	将元素放在 float 属性通常放置的位置的相反方向	3
hyphenate-after	规定连字单词中连字符之后的最小字符数	3
hyphenate-before	规定连字单词中连字符之前的最小字符数	3
hyphenate-character	规定当发生断字时显示的字符串	3
hyphenate-lines	指示元素中连续断字连线的最大数	3
hyphenate-resource	规定帮助浏览器确定断字点的外部资源（逗号分隔的列表）	3
hyphens	设置如何对单词进行拆分，以改善段落的布局	3
image-resolution	规定图像的正确分辨率	3
marks	向文档中添加裁切标记或十字标记	3
string-set		3

表 B-7　CSS 尺寸属性（Dimension）

属性	描　　述	CSS
height	设置元素高度	1
max-height	设置元素的最大高度	2
max-width	设置元素的最大宽度	2

（续）

属性	描　　述	CSS
min-height	设置元素的最小高度	2
min-width	设置元素的最小宽度	2
width	设置元素的宽度	1

表 B-8　可伸缩框属性（Flexible Box）

属性	描　　述	CSS
box-align	规定如何对齐框的子元素	3
box-direction	规定框的子元素的显示方向	3
box-flex	规定框的子元素是否可伸缩	3
box-flex-group	将可伸缩元素分配到柔性分组	3
box-lines	规定当超出父元素框的空间时，是否换行显示	3
box-ordinal-group	规定框的子元素的显示次序	3
box-orient	规定框的子元素是否应水平或垂直排列	3
box-pack	规定水平框中的水平位置或垂直框中的垂直位置	3

表 B-9　CSS 字体属性（Font）

属性	描　　述	CSS
font	在一个声明中设置所有的字体属性	1
font-family	规定文本的字体系列	1
font-size	规定文本的字体尺寸	1
font-size-adjust	为元素规定 aspect 值	2
font-stretch	收缩或拉伸当前的字体系列	2
font-style	规定文本的字体样式	1
font-variant	规定是否以小型大写字母的字体显示文本	1
font-weight	规定字体的粗细	1

表 B-10　内容生成（Generated Content）

属性	描　　述	CSS
content	与 before 和 after 为元素配合使用，来插入生成内容	2
counter-increment	递增或递减一个或多个计数器	2
counter-reset	创建或重置一个或多个计数器	2
quotes	设置嵌套引用的引号类型	2
crop	允许被替换元素仅是对象的矩形区域，而不是整个对象	3
move-to	从流中删除元素，然后在文档中后面的点上重新插入	3
page-policy	确定元素基于页面的 occurrence 应用于计数器还是字符串值	3

表 B-11 Grid 属性

属性	描述	CSS
grid-columns	规定网格中每个列的宽度	3
grid-rows	规定网格中每个列的高度	3

表 B-12 Hyperlink 属性

属性	描述	CSS
target	简写属性，设置 target-name、target-new 以及 target-position 属性	3
target-name	规定在何处打开链接（链接的目标）	3
target-new	规定目标链接在新窗口还是在已有窗口的新标签页中打开	3
target-position	规定在何处放置新的目标链接	3

表 B-13 CSS 列表属性（List）

属性	描述	CSS
list-style	在一个声明中设置所有的列表属性	1
list-style-image	将图像设置为列表项标记	1
list-style-position	设置列表项标记的放置位置	1
list-style-type	设置列表项标记的类型	1
marker-offset		2

表 B-14 CSS 外边距属性（Margin）

属性	描述	CSS
margin	在一个声明中设置所有外边距属性	1
margin-bottom	设置元素的下外边距	1
margin-left	设置元素的左外边距	1
margin-right	设置元素的右外边距	1
margin-top	设置元素的上外边距	1

表 B-15 Marquee 属性

属性	描述	CSS
marquee-direction	设置移动内容的方向	3
marquee-play-count	设置内容移动多少次	3
marquee-speed	设置内容滚动得多快	3
marquee-style	设置移动内容的样式	3

表 B-16 多列属性（Multi-column）

属性	描述	CSS
column-count	规定元素应该被分隔的列数	3

（续）

属性	描 述	CSS
column-fill	规定如何填充列	3
column-gap	规定列之间的间隔	3
column-rule	设置所有 column-rule-* 属性的简写属性	3
column-rule-color	规定列之间规则的颜色	3
column-rule-style	规定列之间规则的样式	3
column-rule-width	规定列之间规则的宽度	3
column-span	规定元素应该横跨的列数	3
column-width	规定列的宽度	3
columns	规定设置 column-width 和 column-count 的简写属性	3

表 B-17 CSS 内边距属性（Padding）

属性	描 述	CSS
padding	在一个声明中设置所有内边距属性	1
padding-bottom	设置元素的下内边距	1
padding-left	设置元素的左内边距	1
padding-right	设置元素的右内边距	1
padding-top	设置元素的上内边距	1

表 B-18 Paged Media 属性

属性	描 述	CSS
fit	示意如何对 width 和 height 属性均不是 auto 的被替换元素进行缩放	3
fit-position	定义盒内对象的对齐方式	3
image-orientation	规定用户代理应用于图像的顺时针方向旋转	3
page	规定元素应该被显示的页面特定类型	3
size	规定页面内容包含框的尺寸和方向	3

表 B-19 CSS 定位属性（Positioning）

属性	描 述	CSS
bottom	设置定位元素下外边距边界与其包含块下边界之间的偏移	2
clear	规定元素的哪一侧不允许其他浮动元素	1
clip	剪裁绝对定位元素	2
cursor	规定要显示的光标的类型（形状）	2
display	规定元素应该生成的框的类型	1
float	规定框是否应该浮动	1
left	设置定位元素左外边距边界与其包含块左边界之间的偏移	2

（续）

属性	描　　述	CSS
overflow	规定当内容溢出元素框时发生的事情	2
position	规定元素的定位类型	2
right	设置定位元素右外边距边界与其包含块右边界之间的偏移	2
top	设置定位元素的上外边距边界与其包含块上边界之间的偏移	2
vertical-align	设置元素的垂直对齐方式	1
visibility	规定元素是否可见	2
z-index	设置元素的堆叠顺序	2

表 B-20　CSS 打印属性（Print）

属性	描　　述	CSS
orphans	设置当元素内部发生分页时必须在页面底部保留的最少行数	2
page-break-after	设置元素后的分页行为	2
page-break-before	设置元素前的分页行为	2
page-break-inside	设置元素内部的分页行为	2
widows	设置当元素内部发生分页时必须在页面顶部保留的最少行数	2

表 B-21　CSS 表格属性（Table）

属性	描　　述	CSS
border-collapse	规定是否合并表格边框	2
border-spacing	规定相邻单元格边框之间的距离	2
caption-side	规定表格标题的位置	2
empty-cells	规定是否显示表格中的空单元格上的边框和背景	2
table-layout	设置用于表格的布局算法	2

表 B-22　CSS 文本属性（Text）

属性	描　　述	CSS
color	设置文本的颜色	1
direction	规定文本的方向和书写方向	2
letter-spacing	设置字符间距	1
line-height	设置行高	1
text-align	规定文本的水平对齐方式	1
text-decoration	规定添加到文本的装饰效果	1
text-indent	规定文本块首行的缩进	1
text-shadow	规定添加到文本的阴影效果	2
text-transform	控制文本的大小写	1

（续）

属性	描　　述	CSS
unicode-bidi	设置文本方向	2
white-space	规定如何处理元素中的空白	1
word-spacing	设置单词间距	1
hanging-punctuation	规定标点字符是否位于线框之外	3
punctuation-trim	规定是否对标点字符进行修剪	3
text-align-last	设置如何对齐最后一行或紧挨着强制换行符之前的行	3
text-emphasis	向元素的文本应用重点标记以及重点标记的前景色	3
text-justify	规定当 text-align 设置为“justify”时所使用的对齐方法	3
text-outline	规定文本的轮廓	3
text-overflow	规定当文本溢出包含元素时发生的事情	3
text-shadow	向文本添加阴影	3
text-wrap	规定文本的换行规则	3
word-break	规定非中日韩文本的换行规则	3
word-wrap	允许对长的不可分割的单词进行分割并换行到下一行	3

表 B-23　2D/ 3D 转换属性（Transform）

属性	描　　述	CSS
transform	向元素应用 2D 或 3D 转换	3
transform-origin	允许用户改变被转换元素的位置	3
transform-style	规定被嵌套元素如何在 3D 空间中显示	3
perspective	规定 3D 元素的透视效果	3
perspective-origin	规定 3D 元素的底部位置	3
backface-visibility	定义元素在不面对屏幕时是否可见	3

表 B-24　过渡属性（Transition）

属性	描　　述	CSS
transition	简写属性，用于在一个属性中设置 4 个过渡属性	3
transition-property	规定应用过渡的 CSS 属性的名称	3
transition-duration	定义过渡效果所花费的时间	3
transition-timing-function	规定过渡效果的时间曲线	3
transition-delay	规定过渡效果何时开始	3

表 B-25　用户界面属性（User-interface）

属性	描　　述	CSS
appearance	允许用户将元素设置为标准用户界面元素的外观	3

（续）

属性	描　　述	CSS
box-sizing	允许用户以确切的方式定义适应某个区域的具体内容	3
icon	为创作者提供使用图标化等价物来设置元素样式的能力	3
nav-down	规定在使用 arrow-down 导航键时向何处导航	3
nav-index	设置元素的 Tab 键控制次序	3
nav-left	规定在使用 arrow-left 导航键时向何处导航	3
nav-right	规定在使用 arrow-right 导航键时向何处导航	3
nav-up	规定在使用 arrow-up 导航键时向何处导航	3
outline-offset	对轮廓进行偏移，并在超出边框边缘的位置绘制轮廓	3
resize	规定是否可由用户对元素的尺寸进行调整	3

注：“CSS”列指示该属性是在哪个 CSS 版本（CSS 1、CSS 2 或 CSS 3）中定义的。

参考文献

[1] 温谦. HTML + CSS 网页设计与布局从入门到精通 [M]. 北京：人民邮电出版社，2008.

[2] 胡艳洁. HTML 标准教程 [M]. 北京：中国青年出版社，2004.

[3] 贾素玲，王强. HTML 网页设计 [M]. 北京：清华大学出版社，2007.

[4] Peter Lubbers . HTML 5 程序设计 [M]. 柳靖，李杰，刘淼，译. 北京：人民邮电出版社，2012.

[5] 陆凌牛. HTML 5 与 CSS 3 权威指南 [M]. 北京：机械工业出版社，2013.

[6] 陈刚，陈勤. 高效学习 CSS 布局之道 [M]. 北京：科学出版社，北京科海电子出版社，2009.

[7] Steven MSchafer. HTML、XHTML 和 CSS 宝典 [M]. 4 版. 张猛，付宁，等译. 北京：人民邮电出版社，2009.

[8] 喻浩. CSS + DIV 网页样式与布局从入门到精通 [M]. 北京：清华大学出版社，2013.

[9] Duckett J. HTML & CSS 设计与构建网站 [M]. 刘涛，陈学敏，译. 北京：清华大学出版社，2013.

[10] 胡崧，吴晓炜，李胜林. Dreamweaver CS6 中文版从入门到精通 [M]. 北京：中国青年出版社，2013.

[11] 贾素玲，王强. JavaScript 程序设计 [M]. 北京：清华大学出版社，2007.

[12] 林锦雀. 最新 XML 入门与应用 [M]. 北京：中国铁道出版社，2001.

[13] 刘怀亮. XML 编程原理与实例教程 [M]. 北京：冶金工业出版社，2007.

[14] 范春梅，等. XML 基础教程 [M]. 北京：人民邮电出版社，2009.

[15] 蔡体健，等. XML 网页设计实用教程 [M]. 北京：人民邮电出版社，2009.

[16] 姜军平，褚伟丽. 基于 JDOM 技术实现数据库和 XML 文档数据互换的研究 [J]. 山东科技大学学报：自然科学版，2006(3).

[17] 张华，董慧. 利用 JDOM 解析 XML 文档及其在数据转换上的应用 [J]. 现代图书情报技术，2005(11).

[18] 贾振元，司立坤. 可视化 XML 文件的自动生成技术研究应用 [J]. 计算机工程与设计，2005(12).

[19] 陈庆章，林建明. WWW 与数据库集成系统的用户权限管理 [J]. 计算机工程与应用，2001(6).

[20] 杨红，田富鹏，王礼刚. Java 和 XML 实现异构数据库环境下的数据抽取 [J]. 西北民族大学学报：自然科学版，2004(2).

[21] 魏应彬，王娟. 用 JDOM 处理 XML 文档 [J]. 福建电脑，2004 (10) 64.

[22] 冒东奎，王岳昭. Java 的 XML 应用编程接口 JDOM 的技术内涵研究 [J]. 福州大学学报，2006(1)：56-59.